建筑工程施工项目管理丛书

建筑工程施工项目管理总论

第2版

本丛书编审委员会　统编

机械工业出版社

本书结合建筑工程施工项目及其施工活动过程的特点，在全面反映《建设工程项目管理规范》的基础上，融合现代项目管理的基本知识体系在建筑工程施工项目管理活动中的应用。全书注重理论联系实际以及持续与发展相结合，在保证系统全面的同时，力求体现实用性、可操作性和时代特征。

本书共分18章，内容包括：项目管理导论，项目组织，项目经理和项目经理部，项目规划，项目控制和项目风险管理，项目合同管理，项目进度管理，项目质量管理，项目安全管理，项目成本管理，项目资源及采购管理，项目现场管理，项目协调和沟通管理，项目信息管理及数字化，项目收尾管理，项目管理的评估与量化，工程总承包管理，建设工程监理。

本书可为高等院校及高职高专相关专业师生的教学用书，也可为从事建筑施工项目管理的工程技术及管理人员、社会上相关专业人员的实际操作提供一定的参考资料。

图书在版编目（CIP）数据

建筑工程施工项目管理总论/本丛书编审委员会统编．—2版．—北京：机械工业出版社，2008.1（2012.1重印）
（建筑工程施工项目管理丛书）
ISBN 978-7-111-11077-4

Ⅰ．建…　Ⅱ．本…　Ⅲ．建筑工程—工程施工—项目管理　Ⅳ．TU71

中国版本图书馆CIP数据核字（2007）第166911号

机械工业出版社（北京市百万庄大街22号　邮政编码 100037）
责任编辑：边　萌　责任校对：郑继成
封面设计：姚　毅　责任印制：乔　宇
北京瑞德印刷有限公司印刷（三河市胜利装订厂装订）
2012年1月第2版第3次印刷
148mm×210mm · 13.75印张 · 407千字
6001-8000册
标准书号：ISBN 978-7-111-11077-4
定价：32.00元

凡购本书，如有缺页、倒页、脱页、由本社发行部调换

电话服务	网络服务
社服务中心：（010）88361066	门户网：http：//www.cmpbook.com
销售一部：（010）68326294	教材网：http：//www.cmpedu.com
销售二部：（010）88379649	
读者购书热线：（010）88379203	封面无防伪标均为盗版

建筑工程施工项目管理丛书
第2版编审委员会

本书主编　蒲建明

本书参编　赵天银

本书主审　向钢华

建筑工程施工项目管理丛书
第1版编审委员会

本书主编　蒲建明
本书参编　赵天银
本书主审　向钢华

第2版序

“建筑工程施工项目管理丛书”第1版的出版时间是2003年1月份，实际成书时间主要是在2002年。本套丛书自首次出版以后，一方面得到了广大读者的欢迎和肯定，另一方面施工项目管理从理论到实践都发生了很显著的变化。为提高我国建筑工程施工项目管理水平，促进施工项目管理的科学化、规范化和法制化，适应市场经济发展的需要，与国际惯例接轨，本套丛书很有修订的必要。

在本套丛书的修订过程中，作者汲取并增加了大量教学和实践中的丰富经验和合理化建议，立足使本套教材更加完善。本次修订，比较大的变化体现在以下几点。

1. 注重全面反映最新的政策法规和国家的规范标准。

例如，《建设工程项目管理规范》，以及这几年该规范颁布之后比较有代表性的修订意向；《建设工程安全生产管理条例》和《安全生产许可证条例》；《建设工程工程量清单计价规范》等。

2. 部分书稿结构上作了调整，增加了一些新的章节内容。

例如，《建筑工程施工项目招投标与合同管理》一书，把招标投标和合同管理分别成册，以求更为系统和连贯；考虑到工程总承包管理与建筑工程项目管理的关联关系，《建筑工程施工项目管理总论》增加了工程总承包管理一章；《建筑工程项目施工组织与进度控制》一书新增了投标施工组织设计；《建筑工程施工项目质量与安全管理》一书，增加了国际工程质量管理的新方法、新手段和工程质量验收案例等内容。除了结构变动和新增章节之外，本套丛书在内容上都进行了较大改动，不少原有章节的内容基本上是重新编写的。

3. 在编写人员组成上也有一些变化和调整。

本套丛书依然坚持理论联系实际及持续与发展相结合的原则，在保证系统全面的同时，力求体现实用性、可操作性和时代特征，以便能更好地满足高等院校相关专业师生教学和学习的需要，更好地服务于从事施工项目管理工作的工程技术和管理人员的实践需要。

建设工程施工项目管理涉及的学科面广，理论和实践都处于快速发展和频繁创新的阶段，由于编者水平所限，书中不足之处还是在所难免，敬请各位读者、同行批评指正。

本丛书编审委员会

第1版序

随着社会主义市场经济体制的建立，我国建筑施工企业全面推行了施工项目管理。施工项目是施工生产要素与现实结合的场所，施工领域里的问题集中反映在施工项目上。因此，全面提高施工项目综合效益，有赖于施工项目的有效管理。

由于我国建筑施工企业推行施工项目管理，尚处于初级阶段，有关施工项目管理的论著尚不多见，有待进一步充实、完善、推广和发展。为此，我们特别组织了从事相关教学和工程实践的专家、学者，编写了这套“建筑工程施工项目管理丛书”，包括：《建筑工程施工项目管理总论》、《建筑工程施工项目招投标与合同管理》、《建筑工程项目施工组织与进度控制》、《建筑工程施工项目质量与安全管理》、《建筑工程施工项目成本管理》共五本书。力求系统、全面地论述当前施工项目管理的理论与知识，同时注重理论联系实际，体现普适性、实用性和可操作性。

本丛书总结了我国工程项目管理的实践经验，吸收和借鉴了国际上通行的工程管理的做法、经验和现代化管理方法，对传统工程管理理论有所创新。体现了时代的要求和改革的需要。同时，编者以深入浅出、通俗易懂的方式论述，并辅以许多实际案例，希望能对广大读者提供帮助。

本丛书可以作为大专院校相关专业师生的教材或教学参考书，也可供从事施工项目管理工作的工程技术及管理人员自学参考。

由于工程项目管理理论还在不断发展和充实，也由于编者水平有限，书中内容不妥之处在所难免，敬请读者批评指正。

本丛书编审委员会

第2版前言

本书自首次出版以后，一方面得到了广大读者的欢迎和肯定，另一方面施工项目管理从理论到实践都发生了很显著的变化。为提高我国建设工程施工项目管理水平，促进施工项目管理的科学化、规范化和法制化，适应市场经济发展的需要，与国际惯例接轨，本书很有修订的必要。

在本书修订过程中，注重全面反映《建设工程项目管理规范》的要求，并结合这几年该规范颁布之后比较有代表性的修订意向，以及当前建设工程领域国家新近出台的诸多政策规定，对全书进行了较大改动。原版第五章“建筑施工项目的控制”除按其内容分列为若干章之外，还突出和强化了项目风险管理、项目安全管理、项目协调和沟通管理、项目现场管理等内容。考虑到工程总承包管理与建设工程项目管理的关联关系，本书特增加了工程总承包管理一章。

本书依然坚持理论联系实际以及持续与发展相结合，在保证系统全面的同时，力求体现实用性、可操作性和时代特征。

对本书的修订，一直在关注这样几个问题：

1. 项目管理的规范化与项目管理实践的创新发展之间的互动关系。项目管理在建筑施工领域的运用越来越成熟，说明已不能满足于简单地对项目管理理论的应用和普及，而更为急需项目管理理论和实践的创新性的发展，以适应建筑业长远的科学发展和提升国际竞争力的需要。

2. 项目管理知识体系和项目经理人个人特质之间的相互关系。一个成功项目的项目管理不是项目管理知识模块的堆积，而是项目组织对项目的成功运作。在其成功的背后，总能发现一些属于个人特质的东西，这些特质被称为文化或精神，而对于这些具有地域民族属性的内容，我们还缺少足够的研究。

本书第一章、第二章、第四章、第五章、第九章、第十二章、第十三章、第十四章、第十五章、第十六章、第十七章、第十八章由蒲建明负责编写，第三章、第六章、第七章、第八章、第十章、第十一章由赵天银负责编写，全书由蒲建明负责最后的统稿工作。

在本书的修订过程中，得到了出版社编辑们的大力支持，对于提高本书的质量和规范严谨性给予了很大的帮助。

鉴于作者的能力，书中不足之处还是在所难免，敬请各位读者、同行批评指正。

编　者

第1版编者的话

在20世纪80年代末，编者就曾与多家大型建筑施工企业的高层管理人员合作编写过关于建筑工程项目管理方面的书，即由赵天银、刘安胜、詹汉生主编的《建筑工程项目管理》。现在再写这方面书的原因主要基于以下几点：

1. 当时拥有的对项目管理的知识及认识，现在来看是有限的。而且当时更多的是强调对国情的适应，这种适应性在当时是有意义的，现在来看则存在某种局限性。

2. 项目管理的实践趋于丰富和活跃，国外项目管理理论的不断引进和按国际惯例运作的项目越来越多，加上国内众多专家学者的共同研究努力，使国内项目管理跃上了新的台阶。写作本书也是希望能够在这些方面做出一些贡献。

本书既强调与实际操作的融合，又注重项目管理知识的体系化，认为有必要在更高的起点上改进和提高建筑施工项目管理的方法和技能。不满足于就事论事，避免将知识和观念封闭于一个固定的圈子里，而是寻求进步和发展。

在本书写作过程中，参考了许多国内外专家学者的论著和一些实际的项目管理经验，谨在此向他们表示诚挚的感谢。另外需要说明的是，一些国外的文献资料因为在书中引用了国内的编译文本，因此没有将其列入参考文献当中，在此，向文献资料的作者们同样致以诚挚的谢意。

本书第一章、第二章、第四章、第七章、第八章、第九章、第十章由蒲建明负责编写，第三章、第五章、第六章由赵天银负责编写。全书由蒲建明负责最后的统稿工作。

由于工程项目管理涉及的学科面广，知识更新与发展的速度快，实践操作性强，而作者的能力有限，书中不足之处在所难免，敬请各位读者、同行批评指正。

目　录

第一章 项目管理导论

第一节 项 目

一、项目的含义

项目的形式各种各样，有国家战略高度决策的西部大开发的青藏铁路建设；有一家企业精心策划的商品促销活动；有研究单位开展的一项科研课题；有淮河、太湖、滇池的保护水源“零点”行动；电视台拍一部电视剧、策划推出一个新的栏目；各种基础设施建设、房地产项目等。再说的小一点，一家人到某地旅游，对住宅进行装修，或请朋友来家里聚会，都可以当作一个项目。

但本书论述的对象不是泛指一般项目，而是具有一定技术、经济和社会意义的项目。项目作为管理对象，有其特定的内涵。

关于“项目”，目前还没有公认的统一定义，不同机构、不同专业从自己的认识出发，各有对项目定义的表达。

如联合国工业发展组织《工业项目发展手册》对项目的定义是：“一个项目是对一项投资的一个提案，用来创建、扩建或发展某些工厂企业，以便在一定周期时间内增加货物的生产或服务。”

世界银行认为：“所谓项目，一般系指同一性质的投资，或同一部门内一系列有关或相关的投资，或不同部门内的一系列投资”。这样的定义主要是从投资的角度提出来的。

美国《项目管理概览》一书认为：项目是“为创立一种专门性的产品或服务而做出的一种短期努力”；“项目是要在一定时间里，在预算范围内，需达到预定质量水平的一项一次性任务”。

本书对项目的定义可概括为：项目是在特定的环境和约束条件（如限定资源、限定时间、限定质量）下，具有特定目标的、一次性的任务。

二、项目的特征

任何工作，任何事物都有自己的特征。认识事物是先从认识事物的特征开始的。一般来说，项目这类工作任务具有如下基本的特征。

1．一次性

自从有了人类，人们就开始了各种有组织的活动。随着社会的发展，有组织的活动逐步分化为两种类型：一类是连续不断、周而复始的活动，人们称之为“运作”（Operations），如企业日常生产产品的活动；另一类是临时性的、一次性的活动，人们称之为“项目”（Projects），如一项环保工程的实施等。“一次性”是识别项目与运作的关键特征。

项目具有一次性，这是项目与其他可重复性的操作、运行工作的最大区别。项目的许多其他特征也是从这一最主要的特征衍生出来的。项目总是有一个明确的起点和终点，任务完成，项目即告结束，没有重复。就项目整体而言，是不允许项目重新来过的，要求一次成功。这是因为在项目的特定环境和约束条件下，一旦失败就永远失去了重新实施原项目的机会。项目不像其他事情可以试做，做坏了可以重来；也不像批量产品，合格率 99.9% 就很好了。项目必须确保一次成功。

项目过程的这种一次性带来了较大的风险性和管理的特殊性。要避免失误，就要求人们必须能研究和驾驭其管理的内在规律，必须有精心的规划、审慎的执行和严格的控制，靠科学的项目管理来保证项目能一次成功，以期达到预期的目标。这是非项目管理所不能奏效的。

2．独特性

独特性又称唯一性。每个项目的内涵是唯一的或者说是专门的。即任何一个项目之所以能够成为项目，是由于它有区别于其他任务的特殊要求。有些项目即使所提供的产品和服务是类似的，但它们的地点和时间、内部和外部环境、自然和社会条件等都会有所差别。因此，项目总是具有自身的独特性。即每个项目都有其特别的地方，没有两个项目会是完全相同的。所以，项目大多带有某种创新和创业的性质，常常没有完全可以照搬的先例，将来也不会有完全相同的重复。可以说，项目是一种实现创新的事业，做项目是一种极富创造性和挑战性的工作任务。

3. 目标的确定性

任何项目都具有特定的目标，不存在没有目标的项目。项目所定目标的实现就意味着项目的终结。

项目的总任务是单一的，而完成项目过程中要实现的具体目标往往是多方面的。项目目标一般由成果性目标和约束性目标组成。其中，成果性目标是项目的来源，也是项目的最终目标。在项目实施过程中，成果性目标被分解成为项目的功能性要求，是项目全过程的主导目标。如一座钢厂的炼钢能力及其技术经济指标。约束性目标通常又称限制条件，是实现成果性目标的客观条件和人为约束的统称，是项目实施过程中必须遵循的条件，从而成为项目实施过程中管理的主要目标，如期限、预算、质量、人力、材料等。

这些具体目标既可能是协调的，或者说是相辅相成的；也可能是不协调的，或者说是互相制约的。这些有机联系的目标共同组成了一个目标系统。项目所要实现的目标往往是一个目标系统，而非某个单一目标。不同的项目可能有不同的目标和目标系统，或者对目标有不同程度的要求。因而，项目不仅具有确定性的目标，还具有多目标的属性。如图 1-1 所示，项目的总目标是多维空间的一个集合。

项目管理者与一般人的最大区别就是：他能在限制条件下，以更合理、更经济的投入代价实现项目的成果性目标。所以，一个项目必须视作为一个整体，寻求实现总体优化的结果。

4. 项目的系统性

按照系统论的观点，一个项目就是一个系统。一个项目系统是由人、技术、资源、时间、空间和信息等多种要素组合到一起，为实现一个特定系统目标而形成的一个有机整体。

现代系统方法特别强调要把一个系统作为一个整体来看待，强调“以一定方式适当组织与管理的全局系统所起的作用，比其各部分孤立起作用的总和要大得多，局部的最优不等于全局的最优”。如果割裂了系统内部的这种有机联系，则系统的这种整体优势也便不复存在。比如，人体是由神经系统、消化系统、循环系统、呼吸系统等众

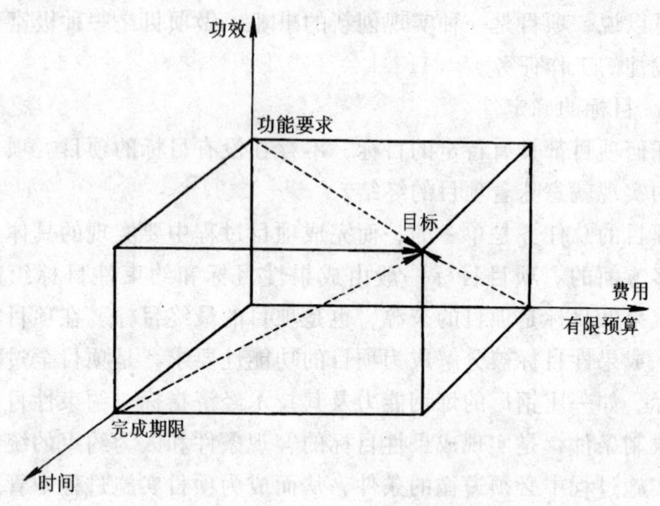

图 1-1　项目的多目标属性示意图

多子系统组成的一个有机体。但是，人体不是等于几个子系统的简单堆砌，而是通过复杂的生理机制协调有序地组成一个整体。任何一个子系统的不协调都会破坏人体整体系统的运行。项目作为一个系统，其整体性的规律也是不能违背的。

项目系统是一个复杂而特殊的开放系统。开放系统的概念是在 20 世纪 20 年代一些生物学家最早提出来的。开放系统不仅要求其系统内部的协调有序，而且要求系统能对外部环境的变化进行自我适应和调节。开放系统与其外部环境之间，不断有能量、物质和信息的交换，并通过所谓的“内环境稳定过程”（Homeostasis Process）来不断实现其与外部环境的平衡。这是一个动态的运行过程，它要求系统组织内部的混乱要控制到最小程度，并能随外部信息的反馈进行自我控制。项目系统突出地表现了这种开放系统的特性，特别是像露天作业的施工项目等。

5. 组织的临时性和开放性

项目总是要通过一定形式的组织来实现的。如项目在开始时要组建项目管理班子，项目执行过程中班子的人数、成员和职能会不断地发生变化，一些项目班子的成员还可能是借调而来的。项目结束时项目班子一般又要解散，人员要转移。因此，项目的这种组织常常是属于临时性的。有时参与项目的社会经济组织往往有多个，几十个，甚至几百个，它们通过合同、协议以及其他的社会联系组合在一起。当项目结束后，就会纷纷散去。项目组织没有严格的边界，或者说边界是弹性的、模糊的和开放的。这一点和一般的企、事业单位的组织很不一样。

三、项目的来源和分类

1. 项目的来源

项目来源于各种需求和要解决的问题。人民生活、社会发展和国防建设的种种需要常常要通过项目来满足。

例如，由于经济的快速增长、人口的急剧膨胀及城市化进程的加快，造成了居住和交通拥挤、水源短缺及大量的垃圾和污水等，往往使人民的居住和工作环境不断恶化。

要改善城市环境，就要实施许多项目。例如，要有效地处理城市垃圾，就需要有焚烧、填埋或用其发电、发热的项目。

同样，要解决城市交通和运输的拥挤问题，也需要投入巨资，建设许多项目，如地铁、立交桥项目。

为了解决城镇人口的居住问题，就要实施大量的扩建和旧城区改造项目。

许多时候，某个项目的实施或完成会产生对另外一些项目的需要，或者为这些项目创造了条件。例如，京九铁路的建设和完成就带动了沿线的许多项目。

某个社会组织提出的项目也会向其他组织提出项目需求，为后者带来机会，创造出一个“项目链”。

例如，某地区11万亩荒沙地农业开发项目，为本地区的农业、水利、农林和农机局各带来了一个种子田和培肥改土、营造和维护防护林、水利灌溉和农机站建设项目。水利建设子项目为某水利规划设计单位带来了一个灌溉系统规划设计项目。水利子项目涉及一座大跨度桥梁，该水利规划设计单位又将这座桥的设计项目委托给某市政工程设计院。该设计院将其设计成了预应力结构，于是又为某预应力专业施工单位带来了一个施工项目。

一个项目的成立触发了许多项目，就像核裂变似的。

总之，社会经济各部门现在和将来的发展都需要大量的各种各样的项目。项目产生于社会生产、分配、消费和流通不断的循环之中。

2. 项目的分类

项目是多种多样的，有建设项目、科技项目、社会项目，等等。世界银行认为，项目通常包括有形的，如土木工程的建设和设备的提供；也包括无形的，如社会制度的改进、政策的调整和管理人员的培训。有些著作甚至认为以下事例都可以属于项目之列：改变一个组织的结构和人员组成，实施一种新的业务程序或过程等。国外把展开一场政治竞选活动，也按项目进行管理。

如果不涉及社会项目，只对具有一定技术经济意义的项目进行分类，可有以下两种分类方法。

(1) 综合性分类。

按项目的产业门类，可分为工业型、农业型、商业型、服务型等。

按项目的服务对象，可分为科研型、生产型、生活型、服务型等。

按项目的规模，可分为大型、中型、小型（甚至可由一个人完成）。

按项目的期限，可分为长远项目、短平快项目、紧急项目、一般项目。

按项目的参与性，可分为单一型、合作型。

按项目的区域性，可分为地区性、跨地区性、国际性等。

按项目的资金筹集，可分为国家项目、地方项目，独资项目、集资项目、合资项目。

(2) 按投资特点分类。

按投资用途，可分为生产性项目、非生产性项目。

按投资管理，可分为基本建设项目、技术改造项目。

按投资性质，可分为新建项目、扩建项目、改建项目。

按投资阶段，可分为预备项目、筹建项目、施工项目、收尾项目、投产项目。

按资金来源，可分为国家预算拨款项目、银行贷款项目、自筹资金项目、外资项目。

对于项目的分类，还可以有一种方法，即按项目层次分为三类。第一个层次，是由对项目的最终需求所决定的一类项目，可称为元项目；第二个层次，是关于第一类项目怎样实现的问题和由谁实现所决定的项目，可称为投资和管理类项目；第三个层次，是由具体完成的第一类项目各实际工作任务所决定的项目，可称为工作和任务类项目。也可以看作是项目需求、项目组织、项目实现这样三个递进过程。它们可视做为一个整体，由不同的组织和群体分别当作为自己的项目来实施。这些项目从实质性的内容上看都是一类的。

比如，城市里的人们为了解决居住问题和提高人居质量，就会产生对住宅项目的需要，这类住宅项目就是对人们解决居住问题和提高人居质量要求的实现。住宅项目怎样去开发，会有不同的方式。目前最普遍的是采取市场化的方式，由房地产开发商来做。这就有了房地产开发项目。房地产开发项目一方面要体现为人们所需要的住宅项目，同时，也是一个帮助开发商投资获利的一个项目。而且，对于开发商来说，投资获利才是此类项目的真正目的。但有一个前提，那就是此项目必须是人们接受和满意的住宅项目。否则获利的目标也实现不了。开发商完成一个房地产开发项目仅凭自己的力量往往是不够的，他会把涉及到的各项工作进行分解，交由其他的组织去做。这就有了规划、勘察、设计项目，建筑施工项目，工程监理项目等。做这类项目的组织不会仅仅是帮助开发商实现他的获利目标，同时会有自己的利益目标要实现。

想一想远古时期，当人有了对遮风避雨之所的企望，他就会去实践盖一所房子的工作。一般他会自己去备料，自己来搭建，凭一己之力为自己造出一所房子来。随着人类的进步和社会发展的变迁，社会分工越来越细、越来越专门化。当人们再有建造一所房子的愿望时，他可能会把这项工作委托给一个开发商，由开发商去办理，开发商会再选择设计人、承包人、监造人等来为其负责完成各项专门的工作，最后才将房子顺利建成并移交给用户，满足用户的需要。

可见，由于人类的进步和社会的发展，社会分工越来越细和越来越专门化，产生于社会生产、分配、消费和流通不断的循环之中的项目，来源于各种使用和应用方面的需求和要解决的问题的项目，都可以按其项目链，划分为三个层次的项目类型，即元项目、管理和投资类项目、工作和任务类项目。有时第二个层次的项目还会分解为两个层次，即投资类项目和管理类项目。有的时候，投资人在没有元项目的时候，会根据预测和分析潜在的项目需要设计出适应未来的元项目并加以实施，这时人们可能看不到第一个层次元项目的存在。

这种对项目类型的划分，应该有助于人们对不同项目属性和项目链关系的认识与理解，更易于把某个单一项目放入与他有直接相互关联的项目群中去进行把握。

四、项目当事人和项目相关者

1. 项目当事人

项目当事人（Parties）是指项目的参与各方。简单的项目当事人也简单，如假日旅行只有自己参与，生日家宴只有主人和客人两方参与。大而复杂的项目往往有多方面的人参与，例如业主、合伙人（投资方）、提供资金者（贷款方）、承包商、供货商、建筑/设计师、监理工程师、咨询顾问等。他们一般是通过合同和协议联系在一起，共同参与项目。所以项目当事人往往也就是相应的合同当事人。一般来说，项目的各方当事人会把参与到这个项目中所承担的任务看作为自己的一个项目，都需要有自己的项目管理和管理人员。在自己的项目里，也不是只有自己参与，只是把自己摆在一个权属地位，以此处理与项目其他当事人之间的各种关系。项目当事人之间的关系可以用图 1-2 来表示。

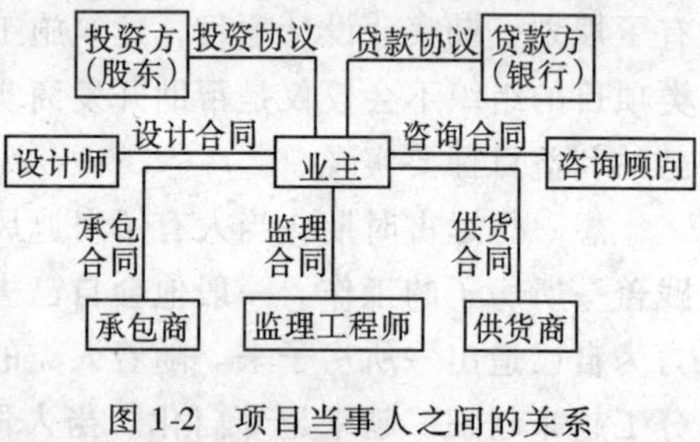

图 1-2　项目当事人之间的关系

2. 项目相关者

项目相关者（Stakeholders）是指参加或可能影响项目工作的所有个人或组织。包括项目当事人及其利益受该项目影响的（收益或受损）个人和组织。也可以把他们称作项目的利益相关者。除了上述的项目当事人以外，利益相关者还可包括：作为项目产品接受者的顾客，使用项目产品的消费者，政府的有关部门，项目所在社区的公众，新闻媒体，市场中潜在的竞争对手和合作伙伴等；甚至项目班子成员的家属也应视为项目相关者。

项目不同的相关者对项目有不同的期望和需求，他们关注的目标和重点常常相去甚远，利益可能会有冲突。例如，业主也许十分在意时间进度，设计师往往更注重技术一流，政府部门可能关心税收，附近社区的公众则希望尽量减少不利的环境影响等。弄清楚哪些是项目相关者，他们各自的需求和期望是什么，这一点对项目管理者来说非常重要。只有这样，才能对项目相关者的需求和期望进行管理并施加影响，调动其积极因素，化解其消极影响，以确保项目获得成功。

五、项目的生命周期

1. 项目生命周期的概念

项目是一次性的渐进过程，它是有起点和终点的。正如人有一定的寿命期并要经历一个从诞生、成长、成熟、衰老到死亡的过程一样，项目也有特定的生命周期。为了实现项目的目标，从开始到结束，必须经过一个特定过程，这个过程就叫项目的生命周期。任何项目都有其生命周期。项目的生命周期可以根据他所经过的特定过程的某些属性分为若干个阶段。不同项目的生命周期在阶段划分上不尽一致。例如，建设项目可分为：发起和可行性研究、规划与设计、制造与施工、移交与投产。防务系统项目分为：方案探索、论证确认、全面研制、生产使用。世界银行贷款项目的生命周期分为6个阶段：项目选定、项目准备、项目评估、项目谈判、项目实施、项目后评价。

不管具体项目阶段的内容和划分如何不同，大多数项目的生命周期都可以归纳为启动、规划、实施、结尾几个阶段。也有的归纳为如下四个阶段：构思阶段（Conceive）、开发阶段（Develop）、实施阶段（Execute）、结束阶段（Finish）。并为寻求一般规律，按其英文第一个字母可称为C、D、E、F阶段。

2. 项目生命周期的特点

项目的生命周期有如下特点。

（1）项目不同阶段具有不同的阶段性目标。阶段性目标是项目总目标按阶段分解后形成的子目标，是一种手段性目标。它要受控于项目总体目标，并影响总目标的实现。两者相互影响、相互制约，共同组成项目目标系统。阶段性目标的实现作为整个项目进程中的里程碑（Mile - Stone），即标志着本阶段的结束，又意味着下一阶段的开始。它体现了项目阶段性和连续性的统一。

里程碑指在项目中的重要事件，通常为一个主要的交付物的完成。项目里程碑的一种具体体现是每一个项目阶段都以它的某种可交付成果的完成为标志。例如，建设项目的可行性研究阶段要交付可行性研究报告。前一阶段的可交付成果通常经批准后，才能作为输入，开始下一阶段的工作。例如，可行性研究报告批准后才能开始规划与设计。认真完成各阶段的可交付成果很重要。一方面，是为了确保前阶段成果的正确完整，避免返工；另一方面，由于项目人员经常流动，前阶段的参与者离去时，后阶段的参与者可顺利的衔接。当风险不大，较有把握时，前后阶段也可以相互搭接以加快项目进展。这种经过精心安排的项目阶段互相搭接的做法常常叫做“快速跟进”（Fast Track）。需要特别指出的是，这种快速跟进与我国过去一些盲目的“三边”做法（边设计、边施工、边生产）有本质的区别。

（2）各阶段的资源投入强度（如人员和费用投入等）也都有相似的模式。即开始投入较低，逐步增高，当接近结束时迅速降低。这种典型的模式如图 1-3 所示。

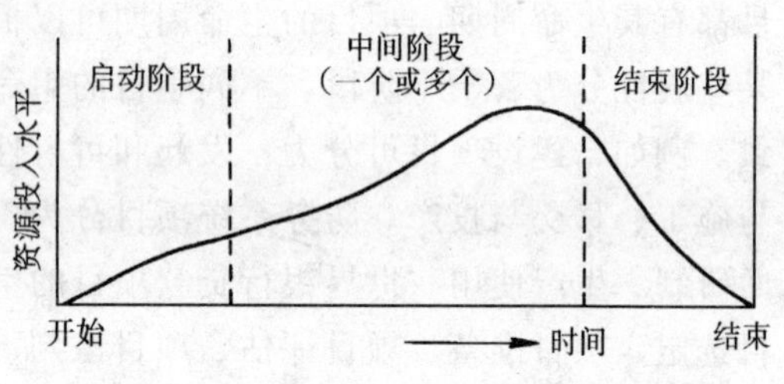

图 1-3　典型的项目生命期资源投入模式

六、建筑工程施工项目

建筑工程施工项目是项目中的一种，和其他项目一样，都具有项目的一般属性和特征。但作为本书特定的研究对象，有必要更为深入地去了解和认识建筑施工项目的个别属性和特征。

1. 建筑施工项目的属性

要认识建筑工程施工项目必须先来认识与之密切相关的投资项目

和建设项目。

（1）投资项目 从经济学角度讲，投资是指资本的形成或资本形成过程。一般来说，投资是指为了获得预期收益或为了避免预期风险而进行的资金投放活动。投资活动有三个基本要素：投资主体、投资资源、投资目的。投资活动的行为主体称为投资主体，它可以是企业、政府，也可以是个人。投资活动的目的一般是为了获得经济效益，或者说经济效益是投资活动的出发点和归宿。这里经济效益是指广义的经济效益，它应是经济、社会、环境效益的统一。

因为一项投资活动总是具备项目的基本特征，也就被称为投资项目。根据投资主体对其投资所形成的资产有没有控制与经营管理权，可以将投资分为直接投资和间接投资。直接投资以拥有对投资所形成的资产的经营管理权为特征，一般包括固定资产投资和企业并购。

固定资产投资是指投入资金购置与建造固定资产。这样就有了固定资产投资项目。并且，习惯于把通过建造的方式来形成固定资产的统称为建设项目。由于项目中一般要包括一些兴工动土的活动，也有的称之为工程项目。建筑工程施工项目总是从属于某个固定资产投资项目。

企业并购则是指投资者通过一定的程序和渠道依法取得某企业部分或全部所有权的行为。

我国投资体制改革到今天，有关政府部门将固定资产项目划分为三大类：竞争性、公益性和基础性项目。不久可能会仅分做两大类：公共项目（或称政府项目）和民间（或称私人项目）项目。不同类别的投资项目在投资运作上会有所差异。

（2）建设项目 从项目建设角度而言，所谓建设项目就是按照一个总体设计进行施工的建设工程。我国建筑业对建设项目的定义是：在批准的总体设计范围内进行施工，经济上实行统一核算，行政上有独立组织形式，实行统一管理的建设单位。根据这样的定义，一个建设项目一般包括若干个单项工程，一个单项工程又包括若干个单位工程，每个单位工程可以分解为若干分部工程，分部工程又可以分解为若干分项工程。

从项目管理角度而言，建设项目是相对应的投资活动的具体实现过程。一般来说，先有投资项目，因投资项目需要进行的建设活动而形成了建设项目。一个建设项目因为包含了众多的建设活动内容，又形成了一系列的实施性项目，如可行性研究项目、设计项目、建筑施工项目、设备采购项目等。

建设项目需依据一定的程序进行。我国的建设程序可以分为以下几个阶段：项目建议书阶段；可行性研究阶段；设计工作阶段；建设准备阶段；建设实施阶段；竣工验收阶段。

（3）建筑施工项目　建筑施工项目是把建设项目当中的由建筑业企业完成的施工任务独立出来形成的一种项目。亦被称为建筑工程项目、建安工程项目、施工项目。本书为叙述方便起见，使用两种提法：建筑施工项目和施工项目，它们的含义是一致的。并依据需要有时分解为：土木工程项目、设备安装工程项目、装饰工程项目。由此，可以把建筑施工项目定义为：在一个建设项目当中，在特定的环境和约束条件下、具有特定目标的、一次性的建筑施工任务。在《建设工程项目管理规范》当中，施工项目（Construction Project）被界定为建筑施工企业自工程施工投标开始到保修期满为止的全过程中完成的项目。

建筑施工项目是建筑施工企业对一个建筑产品的施工过程及成果，也就是建筑施工企业的生产对象。它可能是一个建设项目的施工，也可能是其中的一个单项工程或单位工程的施工。过程的起点是投标，终点是保修期满。因此，施工项目具有三个特征：

1）它是建设项目或其中的单项工程或单位工程的施工任务。

2）它作为一个管理整体，是以建筑施工企业为管理主体的。

3）该任务的范围是由工程承包合同界定的。

但只有单位工程、单项工程和建设项目的施工才谈的上是项目。因为单位工程才是建筑施工企业的产品。分部、分项工程不是完整的产品，因此也不能称作项目。

2. 建筑施工项目的特征

建筑施工项目除了具备项目的一般特征之外，还具有自身的一些特点。

（1）地域的固定性　建筑施工项目是必须在特定地点进行建设

的，不能被转移到其他地方，不能选择实施的场所和条件，只能就地组织实施项目。而且，在哪建成就只能在哪投入使用、发挥效应。

(2) 过程的开放性　建筑施工项目是在开放的环境条件下进行的，不可能完全移植入像工厂那样的环境中进行，作业条件常常是露天的。因此，易受环境、天气等的干扰影响，不确定性影响因素多。

(3) 生产的规律性　建筑施工产品的生产有其特定的工艺规范要遵守，要按科学的施工程序和工艺流程组织实施，需使用各种专用的设备和工具，是一种专业性强的有专门的知识和技术为支撑的工作任务。

(4) 品质的强制性　建筑施工产品是被列入国家政府监控范围内的。从报建，到施工过程，到交工验收等，都会受到政府及相关机构的管理和监督，要在这种管理和监督机制之下进行。不像别的产品，进入市场后才会受到政府及相关机构的管理和监督。

(5) 外部协作性　建筑施工项目需要外部诸多方面的协作和配合，否则难以顺利进行。如施工的供水、供电等，往往不是施工企业内部能够自己解决的。因此，需要良好地沟通和协调。而且，需要进行沟通和协调的关系界面众多且又复杂。

3. 建筑施工项目的生命周期

建筑施工项目同其他一般项目一样具有生命周期。建筑施工项目的生命周期同样可以按一般项目生命周期那样归纳为启动、规划、实施、结尾几个阶段。结合建筑施工项目的特点，根据建筑施工项目生命周期的表现过程，建筑施工项目的生命周期可以分为如下五个阶段。

(1) 投标、中标谈判、签约阶段　一个建设项目的建设单位（业主）对建设项目进行了设计和前期建设准备工作之后，便会把建设项目的建筑施工任务拿出来进行招标，这就有了建筑施工项目并开始这一项目的施行。建筑施工企业运行一个建筑施工项目一般也是从参加投标活动开始的。建筑施工企业在见到招标方的招标公告或邀请函后，从做出是否参加投标的决策至进行投标工作、开展中标谈判并签约，就已经是在进行一个建筑施工项目的工作。这是建筑施工项目生命周期的第一阶段，也即建筑施工项目的启动阶段。本阶段的最终结果是通过中标谈判，签订建筑施工工程承包合同。作为建筑施工企业来说，开展一个建筑施工项目，由于建设项目任务组织形式的不同，不一定都是从参加投标工作开始的。比如，可以从建设项目另一承包商那里分包一项工程开始，即从形成分包关系开始。

(2) 施工准备阶段　建筑施工企业与招标单位签订了建筑工程承包合同以后，在正式履行合同中规定的工作内容之前，还必须为合同的履行和施工活动的顺利进行做必要的准备工作。项目施工准备工作既包括承包方要做的准备工作，也包括合同中规定的发包方应该做的准备工作。对于作为承包方的建筑施工企业来说，这一阶段的主要工作是组建项目经理部，对项目经理授权；然后以项目经理部为主，与企业经营层和管理层、业主单位进行配合，进行施工工程开工准备，使工程具备开工和连续施工的基本条件。对于是否具备开工条件，除了合同中的约定之外，一般还受国家建设行政主管部门的监督管理，需要通过办理施工许可证来表明项目已经可以正式开工兴建了。

由于建筑施工企业在项目中承包的工程常常只是项目建筑施工总任务中的一部分，而某一部分的建筑施工任务可能是在另一承包人完成的工作基础上开始进行。因此，需视其他承包人的前置工作进行情况，才能决定自己的工作何时能够开始及作相应的实施准备活动。这就存在原合同实施计划可能的变更及调整，项目施工准备工作要能够适应这种变化及变动，要能够在合适的时间与地点汇集各方面的力量完成既定目标的工作。

(3) 施工阶段　这是一个自开工至竣工的阶段。这一阶段的目标是完成合同规定的全部建筑施工任务，达到验收、交付的条件和标准。建筑施工项目管理的大量工作及活动都是围绕于这个阶段展开和进行的。

(4) 验收、交付与结算阶段　这一阶段可称为结束阶段。一般是与建设项目的竣工验收同步进行。其目标是对项目完成的实际成果进行总结、评价，对外结清债权债务，结束建筑施工合同交易关系。有些建筑施工项目仅是建设项目需要完成的全部建筑施工活动的一部分，因此验收与交付的只是阶段性成果，是对阶段性成果或可交付物的验收和交付。但是不等于说就不参加建设项目最后的竣工验收，仍是竣工验收的一个部分。对于验收和接收方来说，只是对这一合同履行完规定的工作内容之后的预验收；对于承包商而言，通过验收、进行移交只是结束阶段要做的工作，并不代表承包商的合同责任和义务的结束。

(5) 用后服务阶段　这是建筑施工项目的最后阶段，是项目结束过程在时空上的滞延阶段。即在验收交付以后，按合同规定的责任期进行用后服务、回访与保修，其目的在于保证使用单位正常使用，发挥效益。这一阶段的工作存在较大的不确定性，在责任期内即可能什么事情也没有，单纯是一种等待，等待责任期满；也可能因为所完成工作上的一些不足之处而在试用期里出现各种各样的问题和缺陷需要改正、返工或加固。不仅要自掏费用重新进行投入，给使用方造成损失的还要进行赔偿。只有责任期满，才宣告这个项目的最终结束。

另外，重庆市綦江“彩虹桥”事件发生以后，对其的处理和宣判引出了建筑工程责任终身负责制的问题。即所建工程只有被放弃使用、寿终正寝以后，工程建设各方的责任才算是彻底地被了结了。存在一天，就有一天的责任。当然，如果因此而把建筑施工项目的生命周期一直延续到建设项目的终结之时，对于建筑施工项目的实施及管理工作并没有什么实际的意义。所以，建筑施工项目的生命周期基本上是以项目建筑施工合同的存续期来设定的。但是，对项目的责任如果只理解为仅是存在于项目合同的存续期之内，也是不够恰当的。

第二节　项 目 管 理

一、项目管理的概念、要素及特点

1. 项目管理的概念

“项目管理”给人的一个直观概念就是“对项目进行的管理”，这也是其最原始的概念。它包括两个方面的内涵，即项目管理属于管理的大范畴；项目管理的对象是项目。

在不同的项目管理论著里可以看到各种各样的对项目管理的定义。这些定义都有一定的道理和概括性，代表着对项目管理的某种理解和认识。

“项目管理”一词有两种不同的含义：其一是指一种管理活动，可以理解为是一种人们所进行的管理活动，即一种有意识地按照项目的特点和规律，对项目进行的组织管理活动；其二是指一种管理学科，即以项目管理活动为研究对象的一门学科，它是探求项目活动科学组织管理的理论与方法，可以理解为是由一系列的方法、理论、思想构成的知识体系。这就有了两种不同的定义项目管理的思路。如《工程项目管理实用手册》一书对项目管理的定义是：工程项目管理是在一定的约束条件下，以最优地实现项目目标为目的，按照其内在的逻辑规律对工程项目进行有效的计划、组织、协调、控制的系统管理活动。再如，美国一位项目管理专家对项目管理的定义是：项目管理是为限期实现一次性特定目标对有限资源进行计划、组织、指导、控制的系统管理方法。很明显，两者结合起来或许才是更好的对项目管理的界定。前者是一种客观实践活动，后者是前者的理论总结；前者以后者为指导，后者以前者为基础。就其本质而言，两者应是统一的。

管理活动的基本职能可以归为：计划、组织、指挥、控制和协调。因此，项目管理也可以直接地定义为对项目的计划、组织、指挥、控制和协调。如《项目管理学》一书对项目管理的定义是：“项目管理”就是运用科学的理论和方法，对项目进行计划、组织、指挥、控制和协调，实现项目立项时确定的目标。《中国项目管理知识体系与国际项目管理专业资质认证标准》一书认为，项目管理就是以项目为对象的系统管理方法，通过一个临时性的专门的柔性组织，对项目进行高效率的计划、组织、指导和控制，以实现项目全过程的动态管理和项目目标的综合协调与优化。再如，《项目决策与管理》一书对项目管理的定义是：所谓项目管理，是指项目管理者按照客观规律的要求，在有限的资源条件下，运用系统工程的观点、理论和方法，对项目涉及的全部工作进行管理。即从投资项目的决策到实施全过程进行计划、组织、指挥、协调、控制和总结评价，以实现项目管理的目标。这种定义虽能清楚地看到项目管理属于管理的大范畴，但是这种定义体现不出来充分的项目的特征，及项目管理与其他如企业管理等的明显区别。项目属于一次性任务，对项目进行管理，不仅只是对任务的完成过程和所涉及的各项工作进行管理，还应该包括对这种一次性任务的领导和实施问题。

项目管理越来越成为一种专业性很强的工作，项目管理有倾向逐步演化为职业项目管理人所从事的一项活动。从不同层面的项目和项目不同的当事人角度来看，对项目管理也会有两种理解：一是项目拥有人或项目实施组织对项目的管理（偏重于项目管理体制和运行机制等方面）；二是项目管理组织（项目经理和项目班子）对项目的管理（以对项目内部的管理为核心）。现有的对项目管理的各种定义，或是侧重于某一方面，或者试图把两个方面融合在一起。

本书对项目管理的定义如下：项目管理就是在特定的环境和约束条件下，运用系统的项目管理理论和方法，对项目进行规划、执行与控制，以实现项目既定的目标。这一定义是在项目决策做出之后，为完成所决定的项目而进行的管理。虽然，从项目全生命周期来说，这种决策也应包含在项目管理的范围之内，但列为决策管理更适宜一些。如果合在一起，认为项目管理应贯穿于项目的整个生命周期，是对项目的整个过程进行管理。项目管理可以定义为：在特定的环境和约束条件下，为满足一定的需求，运用系统的项目管理理论和方法，确定项目，并对项目进行规划、执行与控制，以实现项目这种一次性任务的既定的目标。

2. 项目管理要素及特点

项目管理既具有与一般管理共有的内涵，又有自己的特点。

(1) 项目管理的客体　客体是指与主体相对存在的客观事物。管理客体是指能够被管理主体控制的客观事物，即被管理的对象。项目管理的客体是项目、项目的进行过程、完成项目所涉及的各项工作，这些工作构成了项目的系统运动过程，即项目生命周期。

项目管理的客体也可以理解为项目管理的对象。项目管理是针对项目的特点而形成的一种管理方式，因而其适用对象是项目，特别是大型的、比较复杂的项目。

鉴于项目管理的科学性和高效性，有时人们会将重复性“运作”中的某些过程分离出来，加上起点和终点当作项目来处理，以便于在其中应用项目管理的方法。

(2) 项目管理的主体　主体一词一般定义为“在事物发展中起支配作用的部分”，与客体相对而存在。项目管理主体是项目的决策者和管理者。更广泛一点，则包含项目各项工作的实践者。

从管理角度而言，关于主体和客体又有管理和被管理之说。因此项目中的人也经常被分为两部分，一部分作为主体，另一部分归为客体，并且总是相对的，在不同的场合下，不能说哪个人就一定是主体或者只能是客体。项目的提出总是出自于人类的需要，一个项目的实现过程总是体现着人与物的交流和对话，项目是靠人干出来的。项目中所涉及的人各有分工和职责，有人领导人、人管理人，人与人之间需要相互支持与协作，又存在相互影响和干扰。把项目中的人对立化，并在工作中形成有对立倾向的领导与被领导、管理与被管理的人群关系形态，是不利于项目的良性运行的。项目需要依靠所有参与项目的人员的共同努力和恪尽职责才能被更好地完成。

(3) 项目管理的目的　项目管理的目的是实现项目目标。目标是管理的一个重要要素，没有目标，就无所谓管理。通常，目标是指想要达到的境地或标准。管理的性质和功能决定了它本身不是目的，而是实现一定目的的手段。项目管理的目标是由项目决定的所确定要达到的境地或标准。如保证项目在确定的时间内完成、达到规定的质量标准、成本控制在批准的限额以内等。不同的项目可能会有不尽相同的目标或目标群。在实施过程中采取实现所定目标的方法、手段等管理措施，则可以视为是项目管理的任务。

(4) 项目管理的组织　项目管理的组织具有特殊性。项目管理的一个明显的特征就是其组织的特殊性，表现在以下几个方面。

1）有了“项目组织”的概念。项目管理的突出特点是项目本身作为一个组织单元，围绕项目来组织资源。

2）项目管理的组织是临时性的。由于项目是一次性的，而项目的组织是为项目的建设服务的，项目终结了，其组织的使命也就完成了。

3）项目管理的组织是柔性的。所谓柔性即是可变的。项目的组织打破了传统的固定建制的组织形式，而是根据项目生命周期各个阶段的具体需要适时地调整组织的配置，以保障组织的高效、经济运行。

4）项目管理的组织强调其协调控制职能。项目管理是一个综合管理过程，其组织结构的设计必须充分考虑到有利于组织各部分的协调与控制，以保证项目总体目标的实现。因此，目前项目管理的组织结构多为矩阵结构，而非直线职能结构。

（5）项目管理的体制　项目管理的体制是一种基于团队管理的个人负责制。项目管理是以项目经理（Project Manager）负责制为基础的目标管理。由于项目系统管理的要求，需要集中权力以控制工作正常进行，因而项目经理是一个关键角色。

（6）项目管理的方式　项目管理的方式是目标管理。项目管理只要求在约束条件下实现项目的目标，其实现的方式可具有灵活性。

如由于项目往往涉及的专业领域十分宽广，而项目主管或项目经理不可能成为每一个专业领域的专家。即便对某些专业有所了解，但往往不可能就是该领域的专家。现代的项目主管或项目经理只能以综合协调者的身份，向被授权的专家，讲明应承担工作的意义，协商确定目标及时间、经费、工作标准的限定条件。此外的具体工作则由被授权者独立处理。同时，经常反馈信息、检查督促并在遇到困难需要协调时及时给予各方面有关的支持。可见，项目管理关注的是在约束条件下如何实现项目的目标，至于其实现的方式可以是灵活的。

项目管理是一种多层次的目标管理方式。项目管理的全过程都贯穿着系统工程的思想。项目管理把项目看成是一个完整的系统，依据系统论“整体-分解-综合”的原理，可将系统分解为许多责任单元，由责任者分别按照要求完成目标，然后汇总、综合成最终的成果；同时，项目管理把项目看成是一个有完整生命周期的过程，强调部分对整体的重要性，促使管理者不要忽视其中的任何阶段以免造成总体的效果不佳，甚至失败。

（7）项目管理的任务　项目管理任务的要点是创造和保持一种使项目顺利进行的环境和条件。有人认为，“管理就是创造和保持一种环境，使置身于其中的人们能在集体中一道工作以完成预定的使命和目标”。一般性管理具有经常、重复的特点，可以刻意追求和制造一种不脱离现实下的理想的运行环境和条件；而项目是一次性完成的任务，每一个项目都会有往往不可选择的不同的环境和条件。项目管理既需要适应项目不同的环境和条件，更需要创造性地利用和改造项目的环境条件，进行项目特定环境条件下的规划、执行和控制，实现项目的目标。

这一特点也说明了项目管理是一个管理过程，而不是技术过程，处理各种冲突和意外事件是项目管理的主要工作。

(8) 项目管理的方法　项目管理的方法、工具和手段应具有先进性、开放性。项目管理应采用科学先进的管理理论和方法。如采用网络图编项目进度计划，采用目标管理、全面质量管理、价值工程、技术经济分析等理论和方法控制项目总目标，使用电子计算机进行项目信息处理等。项目管理既能从自身的管理实践中提炼出独有或专有的技术、理论及方法，如项目生命周期理论、网络计划技术等；又能融合社会技术经济管理等众多方面的科技进步成果应用于项目管理当中，形成丰富、先进的项目管理的理论、方法、工具和手段。

(9) 项目管理的性质　项目管理具有两重性，既有自然属性，又有社会属性。自然属性是指项目管理客观存在的规律性，是不受社会制度影响的共性。要实现管理目标，达到预期效果，就必须尊重项目运行的客观规律，如项目生命周期、项目建设程序。社会属性是指在不同社会制度下项目管理所形成的特性。

二、企业项目管理

1. 企业项目管理的概念

项目管理作为一种科学的管理方法，在众多大型、复杂项目的管理上所取得的成功已充分证明了这种方法的科学性和有效性。因而项目管理的应用范围越来越广泛，从传统的“工程项目”扩展到各行各业广泛的“一次性任务”。

虽然项目是一种“临时性”的任务，但它与长期性组织（是区别于“项目”的临时性组织而言的，如企业或政府部门）之间存在着必然的联系，其联系必然是下列两者之一：

(1) 项目在某一个长期性组织范围内完成。

(2) 项目游离在长期性组织之外，但使用长期性组织提供的资源。

因而，项目管理的有效实施离不开与项目相关的长期性组织的支持，这就要求项目与其相关的长期性组织在管理方式和方法上应协调一致。

企业项目管理（Enterprise Project Management，EPM）就是伴随着项目管理方法在长期性组织中的广泛应用而逐步形成的一种以长期性组织为对象的管理方法和模式。其早期的概念是基于项目型公司而提出来的，是指“管理整个企业范围内的项目（Managing Projects on an Enter-prisewide Basis）”，即着眼于企业层次总体战略目标的实现对企业中的诸多项目实施管理。由于项目管理方法所关注的重点是某个特定项目自身目标的实现，因而在同一组织背景下开展多个项目时就可能发生某些冲突；另一方面，由于实行项目管理，项目组织的临时性和柔性及项目在资源方面对上级组织的依赖性，对企业层次的管理也提出了特殊的要求。因而要求在企业这一组织层面上有一套与之相适应的组织管理体系。随着外部环境的发展变化，项目管理方法在长期性组织中的广泛应用已不再局限于传统的项目型公司，传统的生产运作型企业及政府部门等非企业型组织中也广泛地实施项目管理。企业项目管理的概念有了较大的发展，企业项目管理已成为一种长期性组织（不局限于企业组织）管理方式的代名词。实质上，企业项目管理是一种以“项目”为中心的长期性组织管理方式，其主导思想是“按项目进行管理（Management by Projects）”，其核心是基于项目管理的组织管理体系。企业项目管理使长期性组织的管理由面向职能、面向过程的管理转变为面向对象（即“项目”）的管理。

2. 企业项目管理的主导思想

企业项目管理也就是站在企业高层管理者的角度对企业中各种各样的任务实行“项目管理（Project Management，PM）”，其核心内容是创造和保持一种使企业各项任务能有效实施项目管理的企业组织环境和业务平台。因而，企业项目管理的主导思想就是把任务当作“项目”以实行项目管理，即按项目进行管理。

企业按项目进行管理，会在企业组织结构方面发生变化，即由传统的“金字塔”结构转变为“倒金字塔”结构，这在企业新的发展环境下，已普遍为人们所接受。这种变化意味着企业不同组织层次之间一种“角色”的变换，企业高层管理的职能由传统的“指挥”变为“支持”。

按项目进行管理是长期性组织的一个核心概念，即以“项目”作为其相对独立的组织单元，长期性组织希望通过项目形式来保证。

(1) 组织的灵活性。

(2) 管理责任的分散。

(3) 对复杂问题的集中攻关。

(4) 以目标为导向解决问题的过程。

(5) 问题解决方案的质量和接受的可能性。

(6) 个人及组织发展的机会。

按项目进行管理通常被用于某个组织中任务或活动的管理，也被用作两个或多个组织共同开展活动的管理方法。

3. 企业项目管理面对的主要问题

由于企业中的大多数任务都以项目形式界定并实行项目管理，因而企业层次的管理需要适应单个项目实行项目管理的要求，同时从企业总体目标出发也需要平衡企业中多个项目间的资源和利益。为此，企业项目管理通常需要解决好下列几个主要问题：

(1) 企业资源效用最大化的问题（包括管理资源）。

(2) 企业与个人的共同成长问题。

(3) 项目间的利益均衡问题。

(4) 项目组织的临时性与终身为客户服务的问题。

4. 企业项目管理的主要内容

(1) 基于项目管理方式的企业组织设计　主要解决好以下问题：

1) 目标管理与业务过程。

2) 绩效评价及激励机制。

3) 资源管理。

4) 冲突管理。

5) 项目管理信息系统。

6) 客户关系管理。

7) 项目管理规范和程序。

（2）多项目管理　企业项目管理的核心方法是多项目管理。有关多项目管理的内容见下一部分。

三、多项目管理

1. 多项目管理的概念

企业项目管理（Enterprise Programme Management，EPM）与项目管理（Programme Management，PM）的一个重要区别在于企业项目管理所关心的是企业所有项目目标的实现。一个企业在同一时间内可能会有很多项目需要完成，如何经济、有效地同时管理好众多的项目是企业项目管理的核心问题。

为了一些经济方面的原因和最有效地使用资源，企业项目管理中常常采用一种新的管理方法——多项目管理。所谓“多项目管理”，简单地说就是一个项目经理同时管理多个项目。

企业中的多个项目，依据项目之间的相关程度，可分为两种情形：一种是多个项目与某一共同的目标直接相关，这些项目的集合人们通常称之为“计划（Programme）”；另一种则是多个项目之间在目标上没有共同的联系。

因而，多项目管理又分为计划管理（Programme Management）和项目成组管理（Portfolio Management/Grouping Projects for Management）。计划管理是一种有效管理计划的方法，即在某一整体战略下共同实现一系列具体的相互关联的任务的各项目标；项目成组管理则是指对人为定义的一组项目进行管理，这些项目并不是为某个共同的目标服务的。需要说明的是，将一个复杂的项目分解为子项目群进行管理仍属于一般项目管理的范畴，不属于“多项目管理”。多项目管理的核心是“项目成组管理”。

2. 项目成组管理的益处

一个企业可能会有许多彼此无关的小项目需要完成并将产品交付给客户。这些项目同样需要有某种形式的项目计划及相应的资源以完成任务，但是为每个项目指派一个主管并组织一个项目团队可能并不是完成项目最有效的办法。

通过更有效地利用资源和使用公用的“标准”计划来实行多个项目管理可以为企业带来很多好处。对多个项目分组进行计划、实施和控制可以从重复性职能和共性工作中获益。项目成组管理可带来以下好处。

(1) 在一个人能跨多个项目对人员进行任务分配的情况下可更有效地利用资源。

(2) 在同一项目经理领导下的多项目能够良好地计划、实施、控制和按时结束的话，可更有效地发挥项目经理的作用，即在多个项目中充分发挥经验丰富的项目经理的才干。

(3) 通过专门的努力及多个项目分组实施时使用优先权理念可更快地交付项目产品。

(4) 通过一次汇报几个项目的进展情况及使用相似的汇报方式，可以提高汇报的效率。

(5) 通过一系列小项目的学习，可改善组织的项目管理技术。

(6) 通过一系列小项目的实践，可改善项目管理的过程。

(7) 根据项目优先权，使用用于平衡资源的单一项目进度表对资源和时间进行管理。

(8) 具有调节各个项目节奏来满足交付要求的灵活性。

3．项目成组管理的分组原则

项目分组必须遵循一些基本原则，否则项目获得成功的难度将会增大。项目分组的基本原则包括以下内容。

(1) 项目优先级　同组的项目应具有相同的优先级。优先级是指对某项目需要的迫切程度，它指明了项目获取资源的先后顺序及需要完成的先后顺序。混合优先级很容易导致不给予低优先级的项目以必要的资源。这种风险就是低优先级项目的完成可能受到影响。

(2) 项目类别　同组的项目应当类别相似。所谓类别是指用周期、价值或所需资源等指标对项目规模的度量。这是组织用以确定项目对组织业绩影响程度的一种方法。当大、小项目混合进行项目管理时，在项目的执行过程中就会出现一些不平衡情况。

(3) 项目管理的生命周期　同组的项目应具有相类似的生命周期。尽管不同的项目处于其生命周期的不同阶段，由于相似的生命周期，所以仍具有统一制定计划与实施的基础。这种在生命周期方面的相似性有助于项目实施过程和管理过程的改进。

(4) 项目的复杂性　为了多项目管理而进行的项目分组应当简单化。复杂的技术解决方案可能会需要更多精力与管理，这样就可能分散对其他项目的注意力。

(5) 项目周期与资源　对于同组的项目，其周期应相对短一些，且项目需要的资源较少。

(6) 项目应用技术　项目所需的技术应当类似。如果这些项目属于一个技术门类则更好。任何技术的混合都将削弱多项目管理的效率。

4. 项目成组管理的适用范围

对企业中的一个项目，既可以作为单个项目进行管理，也可以将其纳入到一个项目组中实行“项目成组管理”。至于究竟是将一个项目纳入项目成组管理还是抽出来单独进行管理，需要经过仔细地分析。

通常，当一个项目非常重要而且需要对其采取专门的措施时，就要单独对其进行管理。以下是一些项目需要单独进行管理的情形。

(1) 由于需求的紧迫性及其对组织的重要性，某个项目需要特别予以关注，如果项目失败将会产生很大的负面影响。

(2) 由于会影响到所有其他的项目，所以要求必须首先完成此项目。

(3) 由于项目技术复杂而需要特别地关注。预见到将会出现许多变化且其范围也是微妙的。

(4) 项目成为样板，因而要求项目经理要格外地关注。

(5) 对于组织而言，项目是新类型，或使用了新技术。

实行单项目管理将要占用更多的资源，而这些资源也许不能很有效地利用，但这些项目有足够的理由要求对其进行单独的项目管理。决定一个项目是否采用项目成组管理，必须要在充分掌握信息并加以权衡之后才能做出决策。

四、项目管理的历史和发展

项目管理主要是工程项目管理，从实践角度讲自古有之，它起源于古代的建设，如中国的古长城、都江堰，埃及的金字塔等都是古代的工程项目。没有管理，这些项目是不可能完成的。例如，宋真宗年间，京城里的皇宫曾毁于大火。真宗皇帝命大臣丁渭按期完成皇宫修复工程。既要清理掉废墟，又需运进大批建筑材料，还要组织庞大的工匠们进行营造，要在限期内完工，实在不易。丁渭全面研究了整个工程之后，制定了一个绝妙的施工方案：第一步，先把皇宫前大街开挖成沟，并利用挖出的土就地烧砖。既省去了从远处取土、烧砖、运砖多耗的人力，又抢出了时间，还省了钱。第二步，引入京城附近的汴水变成运河，可使从外地沿汴水运进的大批建筑材料直运现场。这就避免了多次倒运，大大提高了运输效率。既节约了运费，又节约了时间和人工。最后，将残砖烂瓦填入沟中并恢复为道路，又省去了垃圾外运的费用和时间。这样，就取得了一举三得的效果，使挖土烧砖、快速运输和垃圾处理三大难题同时迎刃而解，又省时、省钱、省力。在这个我国建筑史上著名的案例当中，作为古代项目管理的雏形，体现了某种系统优化的管理原则和现代网络技术的基本思想，反映了我国古代项目管理的水平和成就。只是这种最初的管理往往是凭个人的经验来进行的。

近代项目管理的萌芽是在19世纪末20世纪初“科学管理”与经济学领域发展成就的基础上产生的。20世纪40年代，美国把研制第一颗原子弹的任务作为一个项目来管理，命名为“曼哈顿”计划。美国退休将军L. R. Groves后来写了一本回忆录《现在可以说了》，详细记载了这个项目的经过。当时的项目管理着重计划和协调。20世纪50年代后期美国出现了关键路线法（Critical Path Method, CPM）和计划评审技术（Program Evaluation and Review Technique, PERT）。20世纪60年代这类方法在有42万人参加，耗资400亿美元的“阿波罗”载人登月计划中应用，取得了巨大成功。此时项目管理有了科学的系统方法。近代项目管理走向成熟。当时主要应用在国防和建筑业，项目管理的任务主要是项目的执行。

20世纪70~80年代项目管理迅速传遍了世界各地。从美国最初的军事项目和宇航项目，很快扩展到各种类型的民用项目。其特点是面向市场，迎接竞争。项目管理除了计划和协调外，对采购、合同、进度、费用、质量、风险等给予了更多的重视，初步形成了现代项目管理的框架。在20世纪80年代，对项目管理实践进行总结提高的理论性著作开始出版。如 1983 年美国出版了由许多专家和高级管理人员撰写的《项目管理手册》；同年，美国国防部防务系统管理学院组织编写了《系统工程管理指南》；美国项目管理协会于 1987 年出版了《项目管理概览》。

进入 20 世纪 90 年代以后，处于世纪之交，项目管理有了新的发展。项目管理更加注重人的因素，注重顾客、注重柔性管理，力求在变革中生存和发展。应用领域进一步扩大，尤其在新兴产业中得到了迅速发展，比如电信、软件、信息、金融、医药等。

现代项目管理包含的内容极其广泛。第一是项目管理思想的现代化，认为管理对象是由众多要素组成的系统，而不是孤立的要素；管理必须从系统整体出发，研究系统内部各子系统之间的关系，及系统与环境之间的关系。因而，系统理论已成为现代项目管理思想的哲学基础。第二是现代项目管理组织的现代化，即依据现代管理组织理论，采用开放系统模式，并用科学的法则和制度规范组织行为，确定组织功能和目标，协调管理组织系统内部各层次之间及同外部环境之间的关系，提高管理组织的工作效率。第三是管理方法和手段的现代化，即依据现代管理理论，应用数学模型、电子计算机技术、管理经验、管理者的才能和权威，将定量分析与定性分析相结合，实现管理过程的系统化、网络化和自动化，以提高项目管理的科学性和有效性。

我国在 20 世纪 60 年代初，老一辈科学家如钱学森等致力于推广系统工程理论和方法，十分重视重大科技工程的项目管理。从那时起，我国国防科研部门一直在有计划地引进国外大型科技项目的管理理论和方法。作为完整意义上的项目管理在我国的出现，某种意义上应该归为 20 世纪 80 年代初期云南鲁布格工程的兴建，在工程建设领域涌现发展出来的。期间，同济大学丁士昭《工程项目管理》一书开始把国外的工程项目管理理论和方法介绍到国内。很快项目管理就被应用于更为广泛的领域。进入 20 世纪 90 年代以后，我国国内特别是国际合作项目的不断上马，也极大促进了项目管理理论研究和学科的发展。

五、建筑施工项目管理

1. 建筑施工项目管理的概念

建筑施工项目管理可以定义为：在特定的环境和约束条件下，从属于建设项目管理框架，对建设项目施工任务进行规划、执行与控制，在实现建设项目总目标的同时，实现项目施工任务承接方自己的既定目标。它是建设项目管理的一个界面或者是一个子系统。在《建设工程项目管理规范》中，施工项目管理（Construction Project Management by Enterprises of Construction Industry）被界定为：企业运用系统的观点、理论和科学技术对施工项目进行的计划、组织、监督、控制、协调等全过程管理。

由于建筑施工项目总是对建设项目的分解，不可能相对独立地存在，所以，建筑施工项目管理必须在一个更大的范围内予以考虑。因为在我们国家，能够承接建筑安装施工任务的必须是拥有资质的施工企业，不允许为一个施工项目而建立新的独立的企业组织。作为施工企业，虽然会因为合同或协议的约束，会把业主关心和要求的项目目标作为自己的管理目标，但是，企业自身追求的目标是不可能置之不顾的。业主的目标与施工企业的目标尽管可以调和共存，但不争的事实是两者经常是矛盾和冲突着的。我们不能要求遵从于哪一方面的意愿，也不能认为哪一方面的要求就是不合理的。

建筑施工项目管理既然存在于一个建设项目当中，也就不可能自行其是和唯我独尊。它只能是建设项目管理的一个界面或者是一个子系统，但它从人员、资源、组织等方面来看又相对独立于建设项目管理，有自己的管理目标、管理任务和组织。

建筑施工项目管理必须接受建设项目管理所确定的目标，这是它存在的基础。但是，它又必然还确定有自己的目标。承包商的目标之一可以非常明确地表达为是对利润的追求。除了在一定的社会环境下为社会的义务贡献之外，他都必须要追求利益。不管这个项目本身是寻求经济效益、社会效益还是环境效益。为使项目能够顺利完成，项目业主或拥有人，必须给予项目各方当事人以一定的利益空间。当然，项目各方当事人要想实际取得这个利益份额，就必须使自己完成的项目任务或承担的子系统达到建设项目要求的境地和标准。这样一来，项目业主或拥有人的目标也就实现了。

由于承包商在建设项目当中承包项目的模式是有多种多样的，如带资承包、分包、总包、主承建、设计施工总承包、交钥匙承包、BOT（Build Operate Transfer）承包等，承包商所承担的责任和义务也不尽相同，要求也会不一样。但是除了自筹自建的模式以外，承包商终究不会完全取代项目业主或拥有人，总是存在承包商与业主之间的关系，总是存在于一个建设项目之下。无非承包商的身份增加了开发商、投资人、经营者等更多角色，会多种角色系于一身地去思考和运营项目。可以把建设项目更多的界面或子系统联系于一个组织之下，各界面的关系或各子系统之间的关系可以在一个组织内部得到更好的协调和沟通。但是建安施工任务仍然是建设项目的一个界面或子系统，还是要被看作为建设项目的一个分解项目，这一点是不会变的。因此，建筑施工项目管理是以建筑施工项目为对象的，并不是以承包商的具体承包内容来决定。当然，承包商的角色如果发生了变化，如果不再是局限于对建筑施工项目的承包，必然会对所承包的建筑施工项目的运行和管理产生影响。

2. 我国建筑施工项目管理的实践与发展

1984 年以前，工程项目管理理论首先是从前西德和日本分别引进到我国，之后其他发达国家，特别是美国和世界银行的项目管理理论和实践经验随着文化交流和项目建设，陆续传入我国。结合国内建筑施工企业管理体制改革和招投标制的推行，在全国许多建筑施工企业和建设单位中开展了工程项目管理的试验。

以工程项目为对象的招标承包制于 1984 年开始推广并迅速普及，使建筑业管理体制随之产生了明显的变化：一是建筑施工企业的任务揽取方式发生了变化。由过去按企业固有规模、专业类别和企业组织结构状况分配任务，转变为企业通过市场竞争揽取任务，并按工程项目的状况调整组织结构和管理方式，以适应工程项目管理的需要。二是建筑施工企业的责任关系发生了明显变化。过去企业注重与上级行政主管部门的竖向关系，转变为更加注重对建设单位（用户）的责任关系。三是建筑施工企业的经营环境发生了明显的变化。由过去封闭于本地区、本企业的闭塞环境，转变为跨地区、跨部门、远离基地和公司本部去揽取并完成施工任务。这些变化表示国内建筑市场已经开始形成，工程项目管理模式的推行有了“土壤”（市场）。

云南鲁布格水电站引水系统工程是我国第一个利用世界银行贷款，并按世界银行规定进行国际性招标和项目管理的工程。1982 年国际招标，1984 年 11 月正式开工，1988 年 7 月竣工。在 4 年多的时间里，创造了著名的“鲁布格工程项目管理经验”，并在全国进行推广。

1987 年，在推广鲁布格工程经验的活动中，建设部提出了在全国推行的项目法施工的理论，并开展了广泛的实践活动。项目法施工的内涵包括两个方面的含义：一是转换建筑施工企业的经营机制；二是加强工程项目管理。这也是建筑施工企业经营管理方式和生产管理方式的变革，目的是建立以工程项目管理为核心的企业经营管理体制。1994 年 9 月，建设部召开“工程项目管理工作会议”明确提出，要把项目法施工包含的两方面内容的工作向前推进一步，要围绕建立现代企业制度，搞好“二制”建设：一是完善项目经理责任制，解决好项目经理与企业法人之间、项目层次与企业层次之间的关系。项目经理是企业法人代表的代表人，他们之间是委托与被委托关系；企业层次要服务于项目层次，项目层次要服从于企业层次；企业层次对项目层次主要采取项目经理责任制。二是完善项目成本核算制，切实把企业的经营管理和经济核算工作的重心落到工程项目上。

建设部 1992 年印发了《施工企业项目经理资质管理试行办法》，决定对项目经理进行培训，实行持证上岗制度。2002 年由建设部和国家质监总局联合发布了《建设工程项目管理规范》（GB/T 50326—2001），以促进国内建设工程施工项目管理科学化、规范化和法制化。2005 年建设部和国家质监总局还发布了《建设项目工程总承包管理规范》（GB/T 50358—2005）等相关联的规范，并组织进行《建设工程项目管理规范》的修订工作，以提高国内建设工程项目管理水平，适应市场经济发展的需要。

3. 建筑施工企业项目管理及制度创新

建筑施工项目管理是建筑施工企业对某项具体建设项目中的建筑施工项目进行的管理。建筑施工项目的管理者是建筑施工企业。建筑施工项目管理的对象是建筑施工项目。

（1）建筑施工企业实行项目管理，要求建立现代企业制度 进行建筑施工项目管理，要求一系列条件，必须通过建立现代企业制度创造建筑施工项目管理的条件。现代企业制度是以“适应市场经济要求，产权清晰、责权明确、政企分开、管理科学”为特征的企业制度。

1）建立现代企业制度，包括了建立现代企业管理制度，其中有财务制度、劳动人事制度、分配制度及施工管理制度等，用以调节所有者、经营者和生产者之间的关系，形成激励和约束相结合的经营机制，有利于资源优化配置和动态组合的项目管理机制，从而极大地调动企业员工的生产积极性，最优地实现生产力标准的要求。

2）建筑施工项目管理对企业的治理结构提出了很高的要求。例如要求建立项目经理部，以加强企业作业层；要求项目经理部与企业经营管理层分离，使经营管理层强化经营和企业管理，项目经理部强化作业管理；要求企业经理向项目经理授权，由项目经理作为企业经理的代理全权负责建筑施工项目的管理；要求企业为建筑施工项目的资源配置提供市场性服务，要使内部管理市场化等。

3）企业进行建筑施工项目管理，需要实现两层（经营管理层和作业层）分离，按照项目的特点建立项目经理部。每个建筑施工企业都应有一批素质符合要求的建筑施工项目经理。企业进行两层分离，有利于强化企业的经营管理层和施工作业层，提高企业的项目管理能力。

4）通过建立现代企业制度为建筑施工项目管理创造市场条件，使项目经理部有一个适当的市场环境，以利于降低工程成本，提高工程质量，加快施工速度。建筑施工项目管理是市场化的管理，市场是建筑施工项目管理的环境和条件。建立现代企业制度，不仅有利于搞活企业，还在于能够规范企业行为，使企业按市场法则运行，让市场在企业资源配置上起基础作用。实行建筑施工项目资源配置市场化，还需建立企业内部生产要素市场，发挥市场机制对优化企业内部项目资源配置的作用。

(2) 建筑施工企业项目管理变革的复杂性　实行项目管理是工程建设和建筑企业改革的出发点、立足点和着眼点。但是在进行企业改革的过程中，有些企业只是简单地理解企业要按项目进行管理，在实际的操作过程中，把企业分割成若干个项目经理部，使项目经理部不仅是作业管理层，还是直接的经营运作层，使项目经理部具有了非常独立而完整的人、财、物等的决定大权，进而逐渐架空了企业整体的地位和作用，最终导致企业步入困境，无力为各项目经理部提供有力的支持，企业在离心力的作用下，走向名存实亡的局面。这种现象在一些国有建筑施工企业里表现得比较突出。还有一些建筑施工企业与各项目经理部之间的关系已经演化为纯粹的挂靠，甚至是挂名的从属关系。这表明这些企业尚没有学会在市场经济条件下，如何实现按项目进行管理的转变。也说明企业项目管理的难度和复杂性并不亚于对个别项目的管理。企业项目管理的良性运行机制的建立是搞好个别项目管理的前提。

在鲁布格工程当中，中方的某建筑施工企业曾仿造日本大成公司的项目管理模式，也建立了工程事务所，但最终并不是以令人满意的结局收场，其重要原因就在于企业与事务所这两种机制之间的互不适应。或者说是企业既无法容纳又无法支持该事务所的运作模式。因此，即便是先进的管理模式也存在着与我国企业的现状和发展的对接和适应问题。这种对接和适应的操作办法，一种是对该模式的消化性改造，以期能服一方水土。实际的运行或许表明这样做的效果是事倍而功半。另一种是改造企业，但是这种改造不是一朝一夕之事，人们已经经历了一个比较长的过程，但还是发现离我们需要改造的结果或预期的目标仍然遥远。很明显，需要把两者结合起来，在企业创建现代企业制度的过程和基础上，继续探索和总结我国的工程项目管理的有益经验和行之有效的理论及方法。

(3) 建筑施工企业项目管理的市场化和管理科学化

1）我们推行的工程项目管理是市场经济的产物。市场是建筑施工项目管理的载体和环境。建筑施工项目是在市场中产生的，建筑施工企业通过市场竞争（投标）取得建筑施工项目，在市场的大环境下实施，在实施中不断从市场上取得生产要素并进行优化组合，认真地进行履约经营。进行建筑施工项目管理，应尊重市场经济条件下的竞争规律、价值规律、市场运行规则等，既尊重、利用和依靠市场，又建设和发展市场，靠市场取得建筑施工项目管理效益。

2）在建筑施工项目管理中要充分运用现代科学管理原理和行之有效的现代管理技术，实现建筑施工企业项目管理的管理科学化。现代科学管理原理对建筑施工项目管理而言是指具有根本指导性的道理，它是建筑施工项目管理必须遵守的、贯穿全过程的。主要包括系统原理、分工协作原理、反馈原理、能级原理、封闭原理和弹性原理等。系统原理就是施工项目管理要实施系统管理。分工协作原理是说管理要分工，以提高效率；但也要讲协作，使分工不失有序，不离整体。反馈原理即对生产和管理中的偏差信息反馈到原控制系统，使它影响管理活动过程，进行有效控制，实现管理目标。能级原理是说在施工项目管理中，管理能力是随管理组织的层次而变化的，因此要根据能级确定责权利，分别确定目标，以发挥每个能级人员的作用。封闭原理是说管理活动是循环活动，该循环按 P（计划）、D（执行）、C（检查）、A（处理）的顺序展开，并在管理的整个过程中不断循环。必须指出，不进行每个循环的封闭，则不是完整的管理，因而也不是有效的管理。弹性原理指管理活动必须保持充分的弹性，以适应客观事物各种可能的变化，有应变打算，不搞绝对化。计划工作中的“积极可靠，留有余地”就是应用弹性原理的典型。

4．建筑施工项目管理的主要内容

建筑施工项目管理的内容一般应包括：编制“项目管理规划大纲”和“项目管理实施规划”，项目进度控制，项目质量控制，项目安全控制，项目成本控制，项目人力资源管理，项目材料管理，项目机械设备管理，项目技术管理，项目资金管理，项目合同管理，项目信息管理，项目现场管理，项目组织协调，项目竣工验收，项目考核评价，项目回访保修等。

项目管理的内容取决于项目管理的目的、对象和手段。目的就是为实现质量、成本、工期和安全（即 QCDS）的预期目标；对象就是生产要素；手段就是通过管理规划、组织协调、合同管理和信息管理等。生产要素管理与目标控制的关系如图 1-4 所示。

项目经理部的具体管理内容应由企业法定代表人向项目经理下达的“项目管理目标责任书”确定，并应由项目经理负责组织实施。在项目管理期间，由发包人或其委托的监理工程师或企业管理层按规

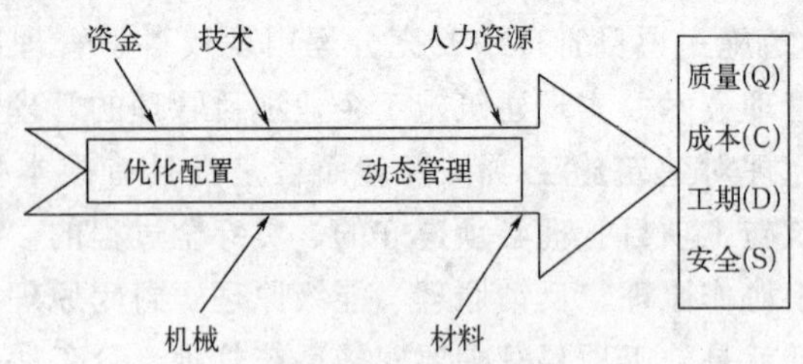

图 1-4　生产要素管理与目标控制的关系

定程序提出的、以施工指令形式下达的工程变更导致的额外施工任务或工作均应列入项目管理范围。

第三节　项目管理的过程

一、项目管理的过程及整体化

（一）项目的整体性质

如前所述，按照系统论的观点，一个项目就是一个系统。一个项目系统是由人、技术、资源、时间、空间和信息等多种要素组合到一起，为实现一个特定系统目标而形成的一个有机整体。现代系统方法特别强调要把一个系统作为一个整体来看待。项目作为一个系统，其整体性的规律也是不能违背的。

项目本身的整体性质要求对项目进行整体化的管理（或称为系统化管理）。项目是由共同发挥作用的各个部分组成的，包括各硬件成分和软件成分的组合。任何一个成分的或缺和削弱都会影响项目的整体效果。项目的整体性质包括以下内容。

1. 项目范围的整体性

范围（Scope）指一个项目所提供的产品和服务的总和。从项目实施过程角度而言，项目范围就是为达到项目目标所要求完成的全部工作。既不能把一些与项目无关的工作列入到项目范围中来，更不能忽略或遗漏一些项目所要求的工作，哪怕是看起来不起眼的工作。这就需要进行项目范围定义。范围定义就是把项目的主要可交付成果划分为较小的、更易管理的单位。项目范围定义的主要工具是工作分解结构（Work Breakdown Structure，WBS）。范围定义的结果形成工作结构分解图。图1-5所示是一个办公楼建造项目工作分解结构示例图。有一个完整的、反映项目内在功能特征的，又界面清晰、层次分明、便于管理的工作分解结构，是确保项目整体性的重要条件。

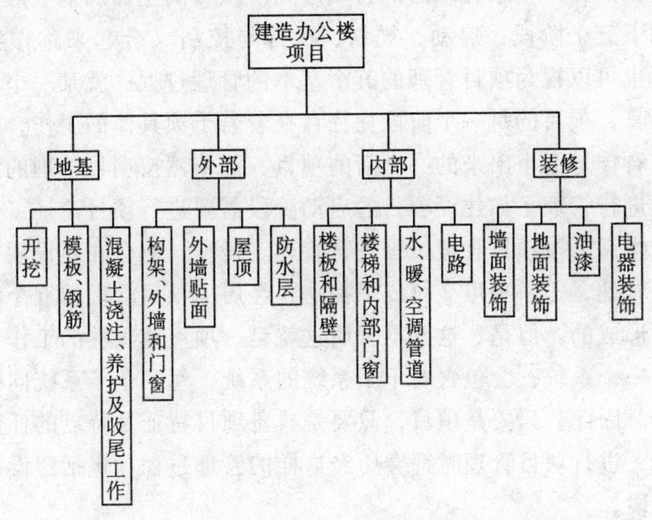

图1-5　办公楼建造项目工作分解结构示例图

2. 项目目标的整体性

各个项目相关者对项目的需求会有所不同，也可能常有冲突。完成项目过程中要实现的具体目标往往是多方面的。这些具体目标既可能是协调的，或者说是相辅相成的；也可能是不协调的，或者说是互相制约的。这些有机联系的目标共同组成了一个目标系统。项目所要实现的目标往往是一个目标系统，而非某个单一目标。项目目标的整体化就是要对这些互相冲突、矛盾的需求和目标加以权衡，寻求各方面都可以接受、感到满意的结果。像进度管理要顾及成本和质量，费用管理也不能离开项目进展和质量要求，合同管理、人力资源管理等都要为项目的整体目标服务。切忌顾此失彼、捡了芝麻丢了西瓜。

3. 项目过程的整体性

每个项目都有自己的生命周期。生命周期可以分为若干个阶段，每个阶段又可分为若干个子阶段或称作过程。这些过程既有区分又有联系，互为前提和后果。项目管理要贯穿于项目生命周期全过程，是对一个项目进行的从头至尾的管理，也被称作是全寿命周期管理。

（二）项目管理过程

过程是指产生某种结果的行动序列。项目的生命周期一般可以划分为如下五个阶段：启动、规划、执行与控制（合起来称作实施）、结束。也可以视为项目管理的五个基本的管理过程。就某一个具体的项目而言，项目的每一个阶段往往存在着若干项具体的工作，这些工作又被看作是派生出来的一个新的项目，而依然按项目管理的五个基本过程进行管理。如建设项目的启动阶段需要进行项目论证工作，该工作同样需要按项目管理过程进行管理。这样，就会在建设项目进行过程中看到，每一项可交付成果都是在经历了项目管理的五个基本过程之后形成的。但是，这并不表明这就是一项可重复性的工作。而是项目是一个系统，会包含若干子系统的系统，每一个子系统同样是一个项目。因此，只要是项目，只要是具备项目特征及特点的任何工作或作业，进行项目管理时都会历经这样的管理过程，包括建设项目的每个阶段。

1. 过程之间的联系

管理过程不是独立的一次性事件，它们是贯穿于项目的每个阶段，按一定顺序发生，工作强度有所变化，并互有重叠的活动。图 1-6表明项目或在某个阶段内或者是某项具体任务管理过程的顺序及它们的重叠和工作强度的变化。从图 1-6 中可以意识到规划过程的结尾已经在为结束过程的成果报告提供资料。

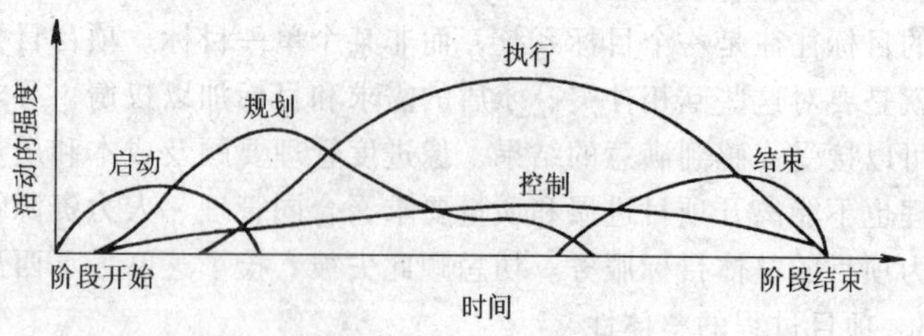

图 1-6 管理过程的顺序、重叠和强度的变化

存在于项目中的诸多的这种项目管理过程，在项目各阶段之间和各过程之间的联系如图 1-7 所示。发起过程接受上一个阶段或相联系的上一个活动交付的成果，经研究，确认下一个阶段或活动可以开始，并提出对下一阶段或活动要求的说明；规划过程根据发起提出的要求，制定计划文件作为执行过程的依据；执行过程要定期编制执行进展报告，并指出执行结果与计划的偏差；控制过程根据执行报告制定控制措施，为重新计划过程提供依据。因此规划——执行——控制，这三个过程往往要周而复始循环多次，直到实现该阶段活动发起过程提出的要求，才能使结束过程顺利完成，为下一阶段或下一活动准备好可交付的成果。这样一环扣一环的机制将各子过程和项目各阶段结合为整体，所以又叫做整体化过程。

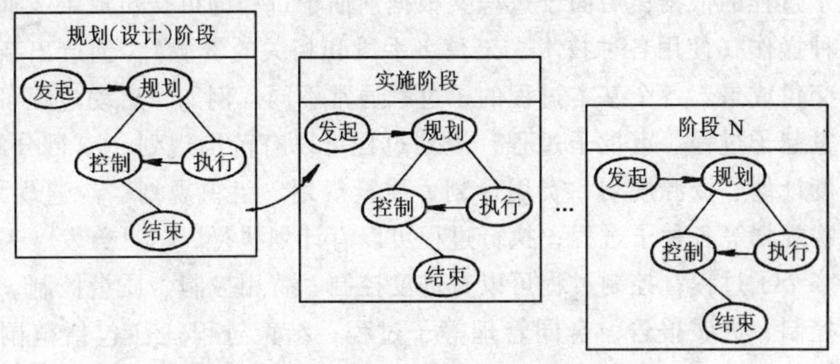

图 1-7　阶段之间和过程之间的相互关系

2. 过程的可交付成果

每一个项目管理过程进行完后都应有一个可交付的成果或交付物给下一个项目管理过程。可交付成果或交付物（Deliverable）指为了完成一个项目，或项目的一部分，必须产生的可以度量的、有形的、可验证的成果、结果或事项。可以是书面文件、图片资料和样品、实物等。在涉及外部的交付物时，这个术语具有更为狭窄的含义，它是指由业主或客户批准和控制的交付成果。例如，项目招投标工作结束就会有中标单位，就会形成发包方与承包方签订的建筑工程施工合同，这份合同就成为建筑施工企业开展下一阶段项目施工工作的重要依据。这时的合同也就是所说的可交付成果或交付物。

项目过程的可交付成果的重要性在于以下两个方面。其一，项目是一次性的、渐进的动态过程，是一个整体，后面的管理过程都是前面过程的一种延续。任何对前面过程的不正确记载、说明和评价，都会给后面过程的进行造成差错。其二，由于项目组织和人员的临时性，人员往往有变动。后面的管理过程所介入的人员只能依靠前面管理过程的可交付成果开展工作，而从事前一过程的人员可能已经不在本项目中继续从事工作了。因此，要求每个过程的可交付成果都应完整，包括一切必要的信息。

3. 子过程

每个基本过程均会涉及项目管理若干方面的事务。对这些不同方面事务的处理就是基本过程的子过程。前面子过程的可交付成果是后面子过程的依据；后面子过程又根据前面子过程的可交付成果，通过某种操作（使用各种技术、工具、手段和相关的资源），创造出新的可交付成果。各个基本过程的子过程通常不同。例如，启动过程可以有发起子过程、审批子过程；规划过程可以有范围规划、项目分解、进度计划、资源规划、费用计划、质量规划、组织规划、沟通规划、采购规划等各种子过程；执行过程可以有计划执行、信息分发、采购等多个子过程；控制过程可以有进度控制、费用控制、质量控制、变更控制、进展报告、合同管理等子过程；结束过程往往包括范围核实、行政扫尾、合同结尾等子过程。

多数不同的项目在子过程方面会有许多共同的内容，但一些特殊的项目往往要求增加或减少某些子过程。譬如，不确定程度高的项目要求增加风险规划、风险控制子过程；较小的项目采购可能不需要进行招标，可以免去招标采购子过程，而增加一个比较简单的询价子过程。

如同世间万物只不过是由一百多个不同的元素变化组合而成，项目与项目之间存在的区别和差异，经过对项目的分解，会发现也是由一些差异越来越小的部分经不同的组合而成。那么，对项目管理过程也进行更深入的分解，分解后的部分尽管会存在于不同的项目或过程当中，但是它们之间会趋向于一致。而且，分解的越细，分解后的部分存在的类型数量会越少，更易于认识和掌握。当然，真正做到这种境地，就目前的项目管理发展水平来看，是不够现实或遥远的。

子过程和过程一样，须遵循一定的顺序，有时会互相搭接、反复循环。它们互相关联，密切配合，成为项目整体中一个一个的环节。

二、项目的启动阶段

项目是很多的，项目来源于各种需求和要解决的问题，项目产生于社会生产、分配、消费和流通不断的循环之中。作为一个组织，它要实施一个项目，对一个项目进行管理，必须先有一个项目存在，这个项目与这个组织所追求的目标和结果从预期的角度看应是能够满足的。任何一个组织不可能认为随便哪个项目都可以拿去组织实施。一个没有任何希望，不会给组织带来有益的结果，或者没有一定实现把握的项目是不会被付诸实施的。因此，作为一个组织启动和实施的项目，必然是经过了审慎的论证和评价。所以，项目启动过程在某种意义上也就包含了对项目的选择和分析的子过程。通过项目识别、构思、研究，直至选定，才可以进入项目启动的步骤。

项目启动的步骤主要如下所述。

1. 项目发起

项目选定之后，还要有一个发起过程，才能使项目行动起来。所谓发起，就是让和项目有切身利益的有关方面承认项目的必要性，让他们根据自己的义务投入人力、物力、财力、信息或精力。项目发起也可以理解为项目动员，包括对项目实施组织内部的动员和对项目相关者的动员，有时也包括为创造一个有利于项目实施的环境而展开的对外界社会的宣传及说服工作，以获得有力和有益的支持。

2. 项目核准

项目选定之后，一般还需经过项目实施组织的核准。即由项目实施组织最高决策者正式承认项目的必要性，签发项目许可证书，把完成项目所需的全部权力交给项目管理班子的过程。项目许可证书就是正式批准项目的文件。该文件通常由项目实施组织的高层管理者或者项目的主管部门颁发。项目许可证书赋予了项目经理或项目管理班子将资源用于项目活动的权力。在我国建筑施工企业里常常是以项目经理或项目管理班子与企业签订项目管理责任书或合同（内部合同）形式出现。

也有一些项目，例如一些小项目，由选定项目的个人或组织自己实施，无需由他人核准的这套程序。

3. 项目启动

项目启动就是项目管理班子开始项目或项目阶段的具体工作，包括项目或项目阶段的规划、实施和控制等的过程。

项目正式开始有两个明确的标志：一是任命项目经理、建立项目管理班子；二是获得项目许可证书。

一般来说，应当尽早选定项目经理，并将其委派到项目上去。项目经理无论如何要在项目计划执行之前到岗。

4. 项目立项

有些项目，特别是大中型建设项目，还要列入政府的社会和经济发展计划。项目经过项目组织决策者和政府有关部门的批准，并列入项目组织或者政府计划的过程，叫做项目立项。另外，还包括项目实施必须取得的一些政府审批项目。如建设项目的建设用地规划许可证、建设工程规划许可证、建筑施工项目的施工许可证。

5. 明确项目要求

项目有多个方面是需要事先加以明确的，如项目范围、费用、时间、质量、风险、人力资源、沟通、采购等。可以把这不同的方面叫做项目变数、项目变量或项目参数。

项目经理和项目班子在接受委托之后，准备正式启动项目之前，必须弄清项目委托人对各项目变数的要求。比如，要达到什么目标、需要投入多少资源、要求在什么时候完成、要求达到什么样的质量，不能只有一个模糊的概念。如果项目发起人或委托人由多个组织或多人构成，问题可能更严重。他们对于项目的目的、内容、范围和行动方案的认识在大多数情况下并不一致，各有各的想法、各有各的期望，甚至彼此冲突，相互矛盾。因此，项目经理就需要负责统一他们的认识，如果不弄清楚，或让他们各执己见，则项目无法启动。勉强启动，必出乱子。

除了项目委托人或发起人对项目的要求需要加以明确之外，项目其他当事人对项目的要求也需加以明确。另外，还要对项目利益相关者对项目的要求和期望进行了解。在把这些来自于各个方面的对项目的种种期望和要求及源于自身组织内部的目的和要求统筹考虑之后，才会形成指导项目运行的目标和目标系统。有了目标，才会存在目标的实现过程。

三、项目的规划阶段

任何项目的管理都要制定项目计划，项目计划（Project Plan）是用来指导项目执行和控制的经过正式批准的文档。项目计划就是根据项目目标的要求，对项目范围内的各项活动做出合理安排。

项目计划是用来指导组织、实施、协调和控制项目过程的文件，是确定项目协调、控制方法和程序的基础及依据，是项目中各项工作开展的基础。也是避免项目不必要的损失，提高项目管理效率及效果的重要手段。项目的成败首先取决于项目计划工作的质量。

编制计划的过程叫做规划。项目规划（Project Planning）指开发和维护项目计划。项目规划是预测未来，确定欲达到的目标，估计会碰到的问题，并提出实现目标、解决问题的有效方案、方针、措施和手段的过程。项目规划是从现实出发对项目实施过程的思考、想像和谋划，进而确定、决定和安排实现项目目标所必需的各种活动和工作成果。

项目规划也是项目管理者考量如何合理地使用自身的时间、资源和努力的过程，以便有效地把握未来，实现预期的结果。项目规划是项目管理过程不可或缺的一个重要阶段或环节，是项目经理和项目管理组织的一项重要职责和工作，是项目管理的一个重要核心。

而项目计划则是项目规划一系列子过程的结果，是项目经理和项目班子思想的具体化，体现了他们准备做什么，什么时候做，由谁去做及如何做，即对未来行动方案的一种说明。

一个项目计划可以是概括性的，也可以是详细的。项目计划可以是阶段性计划，也可以是全过程计划。

为了使项目班子富有成效地开展工作，项目计划应该尽可能地稳定。但是项目计划像其他任何计划一样，不可能一成不变。所以，当情况发生变化时，就要适时地对项目计划进行修改。由此看来，项目规划要反复多次进行，不可能一劳永逸。

四、项目的实施阶段

项目实施包括项目计划执行和控制两个过程。

1. 项目实施准备

在项目计划付诸实施之前，必须化一定时间和力量对项目班子和有关人员，包括项目发起者和业主进行宣传、说服和动员。营造有利于实施项目计划的气氛和环境。即进行项目实施准备。有的项目准备不充分，仓促开工，不仅会成骑虎难下之势，还对项目的后续工作构成危害。只有各方面的力量动员组织起来之后，项目计划才能付诸实施。项目班子应当对项目计划进行核实，看其是否完整、合理、现实与可行，项目所需的资源是否有保证，项目班子应当拥有的权力是否已经得到各方承认等。核实项目计划的过程实际上也是对项目班子进行动员的过程。

2. 项目计划执行

项目计划执行是指通过完成项目范围内的工作来完成项目计划。项目计划执行的主要依据就是项目计划。

在项目计划执行过程当中，项目班子必须对项目各种技术和组织界面进行管理，即协调项目内外的各种关系。

为保证项目各项工作确在按项目计划执行，可以建立工作核准制度。即凡事要通过工作核准系统。该系统就是一套事先确定的，着手项目活动之前应遵循的程序，其中包括必要的审批制度、人员和权限及表格或其他书面文件。工作在动手之前经过批准可以保证时间和顺序不出问题。具体做法一般是经过书面批准之后才能开始具体的项目活动。小项目或简单工作则可不必如此繁琐，口头批准或按常规办事即可。项目管理信息系统在项目计划执行过程中是非常重要的手段，一定要充分利用。

在项目执行的整个过程中，所有项目有关人员之间都要保持顺畅地沟通。在这方面，项目班子的任务主要有信息分发与编写进展报告。

信息分发就是把信息及时地分发给项目相关者。分发信息时要保证信息完整、清楚、不含糊，使信息正确无误地到达接收者头脑中。要严格防止和严肃处理信息垄断、封锁，甚至伪造。在项目进行期间交流的信息应尽可能以适当的方式收集起来，井井有条地妥善保管。

进展报告也称执行报告（Performance Reporting）是为项目所有

相关者编写的，是项目各相关者之间沟通的重要资料。其内容是同项目计划执行情况有关的资料。进展报告要依照项目计划和实际工作结果编写。有关工作结果的信息要准确、一致，只有这样才能使进展报告真正发挥作用。进展报告要综合编写，在同一报告内写进费用、进度及其他方面的资料，对项目状况给予完整的说明。报告的详略应适合报告接收者的要求。

3. 项目控制

项目计划付诸实施之后，一定会遇到意外情况，使项目不能按照计划轨道进行，出现偏差。正因为如此，才需要项目经理和项目班子进行控制。

项目控制就是监视和测量项目实际进展，捕捉、分析和报告项目的执行情况，若发现实施过程偏离了计划，就要找出原因，采取行动，使项目回到计划的轨道上来。

项目计划中的某些东西在付诸实施之后才会发现无法实现。即使勉强实现，也要付出很高的代价。遇到这种情况，就必须对项目计划进行修改，或重新规划。

项目控制要有明确的控制目标和目标体系，要对产生的偏差及时地予以发现，要考虑项目管理组织实施控制的代价，控制的方法及程序要适合项目实施组织和项目班子的特点。进行项目控制，还要注意预测项目过程的发展趋势，以预见可能会发生的偏差，实施主动控制。项目控制工作要有重点地进行，项目控制形式及做法要有灵活性，项目控制的进行过程要便于项目相关人了解情况。另外，对项目目标控制要有全局观念，是一种围绕于项目总目标实现的综合控制。

项目控制有多方面内容。对于项目的不同方面，需要采用不同的方法。

五、项目的结尾阶段

项目收尾是项目生命周期的最后阶段，也是项目管理过程的最后环节。凡事都要善始善终，不能虎头蛇尾。项目管理亦应如此。当项目或项目阶段的所有活动均已完成，或者虽未完成，但由于某种原因而必须停止并结束时，项目班子应当做好项目或项目阶段的扫尾

（也叫收尾、结尾）工作。它的目的是确认项目或项目阶段实施的结果是否达到了预期的要求，实现项目或项目阶段的移交与清算。

项目结尾是项目全过程的最后阶段。没有这个阶段，项目就不能正式投入使用，不能产生出原定的产品或服务。即使投入使用，项目的维修保养也无法进行。不作必要的收尾工作，项目各相关者就不能终止他们为完成本项目所承担的义务和责任，也不能及时从本项目获取应得的利益。

项目或项目阶段结尾包括范围核实、行政扫尾和合同收尾等子过程。

1. 范围核实

范围核实又叫移交和验收。项目或项目阶段结束时，项目班子要把已经完成的项目可交付成果交给该项目成果的使用者或其他有权接收的方面。而在正式移交之前，接收方面要对已经完成的工作成果或项目活动结果重新进行审查，核查项目计划规定范围内的各项工作或活动是否已经完成，可交付成果是否令人满意。为了核实项目或项目阶段是否已经按规定完成，需要进行必要的测量、考察和实验活动。

如果项目提前结束，则应查明有哪些工作已经完成，完成到了什么程度，并将核查结果记录在案，形成文件。

2. 合同收尾

合同收尾就是了结合同并结清账目，包括解决所有尚未了结的遗留问题和事项。有些项目，合同收尾的具体手续可在合同条款和条件中加以规定，合同收尾工作则按合同约定条件进行。合同提前终止是一种特殊的合同收尾。

3. 行政收尾

项目或项目阶段在达到目的或因故中止时，必须做好行政收尾工作。行政收尾工作指生成、收集和分发信息以便结束项目。项目班子的收尾工作就是编造、收集和散发有关信息、资料和文件，正式宣布项目或项目阶段的结束。

收尾工作的各项活动不能拖延到项目完成之后才去做。项目每一阶段都要做好收尾工作，保证不丢失有用的资料。

在行政收尾时，项目班子应当负责在有关方面的协助下对所有的项目记录进行系统的整理，将一套编了号的完整项目记录交由有关方面存档。还应当将所有同本项目有关的数据加以更新，删除陈旧、过时、无用的，仅保留那些反映项目最后真实情况的数据资料。避免日后查阅时让人摸不着头绪。

行政收尾工作一般还包括项目管理组织在项目间的转移或解体的工作。

4. 总结评价

在做行政收尾时，项目管理班子还应当找出在本项目和项目管理方面的成功和失败之处，为从事新的项目或新的项目阶段的工作积累经验。要研究本项目使用过的哪些方法和技术值得推广到其他项目上去。并评估为了继续研究因受本项目的启迪而提出的各种方法和技术，还需要继续进行哪些活动。

六、建筑施工项目的管理过程

建筑施工项目的管理过程与一般项目的管理过程是一样的。项目管理的整体性规律同样需要遵循。建筑施工项目生命周期的五个阶段也是对项目管理过程的一种体现。每一个阶段也都包含着一些具体的子过程。这五个阶段构成了建筑施工项目管理有序的全过程。

1. 投标、中标谈判、签约阶段

本阶段的最终管理目标是为了签订工程项目的建筑施工承包合同。本阶段主要进行以下工作或要进行以下子过程：是否参加投标活动的企业决策子过程；编制投标文件的子过程；如果中标，那么中标后的谈判子过程；合同签约子过程。在这一阶段进行的过程当中，视一些管理过程的需要，有时还要进行如项目评价子过程、市场分析子过程等。

参与投标、争取建筑施工项目，是建筑施工企业面对市场竞争，寻求企业生存和发展的根本性工作和重要途径。只有争取到了建筑施工项目，才谈得上建筑施工项目的管理工作。但是，如果该项目不能满足企业自身的利益要求，也就不值得去争取。不过到底值还是不值，它们之间的界定并不是一成不变的。当企业项目管理水平提高了，劳动生产效能提高了，原本对于企业不值得实施的项目也会变得具有价值起来。

2. 施工准备阶段

为使建筑施工项目具备工程开工和连续施工的基本条件。需要进行以下一些工作或要进行以下子过程：建筑施工项目管理规划子过程；项目组织规划和施工组织设计子过程；施工许可证办理子过程；项目管理班子建设子过程；人员培训子过程等。

这一阶段的主要工作一是成立项目经理部；二是做项目规划。应该指出的是，在参与投标、编制标书的过程中，必然要进行一些项目规划工作，提交必要成果，以求得中标。这些规划的内容应是这一阶段规划工作的依据和必须遵守的一些原则。但是这个阶段的项目规划工作有别于前一阶段，前面的重在体现对完成项目目标的过程的论证及要做出的承诺；这一阶段的规划工作则是要得出能够具体指导项目实施的计划和行动纲领，是要具体付诸实施的，是用来指导各方面的具体工作的。

3. 施工阶段

这是建筑施工项目管理过程的主体阶段。包括项目计划执行和项目控制两个部分的内容。这一阶段需要进行以下一些工作或要进行以下子过程：一是项目计划执行方面的，包括计划实施、信息分发、项目采购等多个子过程；另一是项目控制方面的，包括进度控制、费用控制、质量控制、变更控制、安全控制、进展报告，及生产要素管理、合同管理、现场管理与环境保护等子过程。建筑施工项目管理要特别注意在这一阶段的不确定性和干扰因素的发生，做好对突发事件的管理工作；要注意处理好与项目建设单位、设计单位、监理单位等的沟通与交往，做好项目的协调管理工作。

4. 验收、交付与结算阶段

这一阶段是建筑施工项目管理过程的结束阶段。该阶段需要进行以下一些工作或要进行以下子过程：项目交工验收子过程；项目试运行子过程；合同结尾及竣工结算子过程；项目后评价子过程；项目管理班子的转移或解体子过程等。

不能把应在前面阶段处理的问题和事项都往结束阶段推，留待最后的结束过程一揽子地加以解决。这可能会使项目最终得不到妥善的了结，以致形成争执和纠纷而久拖不决，直至影响项目的正常使用。因为留待最后也许会失去解决问题或事件的有利条件、最佳时机，事实与真相有时也会难以查明。这一阶段应该不是去收拾一个烂摊子，而是重在对工作及成果的检验与验收。

5. 用后服务阶段

这是建筑施工项目管理过程的最后阶段，需要进行以下一些工作或要进行以下子过程：形成保修制度和保修关系的子过程；工程回访子过程；保修项目处理子过程；保修责任终结和保修费用结算子过程等。履行工程质量保修责任是合同及相关法律法规规定的承包商的不可推卸的义务。

6. 建筑施工项目管理程序

从建筑施工企业内部管理来说，一个施工项目的项目管理程序可以表达为以下的项目管理过程。

编制项目管理规划大纲，编制投标书并进行投标，签订施工合同，选定项目经理，项目经理接受企业法定代表人的委托组建项目经理部，企业法定代表人与项目经理签订“项目管理目标责任书”，项目经理部编制“项目管理实施规划”，进行项目开工前的准备，施工期间按“项目管理实施规划”进行管理，在项目竣工验收阶段进行竣工结算、清理各种债权债务、移交资料和工程，进行经济分析，作出项目管理总结报告并送企业管理层有关职能部门，企业管理层组织考核委员会对项目管理工作进行考核评价并兑现“项目管理目标责任书”中的奖惩承诺，项目经理部解体，在保修期满前企业管理层根据“工程质量保修书”的约定进行项目回访保修。

项目管理的基本程序，也称为总体性程序，体现了项目管理运行过程的规律。企业和项目经理部应运用这些规律组织和实施项目管理，做到流程明确、分工合理、关系清楚、责任到位。

基本程序中的每一环节，还可以分解成若干有相互联系和先后顺序关系的工作步骤，构成业务流程，在管理活动中同样应予以重视。

第四节 项目环境

一、项目环境与环境分析

1. 项目环境的概念

什么是项目环境？根据兰德姆图书公司所编的一本字典解释："环境就是周围的事物、条件或影响的聚合体"。按照这个解释，项目环境就是包括项目周围的一切有关的事物。如项目所需要的技术、资源、产品及性质、购买者与竞争对手；还有项目存在的自然因素，如地理位置、项目建设中所处的经济、政治和自然气候条件等。项目环境在项目管理当中也被称作项目背景。项目是在一定的项目背景下进行的，项目背景直接或间接地对项目产生影响。

项目环境也可以按照系统理论进行解释。所谓环境是指一个独立系统（项目）与外界的关系，系统的外界联系就是环境。由此可见，系统（项目）是处于环境之中，环境是一种更高级的系统。在某种情况下它会限制系统（项目）能力的发挥，环境的变化对系统（项目）有着很大的影响。项目这种开放性系统必然要与外部环境进行物质的、能量的和信息的交换，必须适应外部环境的变化。

2. 项目环境分析的意义

长期以来，项目实施过程中的管理工作，一直将重点放在研究项目的施工组织计划的制定、施工计划的安排、建成投产时间和工程质量标准、工程成本核算及施工管理、物资供应计划与管理等方面。此外，还包括确定企业的组织机构和管理人员的安排等内部问题。以上所研究和管理的内容，都属于项目内部的中心问题。这说明，人们对项目的实施管理的着眼点是内向的，注意力主要集中在项目的组织机构和项目内部事务的研究和探讨，这对项目管理是完全必要的，没有这些，要想顺利完成项目的既定目标是不可能的。

但是，随着客观世界的不断变化，科学技术的迅猛发展，要想实现有效的项目管理，仅仅考虑项目组织内部的事物已经远远不能适应客观事物发展的新要求了。

建筑施工项目组织特别是项目经理经常感叹大部分的精力都被处理与外部关系的事务拖去了，无法真正把精力用在施工项目管理上。而且，项目管理的成败，特别是项目的经济效益，经常不是靠对项目管理自身来实现和保证的。所谓功夫在项目外。项目管理得再好，不善于处理与外部的各种各样的关系，不懂得捞取真正的好处，那也是徒劳的。

任何项目都是处于一个特定的环境之中的，在不同的环境之下，做任何一个项目都不可能按照同一模式去做，而且，在很多时候这种环境是无法改变也无从选择的，只能够去适应，并且适者生存。例如，在国内承包工程普遍出现垫资情况时，如果，一味去指责建设单位或业主违规，或决不苟和，那么最终遇到的很可能是自身在市场中的不断溃败。

不认识清楚项目所处的环境，不懂得如何适应和利用环境，不善于协调环境中各界面的关系，项目管理是很难搞好的。

要使项目取得成功，除了需要对项目本身、项目组织及其内部环境有充分的了解外，还需要对项目所处的外部环境有正确的认识。环境因素的存在，特别是它们的变化情况，对项目实施计划的制定、组织机构的设置、施工技术的选择及人员的配备、施工机具的配置等都将产生重要的影响。因此，在项目实施过程中，项目管理者必须重视项目实施与环境之间存在的密切关系。

3. 项目环境分析的系统方法

系统理论的出现，使人们在对客观世界和微观世界的观察中，能够更好地逐渐认识客观事物的本质联系和内部的规律性。

所谓系统，就是指若干事物按一定的关系组成的统一整体。如果把系统包含的事物称为元素，系统则可定义为元素的集合。事物可以无限分解，因此元素又是由低一层次事物构成的系统，这些低层次系统是高层次系统的子系统。这说明一个项目或项目组织只是一个更大的系统或环境中活动的分系统，它与其他分系统之间还要互相发生作用。

因此，运用系统理论对项目的实施环境进行分析，就是把项目看成是处于被负责该项目的机构内部和外部环境包围之中，也就是把项目与周围环境中的其他组织机构或分系统联系在一起，从而产生互相依存的双重关系，即系统内各要素是相互作用而又相互联系的，系统内任何一个要素和存在于该系统中的其他要素既是相互关联又是相互制约的，它们之间某一要素如果发生变化就意味着其他要素也要相应地改善和调整。

所以，项目管理者必须注意项目外部环境事物的情况，研究关系项目成败的各种外部因素，并且要依据外部环境不断变化的条件进行项目管理，及时对内部不适应的事物做出相应的调整。应用系统分析方法，对于项目成功与失败有着重要的意义。

面对复杂的项目环境，除了直接分析复杂的外部环境因素，找出这些因素对项目的影响关系，进而对项目内部不适应的事物做出相应的调整外，还可以从项目管理组织和管理者的角度考虑如何应对环境和环境的变化入手，解决项目和项目管理与环境的相适应性问题。

二、项目情境管理

情境一词的含义是指情景、境地。情境管理就是指在有他人参与的情况下，如何根据自身、他人、环境等各自特点及相互作用，采用合适的方式，使工作不仅成功而且是有效的活动。

在项目一次性的特点下，我们发现，做任何一个新的项目，都会面临大量新的情境，甚至是感觉着从未接触过的情境。在这种情况下，对于人们通过学习和实践所掌握的那些项目管理知识如何在这个项目中运用，就会变得困惑起来。

什么样的理论和方法在什么样的情境中可以被利用，或在什么样的情境下可以运用什么样的理论和方法，在项目管理理论与项目管理实践之间往往觉得缺乏一座桥梁。许多项目管理方法和管理工具并没有被实际的项目管理者在项目管理实践中所利用，而这些方法和工具就是为他们所设计的。在“象牙之塔”和“职场”之间，大多数理论失去了它们的作用。这些理论和方法未被应用的原因，是这些知识不太可能成为可以复制和应用的模式。此时，应该注意到模式和理论之间的差别。理论是要说明或解释事情为什么要那样发生。理论涉及洞察力问题，因而它们不是用来重新发起事件的；另一方面，模式是已经存在的事件的一种格式，它是可以被掌握的，因而也是可以重复的。

为解决这一问题，人们会总结出大量的项目管理模式，并将模式与项目管理理论之间建立起有机的联系。这样做应该说对于人们学习和掌握项目管理知识与技能是大有益处的。但是，人们所总结出来的一些模式，或上升至理论的模式，会随着模式情境的变化，由原模式所决定的内容就又会不再适应新的情境下的应用了。而项目由于受环境的影响，项目情境总是会发生各种各样的变化。

所以，人们必须学会对所面临的具体情境进行分析，找出适合于该情境下的，完成工作的方式和方法，使工作不仅成功而且是有效的活动。这种活动应该是动态地存在于项目管理过程当中。

项目情境管理，就是能够针对于项目的种种变化情境，找出合适的项目管理理论及方法，进而顺利完成不断变化的环境条件下的项目目标。也可以称作项目的应变管理或项目管理组织的应变能力。

通常不可能预知项目环境会发生什么变化，也不可能事先就建立起来对每一种变化所对应的或固定的解决方案。只有通过项目情境管理，依赖项目管理组织足够的应变能力和科学的应变处置程序及方法，来面对项目环境的各种各样的变化。

三、项目环境分析的内容

项目实施过程中必须要同周围环境各种变化着的因素相互适应、密切配合。要对影响项目进行的周围环境因素加以确定、评价，并做出必要的反应。根据项目环境因素的不同内容，可将其划分为不同的类型。主要有：经济的、技术的、社会的和政治的等。

1. 经济环境的分析

影响项目的经济要素主要有以下几方面因素。

(1) 资金　一是资金供给，二是资金成本。

(2) 劳动力　劳动力的适用性、质量及价格。

(3) 价格　项目投入物，如建筑材料等受价格变化的影响很大。

(4) 劳动生产率　生产率的高低部分原因取决于有关人员的技术水平。

(5) 管理人员的水平　有智慧、有才干、适用的项目主管人员，对企业的发展起着决定性的作用。

(6) 政府的财政与税收政策　属于政治环境的性质，但对各种经济组织有着巨大的影响。

(7) 顾客需求　顾客（项目业主或最终的使用者）在环境因素中也是一项重要的经济内容。

2. 技术环境分析

技术包括的方面很广，人们所有的行动方法和知识的综合都属于技术范围之内。在现今科学技术迅猛发展的时代，竞争者无一不利用新技术以获得发展，没有哪个组织的经营及所取得的效果不受技术的应用和技术进步的影响。

例如，建筑施工企业要参加项目投标，如果不懂得利用计算机手段和多媒体技术，几乎就要被建筑市场所淘汰，只能在分包市场谋口饭吃，而且还不知今后会怎样。

3. 社会文化环境分析

社会环境是指在一定社会中，人们的处世态度、要求、期望、智力与教育程度、信仰与风俗习惯等。项目管理要了解当地的文化，尊重当地的习俗。例如，制定项目计划时必须考虑当地的节假日习惯；在项目沟通中，善于在适当的时候使用当地的文字、语言和交往方式，也往往能取得理想的效果，各方面的文化也可以逐渐融合。在项目过程中，通过不同文化的交流，可以减少摩擦、增进理解、取长补短、互相促进。

4. 政治与法律的环境因素

项目的政治与法律环境是同社会环境紧密地交织在一起的。项目管理者在制定项目实施计划中，必须考虑未来政治与法律对当前行动的影响。建筑施工项目的工期一般都比较长，这期间，项目与社会环境的互相联系与依存不会是一成不变的。政治与法律的变动，相关的环境因素肯定会发生变化。如 2001 年，美国遭受 9.11 恐怖袭击事件，世界原油价格立即发生变动，国内油品价格也随之变动，进而对项目的成本构成直接的影响。

项目环境的分类是多方面的。也可归纳为三个大的方面，即自然环境、物质技术环境和社会经济环境。前两个方面可以认为是硬环境，后一方面是软环境。一般与项目密切相关的环境是由三个具体因素决定的：

(1) 项目的产品、劳务、市场环境。

(2) 采用的工艺技术标准。

(3) 项目的建设地点。

四、环境的分析与评估

影响项目的环境因素是多种多样的。在这些因素中，是否每种因素对项目的成败都是同等重要呢？当然不是。这就要求项目管理者要对各种相关因素进行系统的观察、周密的研究和分析，找出那些影响项目成败的关键因素。对环境的研究和分析也可称为对环境的监视或对环境的考察。

一般来说，可将影响环境的因素归纳为三类：第一类为可控制因素；第二类为能够施加影响的因素；第三类为可意识到的因素。对环境影响因素掌握清楚后，项目管理者就可以制定有效措施，使项目内部组织机构和管理方法更好地适应外界环境、增加项目成功的可靠性。

1．环境考察

环境考察是指对各种信息的洞察和分析。项目管理者获得的信息越多，他就会有更充分的条件去鉴别项目环境中的关键因素。环境考察有以下几种方法。

(1) 无既定目标的视察　在事先不确定目标，也不具备探索环境因素的某种愿望的情况下，一般地接触来自环境的各种信息。

(2) 有条件的视察　有目标的接触一些多少已经清楚划定范围的环境因素，或者是一些类型较为清楚的信息，但是还不忙于进行积极的调查。

(3) 非正式调查　不是通过正式的组织机构，进行有组织、有计划的大规模调查，而是以非正式的调查来获得特定的信息，或者针对某一特定目标，搜集有关信息。

(4) 正式调查　通过正式的组织机构进行的有计划、有目的的行动。

环境考察对项目管理者来说非常重要，但是要真正做到对各种信息的洞察和理解，又能注意到环境因素在一定时期内的变化趋势，应该说是很不容易的。

2．环境监测

通过以上几种方法获得大量信息，项目管理者就可通过对这些信息的分析，从中找出影响项目的关键因素，以便采取有力措施使项目管理能够获得理想的效果。当然项目管理者并不能就此止步，必须继续进行监测，这是因为环境因素是在不断变化的。必须注意在一定时间内这些影响因素的变化趋势，注意发现和分析有可能出现的新苗头及刚刚出现的易被管理者忽视的影响项目的因素。此外，项目管理者还要监测已经识别的那些关键因素对项目的影响是否发生了变化。最后，项目管理者还必须研究评价项目和关键的环境因素之间的联系及研究掌握这些联系的必要方法。

3. 环境控制

人们知道，有时候因为项目相关者一方或多方积极采取措施，进行项目管理和其他组织行动，也会引起项目与环境相关因素的变化。为此，项目管理者为了控制环境，需要及时了解以下几种情况：

(1) 在有关项目环境中项目相关者和各种要素的情况。

(2) 项目相关者与各种要素的控制对项目的影响程度。

(3) 项目与这些项目相关者和要素间的现有联系。

控制关键环境因素的手段和管理的方法有很多。其管理的基本策略和途径有：

(1) 搜集有关正在发生的一些信息资料。

(2) 分析识别哪些信息是不可能改变的。

(3) 在试图控制关键的环境要素的过程中，要使控制力和影响力得到发挥。

第五节 项目管理的知识体系

项目管理在发达国家已发展成为一个新的专业和学科。当今全球经济一体化的趋势日益加强，科学更是跨越国界。项目管理作为一个学科，国内外的管理人员、研究人员和学者都在探讨它的知识体系，以便在交流中有共同的语言，在发展中有共同的基础。项目管理知识体系的概念是在项目管理学科和专业发展进程中由美国项目管理学会(Project Management Institute，PMI）首先提出来的，这一专门术语是指项目管理专业领域中知识的总和。美国项目管理学会（PMI）1996年颁发了它的项目管理知识体系导则（A Guide to the PMBOK），以欧洲国家为主的国际项目管理学会（International Project Management Association，IPMA）也制定了类似的知识体系，中国项目管理研究委员会（Project Management Research Committee，PMRC）也提出了中国项目管理知识体系（Chinese-Project Managment Body of Knowledge，C-PMBOK）。我国有的学者还提出了比项目管理知识体系范围更广的项目学的构思。

因为建筑施工项目管理从属于建设项目管理框架。所以，主要从事建筑施工项目管理工作的人员，也必须了解和熟悉建设项目管理和一般项目管理基本的知识体系和领域。

一、项目管理与其他学科的关系

项目管理是管理科学的一个分支，同时又与项目相关的专业技术领域密不可分。因此，项目管理专业领域所涉及的知识极为广泛。

但是，项目管理之所以能够作为一个独立的学科，是由于项目管理所需要的许多知识、技术、技能和手段是在项目实践中发展起来的，是项目管理学科独有的，或几乎是独有的。例如，项目生命周期概念、关键路线法、工作分解结构等，这是项目管理学科的主体部分。显然，项目管理所特有的知识也是项目管理知识体系的核心。

从事项目管理还需要许多其他领域知识的支持，这些知识主要有两类。一类是一般管理知识，比如系统科学、行为科学、财务、组织、规划、控制、沟通、激励、领导等；另一类是各种项目相关应用领域的知识，例如软件开发、医药学、工程设计与施工、军事、行政、环境保护、社会改革等。项目管理与一般管理和应用领域知识的关系如图 1-8 所示。从图 1-8 中可以看到，项目管理学科的知识体系与其他领域学科的知识体系在内容上有所交叉重叠，这也符合学科发展的一般规律。

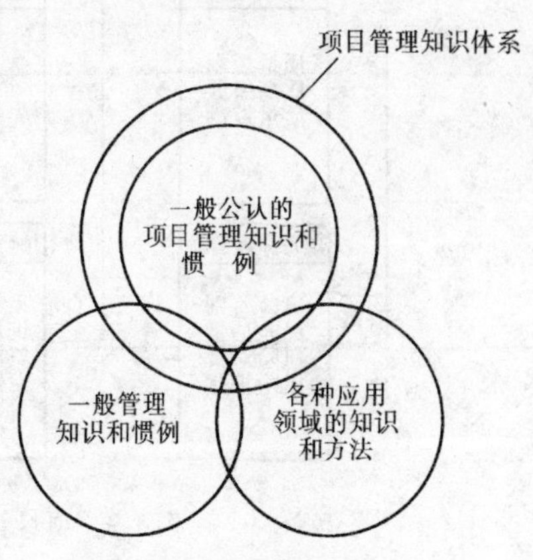

图 1-8　项目管理学科与其他领域学科的关系

二、项目管理的知识体系

项目管理知识体系可以用不同的方式加以组织。到目前为止，国际上已有美国、英国、德国、法国、瑞士、澳大利亚等国的十几个版本的项目管理知识体系。这至少说明，在各国项目管理研究人员眼里，项目管理除具有自然的科学属性之外，还具有社会属性。本书主要参照美国项目管理学会颁发的项目管理知识体系，并借鉴《项目管理引论》（清华大学出版社）一书对其少量的补充及修改，进行介绍。该项目管理的知识体系如图 1-9 所示，分为两个层次，分别叙述如下。

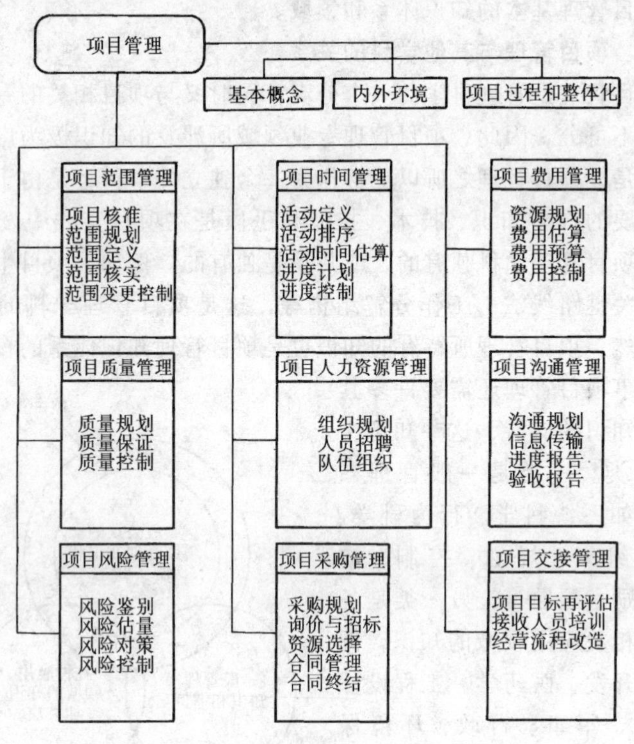

图 1-9　项目管理的知识体系

1．项目管理框架

第一个层次是项目管理框架，为项目管理提供了一个基本的结构。它由三部分组成。

(1) 项目管理基本概念　包括项目、项目管理及其关键术语的定义。

（2）项目及其内外环境　指项目本身及其他与项目相互发生作用和影响的所有方面，如项目的组织、项目的社会、经济及文化环境等。

（3）项目过程和整体化　对项目的范围、目标和项目管理过程的各个步骤之间的相互作用和相互关系，做一般性的概括，强调对项目实施整体化综合管理的重要性。

2．项目管理的知识领域

第二个层次是项目管理知识领域，提供了一种基本上被广泛接受的对项目管理知识的划分方法，基于项目管理职能领域的线索共分为九个领域。

（1）项目范围管理　是为达到项目目标对项目的工作内容范围保持控制所需要的一系列过程。它包括项目背景描述、目标确定、范围规划、范围定义、工作分解、工作排序、范围变更管理和范围核实等。

（2）项目时间管理　是为确保项目各部分工作按时完成所需要的一系列过程。它包括活动定义、活动排序、时间估算、进度计划、项目进展报告和时间控制等。

（3）项目费用管理　是为确保完成项目的总费用不超过批准的预期费用目标所需要的一系列过程。它包括资源规划、费用估算、费用预算、费用控制、费用决算与审计等。

（4）项目质量管理　是为确保项目达到其质量目标所需要实施的一系列过程。它包括质量规划、质量保证、质量控制和质量验收等。

（5）项目人力资源管理　是为了保证所有项目相关人员的能力和积极性得到最有效的利用而采取的一系列步骤。它包括组织规划、人员招聘、人员培训、项目班子建设等。

（6）项目沟通管理　是为确保项目信息的合理收集和传输所需要实施的一系列措施。它包括沟通规划、冲突管理、信息传输、信息管理和行政收尾等。

（7）项目风险管理　涉及项目可能遇到的各种不确定因素，为了将它们的有利方面尽量扩大并加以利用，而将其不利方面带来的后果降到最低程度，需要采取的一系列的风险管理措施。它包括风险管理规划、风险识别、风险量化、制定对策和风险控制等。

(8) 项目采购管理　是为了从项目实施组织之外获得货物和服务所需要的一系列过程。它包括采购规划、询价与招标、资源选择、合同管理和合同终结等。

(9) 项目交接管理　是为确保项目顺利验收和移交，转入使用和营运状态所需要的一系列过程。它包括项目目标的再评估、接收人员的培训、机构改组、经营流程的改造等。这是国内一些学者提议增加的一个领域。

以上介绍的项目管理知识体系明显是侧重于单一项目的管理上。像企业项目管理、多项目管理等知识领域并未包含在内。但这并不影响人们利用这一体系来认识和掌握项目管理最基本、最成熟的理论知识及方法。

要了解建筑施工项目和建筑施工项目管理，必须对一般项目和项目管理进行了解。虽然建筑施工项目管理实践非常丰富并源远流长，是项目管理知识体系形成的重要来源，有着长期的自成体系式的发展和创新。但是，随着项目管理越来越多地为各种各样的任务管理所采用及科技和信息的高速发展，项目管理知识体系的形成和来源趋于多样化，且呈现出更强的综合性。所以，还拘泥于建筑施工项目管理自身来认识新的形势下的建筑施工项目的管理工作是不够现实的。必须从一般项目和项目管理知识体系入手，审视以建筑施工项目为对象的项目管理。本章是从项目管理一般性的理论和概念入手来介绍，以此使读者能够对项目管理有一个全貌的认识，进而更为准确地把握本书所要研讨的对象。

本书将主要涉及项目管理的基本知识，对项目管理知识体系各主要领域结合建筑施工项目管理的需要进行介绍。本系列丛书的其他各册将会对项目管理的一些不同的知识领域做更详细的阐述。

第二章 建筑施工项目组织

第一节 项目组织概述

一、组织的含义

在现代社会，人们的生活和工作无时不与组织同在。那么什么是组织呢？组织的定义在国内外有许多论述。

霍奇（B J Hodge）和安东尼（William P Anthony）将组织定义为：两人以上或更多的人为实现一个或一组共同的目标协同工作而组成的集合。这个协作系统由以下四种要素构成：人员因素、物质因素、工作因素和协调因素，这些因素的合成就是组织。因此，组织是被设计成以提高个人努力而达到共同目标的一个社会系统。

韦伯（Max Weber）作为组织论的先驱，把组织定义为：一种根据制度限制和阻挡外人进入的社会关系，其内部秩序由特定的领导或管理人员来实施。这一定义强调了组织的边界和秩序，强调了组织成员为实现组织目标共同工作中的相互关系。

巴纳德（C I Barnard）则将组织定义为：一个多人紧密协作的所有活动的系统，这些活动是在紧密的、预先确定和有目的的协作下进行。

理查德（Scott W Richard）将组织描述为：一个追求某一特定目标的群体，它包括相对固定的边界、规范化的秩序、权力等级和沟通系统。

勃朗登彼克尔（J. Brandenberger）对组织的含义做了如下的解释：组织划分为实现目标所应执行的工作任务及关注这些任务执行部门（单位）之间必要的联系。组织也可理解为：为着一个明确的共同的目标而工作的许多人的工作规律，即这些人在工作中相互的关系及应如何合作工作，包括在业务上、时间上与空间上应如何分工及协调。

《项目组织》（清华大学出版社）一书的作者认为：现代社会中每个人都生活和工作在一些组织中，集体的努力能使人们汇集个人的才智和能力来实现仅靠个人难以实现的大目标。专业化的人员经过有机地组合，就能使每个人集中精力做好他最能胜任的那件事，而不必为了生存去做每一件必要的事。正是生产的社会化使得人们认识到，没有他人的协作和支持就很难有所作为。为了得到这种彼此的协作并进一步实现目标，人们之间必须建立一种存在结构性联系的系统。这种为达到特定目标而建立协作关系所产生的系统，就是组织的基本含义。

以上这些定义都有其共性及各自的侧重点。由此不难发现，组织既是一个名词又是一个动词。当作动词时，组织就是把多个人联系起来，做一个人无法做的事，是管理的一项功能。当作名词时，组织包括与它要做的事相关的人和资源，及其相互关系。也有人采用动静态的概念来加以区分。静态概念的组织是指组织过程中为了组织活动有效进行而建立的组织机构和组织结构；动态概念的组织是指通过一定权力体系或影响力，为达到某种工作的目标，对所需要的一切资源进行合理配置的过程。后者指的是管理行为，称管理职能。

在使用组织这一概念时，依据不同的对象环境和场合，有时表达的是个名词的概念，指的是组织的体系或结构；有时表达的是个动词的概念，指的可能是组织工作或管理的一项功能。要对组织进行定义，应包含这两个方面的含义。

根据系统理论的观点知，组织是一个系统的组织。组织指的是结构性和整体性的活动，即在相互依存的关系中人们共同工作或协作。组织的目的是为了实现系统的目标，组织的具体任务是合理地组织系统的组织结构，及合理的组织为实现系统目标的工作过程。

如图 2-1 所示为一个属于更广泛环境的分系统。组织必须在环境的制约下才能实现目标，但同时又对环境产生影响。

更进一步地，组织系统由以下几个子系统构成。

(1) 目标与价值子系统　组织是有目标的，即是具有某种目标的

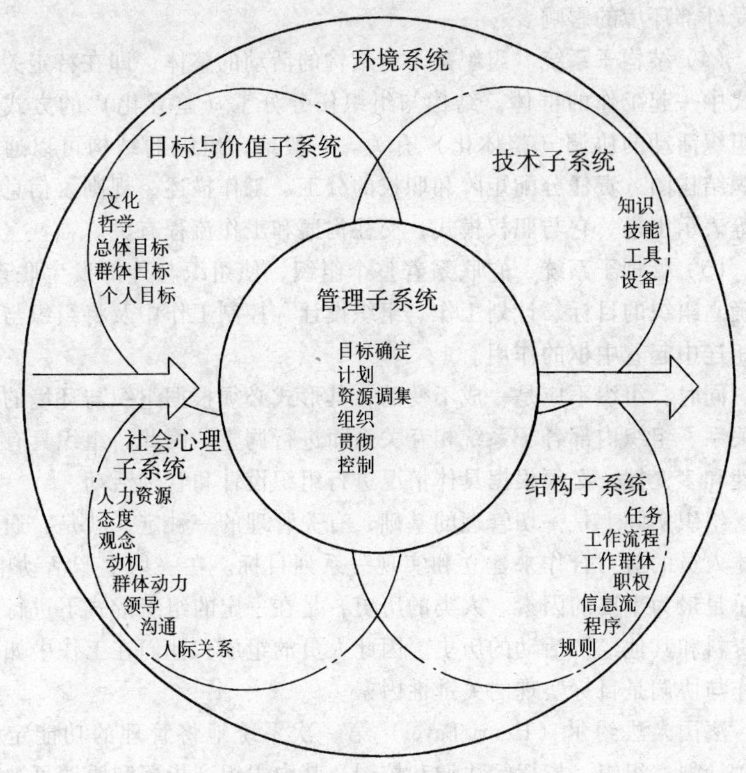

图 2-1　组织系统与各子系统

群体。组织一方面从其广泛的社会文化环境中吸收许多价值观念，另一方面又对社会的价值观产生影响。

(2) 技术子系统　组织是需要运用一定知识和技能的群体。组织的技术主要是指，为完成工作任务人们所使用的知识、技术、装备和设施等。技术子系统的构成主要取决于组织的目标，并随工作任务要求的不同而不同。但当组织采用较为复杂的技术或技术群时，技术就可能会决定组织结构的类型，并影响社会心理系统。

(3) 社会心理子系统　组织是一群人在一起工作。群体中相互作用的人们，需要组合为一个能够相互支持和协调的工作整体。社会心理子系统包括人的行为与动机、地位与作用关系、群体动力与影响网络等。这个子系统不仅受内部组织的技术、任务和结构的影响，而且还受外部环境的影响。

(4) 结构子系统　组织是个有结构的活动的整体，即在特定关系模式中一起工作的群体。结构与组织任务分工（差异化）的方式及对组织活动的协调（整体化）有关。一般地，组织的结构可以通过组织结构图、责任分配矩阵和职权的分工、工作描述、规则、信息流程等表示出来。它与职权模式、交往沟通和工作流程有关。

(5) 管理子系统　它联系着整个组织，使组织与外部发生联系。在确立组织的目标、计划工作、组织设计、控制工作中及将组织与环境相连中起着中枢的作用。

同时，组织不应是一成不变的，其形式必须根据组织与环境的作用关系、组织内部各子系统相互关系而进行调整。因此，组织具有特殊性和多变性，必须根据具体情况进行组织设计和管理活动。

组织实际上是一切管理的基础，有关管理的一种定义就是：通过全体人员的努力合作来建立和实现一系列目标。在一切生产活动中，人总是最为重要的因素。人类的历史，是在一定的组织形式下进行物质资料和其他经济活动的历史。因此人员的组成和他们在工作中如何合作与协调是目标实现的关键性因素。

法国人法约尔（Henri Fayol）第一次系统地将管理的功能定义为：计划、组织、指挥、协调和控制。其中组织、指挥和协调可被理解为广义的组织。因此，“典型的定义是，管理就是计划、组织和控制等活动”。要完成管理的功能，“第一要达到目标，第二要通过人，第三要运用技术，第四要依靠组织”。组织对于管理是如此重要，以至经济管理理论的重要发展都与其密切相关。国内外许多专家学者都认为：组织论是项目管理的母学科。

二、组织工作

无论是安排分散的人或事物使具有一定的系统性或整体性，或按照一定的宗旨和系统建立起来一个集体，都需要进行一系列的相关工作。即要有组织地运行或形成一定的组织，就会存在相应的组织工作。通过组织工作，一方面按所选择的组织结构建立起来一个组织，另一方面使全体活动可以按规划的组织流程进行。

组织工作并非日常工作中的人事管理和党务工作，而是为实现组织目标而进行的一系列管理活动。组织的目的是为了实现系统的目标，组织的具体任务是合理地组织系统的组织结构及合理地组织为实现系统目标的工作过程。在这里，组织工作实际上是一种手段和过程。组织工作是把广泛而大量的任务分解为一些可以管理和精确确定的职责，同时又能保证工作协调的手段。组织工作是使项目始终处于有效的组织和控制中的过程。

人们在集体中为实现某种目标而在一起工作时，人人都需要明了自身在这个集体中的角色和任务，并理解其所承担的工作是如何实现共同目标的一个组成部分，同时也必须拥有必要的权力、手段和信息去完成任务。将工作分解并安排给组织中的成员，以有效地实现既定组织目标的过程，这也就是组织工作的基本含义。组织工作实际上是将组织的成员与任务有机地结合起来。

组织工作还为组织的相对稳定与变动之间起到了平衡作用。一方面，组织结构形式的确定和清晰的工作流程为组织带来了相对的稳定，也给每一个成员以依赖。这种稳定和依赖是实现系统目标所不可缺少的。但同时，一切总在变化和运动之中，所确定的组织结构形式和规划的工作流程并非是自始至终、一成不变的，很多时候需要根据变化的情况对组织结构本身或组织内的工作流程进行调整或再组织，使组织结构和工作流程更加适合于它的目标、资源和环境。例如在建筑工程施工项目的不同阶段，如工程投标签约阶段、施工阶段和竣工验收及保修阶段，项目管理的具体任务就有很大的不同，对人员的要求也各有特点。因此，项目管理班子主要是根据某一时期的具体的项目目标和项目管理的任务而确定。这也是项目组织工作的重要内容之一。

组织工作的基本逻辑和内容如下所述。

(1) 确定组织的各种目标，这也是规划工作的主体部分。像建筑施工项目的目标主要是成本、质量、工期等。

(2) 根据组织的目标，明确所需要进行的工作或需要完成的任务并加以分类，同时应对工作或任务给予清晰的描述。

(3) 根据现有的资源（人力、物力、财力等）和系统的环境，对为实现目标所必需的工作进行分组，即形成任务的执行部门。

(4) 对各个任务执行部门调派有能力胜任的、有必要权力的管理人员，来领导和管理该部门。同时明确其授权范围，即使其了解，为完成目标，他（她）能做哪些事情。

(5) 通过职权关系和信息流通，横向和纵向地把各个部门联系在一起，以形成一个有机的组织系统。即在组织的系统内设计职责和指令结构，为组织结构中的横向方面（位于同一组织层次的部门）和纵向方面（指令的流向）指定关于协调的规定。

(6) 在系统运行过程中，对组织机构的运行效率进行检查，并根据实际情况不断进行调整，使之更为适应系统实现目标的过程。

图 2-2 所示是组织工作所包含的各个环节。组织工作并非是一次性的工作，而是一个动态的过程，它需要通过不断地组织和再组织，使系统实现目标的过程始终处于有效的组织和控制中，以确保目标的实现。

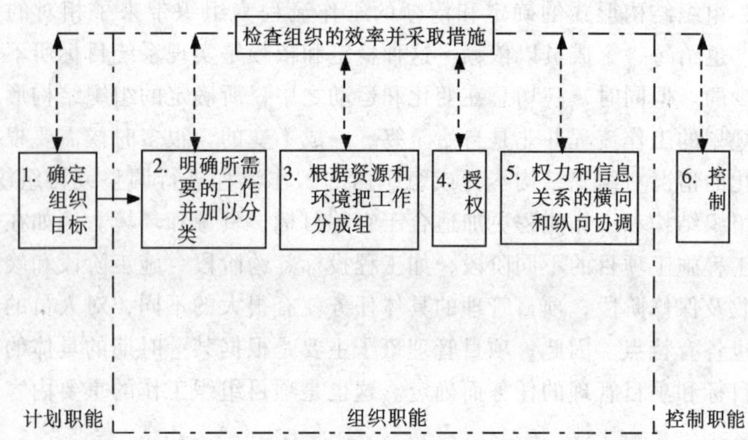

图 2-2 组织工作的过程

三、项目和项目管理组织

如前所述，组织有两重含义，一是指组织机构，二是指组织行为(活动)。在界定项目和项目管理组织时，项目组织的含义更多的是指管理的一项职能，即对项目活动进行组织。项目管理组织则是指项目管理活动有赖于一个组织来完成，项目管理组织是一个有利于项目管理活动顺利进行并有助于达成项目管理目标的组织。如项目组织是项目管理的基本职能之一。项目组织的主要目的是充分发挥项目管理功能，提高项目管理的整体效率，达到项目管理的目标。项目管理组织是指为了最优化实现项目的总目标，对所需要的一切资源进行合理配置而建立的一次性临时组织机构。

这两个方面的含义也会统一于一个概念之下。项目或项目管理的组织是指为进行项目管理、实现组织职能、完成项目目标而进行的项目组织机构的建立、组织运行与组织调整等组织活动。

项目组织的含义虽然可以简单地理解为对项目活动进行组织，如组织一台大型文艺晚会，组织一个投资项目等；但这样界定太过于宽泛，实际上会囊括项目管理的所有工作。如法国人法约尔(Henri Fayol)指出的，组织、指挥和协调都可被理解为广义的组织。因此，项目组织主要是针对项目的组织工作。或者是说进行一个项目需要完成的组织方面的工作，或从组织角度出发需要的组织活动及组织过程。即项目组织是在组织结构和组织体系建立和发挥作用基础上的一项管理职能，是与项目中的人联系在一起的。所以，项目组织的两重含义并不只是语义上的不同理解，而是有联系的同一事物的两个方面。组织结构是基础，组织活动是组织实现目标的一种手段和过程。

因项目存在的种种特性，项目组织与一般性组织也有着一些显著的区别或差异。这就是项目组织的临时性和柔性。

(1) 项目组织的临时性　由于项目一次性的特点，一般项目组织都具有临时性。当项目完成后，项目组织也就失去了存在的必要。项目组织会解体，人员会回到原来所在的长期性组织里去，或各奔东西。还由于项目不是那种经常性进行的活动，对于长期性组织来说，项目往往本身就是个临时性的或例外的工作事项。因此，项目组织也经常采用临时组建的办法，如人员临时抽调，机构临时存在，工作和协调关系临时规定等。就是说，当项目完成后，还是要恢复到长期性组织原来的组织形态的。

(2) 项目组织的柔性　由于项目生命周期的不同阶段，或不同的项目管理过程及项目运行的环境变化，都会对组织提出相对有差异的各种具体要求。人们不能围绕于每一种具体要求个别地去实现相应的组织，项目组织必须能够跨越这些不同的阶段和过程，必须能够适应环境的种种变化，服务于项目目标的需要。这就要求项目组织需具有柔性，即项目组织会因对象的变化与差异进行相应的调整，以适应不同情况下的各种需求。柔性也即项目组织的可塑性，项目组织自身具有的可变化调整性。柔性有时也体现为项目组织边界的不确定性，非正式组织的存在和项目组织结构体系的非固定性。

一般项目的不同当事人围绕着项目的进行会有各自的项目组织。如一个建设项目会有建设单位（业主、发包方）的项目组织；设计单位的项目组织；监理单位的项目组织；建筑施工单位（承包商、施工方）的项目组织。不同方面的组织和组织活动就需要统一于一个项目范围之内，实现一致的项目目标。他们之间会相互影响和作用。对于一个建筑工程施工项目来说，既要考虑项目自身的组织问题，还要考虑与项目环境的协调和相互影响及作用问题；不仅有项目实施的管理组织问题，还有相联系的企业的组织问题。

四、项目管理的组织职能

项目管理的组织职能包括五个方面，即组织设计、组织联系、组织运行、组织行为与组织调整。

1. 组织设计

组织设计就是对组织活动和组织结构的设计过程。组织设计是为实现组织目标而建立信息沟通、权力和责任的正式系统，所设计出的组织结构是为了实现预期目标而用来联结组织中的技术、任务和人员的分工和协作的手段。组织设计是通过把任务、权力和工作流组合成结构以实现协调努力的过程。包括选定一个合理的组织系统，划分各部门的权限和职责，确立各种基本的规章制度。包括项目实施指挥系统组织设计、职能部门组织设计等。

2. 组织联系

就是规定组织机构中各部门的相互关系，明确信息流通和信息反馈的渠道及它们之间的协调原则和方法。组织联系还包括项目组织与项目相关者组织之间的沟通与协调。

3. 组织运行

就是项目组织的各组成部分按组织设计的组织活动和分摊的责任完成各自的工作，并规定各组织体间的工作顺序和业务管理活动的运行过程。组织运行要抓好三个关键性问题，一是人员配置，二是业务交叉，三是信息反馈。

4. 组织行为

就是指应用组织行为学、行为科学、社会学及社会心理学等科学原理来研究、理解和影响组织中成员的行为、言语、组织过程、管理风格及组织变更等。即通过改善项目组织中人的心理与行为规律，以利于项目目标的实现。

5. 组织调整

组织调整是指根据工作的需要，环境的变化，分析原项目组织系统存在的缺陷、不适应性和低效率性，进而对原组织系统进行调整和重新组合。包括组织结构的变化、组织人员的变动、规章制度的修订或废止、责任分配系统的调整及信息流通系统的调整等。

五、企业项目管理组织

企业组织研究的是企业的组织结构（如一个企业由哪些工作部门组成，这些工作部门的组织关系，即领导与被领导的关系及管理的层次等），及为实现企业的目标，其工作流程的组织。

虽然项目是一种“临时性”的任务，但它与长期性组织（是区别于“项目”的临时性组织而言的，如企业或政府部门）之间存在着必然的联系，其联系必然是下列两者之一：

(1) 项目在某一个长期性组织范围内完成。

(2) 项目游离在长期性组织之外，但使用长期性组织提供的资源。

因而，项目管理的有效实施离不开与项目相关的长期性组织的支持，这就要求项目与其相关的长期性组织在管理方式和方法上应协调一致。

企业项目管理（Enterprise Project Management，EPM）是指管理整个企业范围内的项目，即着眼于企业层次总体战略目标的实现对企业中的诸多项目实施管理。由于项目管理方法所关注的重点是某个特定项目自身目标的实现，因而在同一组织背景下开展多个项目时就可能发生某些冲突；另一方面，由于实行项目管理，项目组织的临时性和柔性及项目在资源方面对上级组织的依赖性，对企业层次的管理也提出了特殊的要求。因而要求在企业这一组织层次上要有一套与之相适应的组织管理体系。企业项目管理是一种以“项目”为中心的长期性组织管理方式，其主导思想是“按项目进行管理（Management by Projects)”，其核心是基于项目管理的组织管理体系。

项目组织工作的许多内容，特别是关于组织结构的选择和确立，主要要解决的就是企业对项目建立何种组织体系的问题。

六、建筑工程施工项目管理组织

建筑工程施工项目管理组织是指为进行建筑施工项目管理、实现组织职能、完成项目目标而进行的项目组织机构的建立、组织运行与组织调整等组织活动。项目管理组织（Organization of Project Management）也可以界定为：进行或参与项目管理工作，且有明确的职责、权限和相互关系的人员及设施的集合。包括发包人、承包人、分包人和其他有关单位为完成项目管理目标而建立的管理组织，简称为组织。

建筑工程施工项目管理组织的目的是为了实现建筑施工项目的目标，组织的具体任务是合理地组织系统的组织结构，及合理地组织为实现建筑工程施工项目目标的建筑工程施工工作过程。

建筑工程施工项目管理组织与建筑工程施工企业管理组织是局部与整体的关系。建筑施工企业在推行项目管理中合理设置项目管理组织机构是一个至关重要的问题。建筑工程施工项目管理组织机构设置的目的是为了进一步充分发挥项目管理功能，提高项目整体管理效率，以达到项目管理的最终目标。因此，高效率的组织体系和组织机构的建立是建筑工程施工项目管理获得成功的重要组织保证。

建立适应建筑工程施工项目管理需要的组织机构必须考虑的问题。

(1) 能适应建筑产品生产的单件性和建筑工程施工项目一次性的特点，使各生产要素的配置能按项目的需要处于动态组合状态，有利于项目的顺利进行。

(2) 面对复杂多变的建筑市场环境，和国内可能会持续较长时期的买方市场形态，组织机构应有利于企业面向市场，有利于形成企业的综合竞争实力，从而提高企业参与投标，招揽建筑工程施工任务的能力。

(3) 有利于企业内部多项目间的协调和企业对各项目的有效控制。

(4) 有利于建筑工程施工合同管理，强化整体的履约责任，有效地处理合同经济纠纷。

(5) 有利于企业和项目强化管理职能，减少不必要的管理层次，使组织人员精干，提高办事效率和管理的规范化、系统化。

如前所述，由于项目存在的一些特点，一般项目组织都具有临时性和柔性。这是为了适应完成项目活动和实现项目目标所需要的。但是，建筑施工企业因为企业经营活动内容上的特点，全部工作都是围绕于一个个具体的建筑工程施工项目在进行，或者说活动完全是以项目形式存在的（不是把企业的某些工作当作一个项目来做，而就是以项目的形式进入企业的），所以企业经营管理活动必然是项目化的。建筑施工企业可以看作为是一种项目型公司，一般不是仅有单一项目的公司，而是具有多项目的项目公司。

因此，建筑施工企业在考虑项目管理组织时，虽然每一个项目都是不同的，但是项目管理组织往往是相对确定的。即在企业内部形成组织结构相对稳定的项目管理班子，由这个班子来完成不同的项目，而不是每接受一个新项目时都组织一个新班子。这样的项目管理班子对于企业来说已经不再是一个临时性的组织了，而是相对固定的企业下属的一个长期性组织。这样做，可以使每个项目管理班子通过长期不断的合作与协调，积累项目管理和共同工作的经验，得到组织上的优化。当接手一个新项目时就可以免去一个新班子往往必不可少的磨合、适应及不必要的调整，更利于项目的快速上手和顺利实施。

但是，项目管理班子的相对固定，容易导致这一组织往长期性组织的性质和特点上靠近，会和项目的特点及要求产生适应性方面的冲突和矛盾。解决的办法之一是使组织具有足够的柔性。这样既可以得到在保持组织一定稳定性情况下所能带来的组织上的益处，又可以使项目管理组织适应具体项目的需要。

有一点需要加以注意，当企业把项目管理班子作为企业组织机构的固定构成，并且授权不当的话，不仅会使项目管理班子变成一种长期性组织，难以适应项目的特点和需要，并且这种项目管理班子会去寻求本组织自身的利益目标。这可能会使企业的控制力下降，或企业内部出现失控局面。这是不利于企业长期和可持续发展的。

第二节　项目组织规划和组织设计

项目组织规划是对项目组织工作进行计划与安排。项目组织工作的一项重要内容就是进行项目组织设计。项目组织设计是对项目组织活动和组织结构的设计过程。通过组织设计所选择与确定的项目组织结构和工作流程既是项目组织设计的成果，也是项目组织规划所要得出的结果。

一、项目组织规划

1. 项目组织规划的概念

项目组织规划是对项目全部的组织工作进行计划与安排。项目组织规划主要是在项目规划阶段进行。

组织规划是要根据项目的目标和任务，在组织设计工作的基础上，确定相应的组织机构，及如何划分和确定这些部门，这些部门又如何有机地相互联系和相互协调，共同为实现项目目标而各司其职又相互协作。

通过组织规划应该明确谁去做什么，谁要对何种结果负责，并且在各部门及个人之间有非常明确的任务分工和管理职能分工，以消除由于分工含糊不清造成执行中的障碍。

由于组织工作的核心是把工作和人联系起来并形成为一个整体去实现组织的目标，所以，组织规划就是识别、记录并分派项目角色、职责和确定通报或报告关系。角色和职责可以分派给个人或集体。这些个人和集体可以是实施该项目的组织内的一部分（即他们是该组织的雇员），或者是来自组织的外部（顾客、咨询公司、承包商等）。扮演角色和承担责任的个人或集体之间的通报或上下级报告关系也必须明确。

组织规划并不是简单地从各种组织结构形式中选择一种形式而已。而是根据项目的目标和任务，通过组织设计，选择和确定一种可行的和适合项目实施的组织结构形式。因此，即使两个项目采用同一种组织结构的形式，它们在项目实施中的实际效果有可能会相差很大，就在于它们各自内部的任务分工和管理职能的分工并非完全一致。所以，项目组织规划工作和组织结构的设计并非等同，即使一个项目照搬另一个类似项目的组织结构形式，项目管理人员仍应该根据自身项目的特点和要求进行组织规划工作。

虽然大多数项目的组织规划应在项目早期阶段作为项目计划的组成部分完成。但是，在项目的整个过程中都应定期对其内容和结果进行检查和修正，以适应新的形势。特别是当项目周期较长，项目管理的任务在各个时期就会有不同的侧重点，有时这些工作的性质会相差很大。这时，项目管理的任务也就相应地发生了很大变化，对配备的项目管理人员的要求也有很大不同。所以，项目组织规划工作要贯穿于项目整个进行过程当中。

2. 组织规划的依据

(1) 项目的内外联系　项目中各部分的关系及项目的内外联系主要有三种类型：

1) 组织联系——不同组织单位之间的正式与非正式报告关系。

2) 技术联系——不同技术专业之间的正式与非正式报告关系。

3) 个人间的联系——项目中不同个人之间的正式与非正式报告关系。

实际上，上述三种联系经常会同时发生。

(2) 人员配备需求　人员配备需求主要内容有：需要何种个人或集体，需要的人数，需要何种技能及何时需要。

(3) 制约和限制　项目选用组织形式时可能会受到多方面因素的制约。如当前组织的结构（项目组织常常是某个长期性组织的一个组成部分或要借用其资源来完成项目）、集体谈判的协议、项目管理班子的偏好和习惯，将来的合作对象，人员对任务分派的期望等。

3. 组织规划的成果

(1) 角色和责任的分派　项目角色和责任必须分配到恰当的项目参加者。项目参加者在项目中扮演的角色、承担的任务和责任可能会随着时间而发生变化。大多数项目角色、任务和责任将分配给那些积极参与项目工作的利益相关者。

项目角色和责任的分派应当同项目范围的确定及项目定义配合起来，紧密联系在一起。为此常常使用责任分配矩阵（Responsibility Assignment Matrix，RAM）：一种把项目组织结构和工作分解结构相关联的结构，它帮助确保项目范围中的每项工作元素都有指定的负责人员。

责任分配矩阵是一种将所分解的工作任务落实到项目有关部门或个人并明确表示出他们在组织工作中的关系、责任和地位的一种方法和工具。责任分配矩阵是一种矩阵图。一般情况下，它以组织单元为行、工作元素为列；矩阵中的符号表示项目工作人员在每个工作单元中的参与角色或责任。用来表示工作任务参与类型的符号有多种形式，如数字式、字母式或几何图形式。

表 2-1a 为一个以字母表示的责任分配矩阵示例，表 2-1b 为一个以符号表示的责任分配矩阵示例。

表 2-1a　以字母表示的责任分配矩阵

个人与部门 个人与部门	智能部门领导	管理者	团队领导	项目经理	项目支持办	地产管理者	网络管理者	信息技术	作业者	全体人员
活动/任务名称	D	D	DX	PX	A	A	A	A	A	A
召开项目定义会议	DX		X	PX	X					
确定收益	D	DX		PX	X					
草拟项目定义报告	D	DX		PX	X	I	I	I	I	I
召开项目启动会议	X	X		PX	X	X	X	X		
完成里程碑计划	D	D	D	PX	X	C	C	C	A	C
完成责任图	D	D	D	PX	X	C	C	C	A	A
准备时间估算			A	P	X	A	A	A		A
准备费用估算			A	P	X	A	A	A		A
准备收益估算	A	A	A	P						

（续）

个人与部门 \ 个人与部门	智能部门领导	管理者	团队领导	项目经理	项目支持办	地产管理者	网络管理者	信息技术	作业者	全体人员
评价项目活力	D	D	D	PX						
评价项目风险	D	D	DX	PX	X	C	C	C	C	C
完成项目定义报告	D	D	DX	PX	X	C	C	C	C	C
项目队伍动员	D	D	DX	PX	X	X	X	IX		I

注：项目管理中通常有 8 种角色和责任。X—执行工作　D—单独或决定性决策　d—部分或参与决策　P—控制进度　T—需要培训工作　C—必须咨询的　I—必须通报的　A—可以提建议的

表 2-1b　以符号表示的责任分配矩阵

WBS \ 组织责任者		项目经理	项目工程师	程序员
	确定需求	○	▲	
	设计	○	▲	
开发	修改外购软件包	□	○	▲
	修改内部程序	□	○	▲
	修改手工操作系统流程	□	○	▲
测试	测试外购软件包	□	●	▲
	测试内部程序	□	●	▲
	测试手工操作流程	□	●	▲
安装完成	完成安装新软件包	●	▲	
	培训人员	●	▲	

▲负责　○审批　●辅助　△承包　□通适

用责任矩阵来确定项目的组织已广泛应用。由于责任是线条、符号和简洁文字组成的图表，它不但易于制作和解读，而且能够较清楚地反映出项目各工作部门或个人之间的工作责任和相互关系。责任分配矩阵可以使用在项目工作分解结构 WBS 的任何层次，如战略层次的里程碑责任矩阵、项目分级的程序责任矩阵及战术级的日常活动责任矩阵。

(2) 人员安排计划　人员安排计划将说明何时及如何将人力资源投入或调离项目管理班子。

(3) 组织结构图　组织结构图是以直观图形的方式展示项目报告关系的图形。可以是正式的、非正式的、详细的或仅反映大致关系的，具体视项目情况而定。

(4) 辅助说明材料　辅助说明材料因应用领域和项目规模而异。辅助说明一般包括以下内容。

1) 组织影响评价　说明项目管理班子若以这种方式为本项目配备人员的话，项目实施组织的工作将受到何种影响。

2) 工作说明　按工作岗位逐一说明在该项目工作需要的技能、应负的责任、需要的知识、权限、物质环境及本岗位的其他特点。

3) 培训需求　如果待分派的人员不具备本项目所需要的技能，则有必要对他们进行培训。培训工作应成为项目的组成部分。

二、项目组织设计

无论是现有组织的变革，还是一个崭新组织的建立，都要进行组织设计。什么是组织设计呢?

赫雷季尔（D. Hellriegel）、斯洛克姆（W. Slocum）和伍德曼（W. Woodman）指出："组织设计是管理当局为实现组织目标而建立信息沟通、权利和责任的正式系统"。所设计出的"组织结构是为了实现预期目标而用来联结组织中的技术、任务和人员的分工和协作的手段"。

西拉季（A. D. Szilagyi）和华莱士（M. J. Wallace）认为："组织设计是通过把任务、权利和工作流（Work Flow）组合成结构以实现协调努力的过程"。

简言之，组织设计就是对组织活动和组织结构的设计过程。具体来说，有以下几个要点：第一，组织设计是管理者在一定组织中建立最有效相互关系的一种合理化的、有意识的过程；第二，这个过程既包括组织的外部要素（环境等），又包括组织的内部要素（战略、技术、人员等）；第三，组织设计的结果是形成组织结构和组织工作流程。

项目组织设计的内容主要涉及两个方面，一是要建立一个项目组织系统的组织结构；二是需在组织结构的基础上确定一个组织系统内部的工作流程，如图 2-3 所示。

在项目管理理论中，项目被视为一个系统，项目组织同样也是一个系统。因此，项目组织的设计是一个系统设计工作。在整个项目环境中，可将这个系统简单地理解为一群人为着一个相同的目标而共同工作。因此，这个系统存在着人组成的组织结构和工作形成的结构（即工作流程）及这些结构间的联系。因此，项目组织设计的主要内容就包括项目系统内的组织结构和工作流程的设计。而目标则是系统存在和发展的根本原因。不同的目标需要不同的人和结构，需要以不同的任务和方式来实现。所以说，项目的目标决定了整个系统的构成，项目目标决定了项目的组织。因此，项目组织的设计应以有利于实现项目目标为指导。

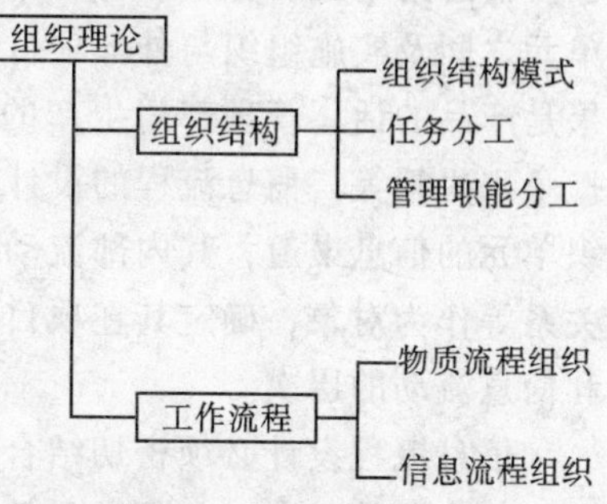

图 2-3　组织理论研究的内容

项目组织结构和设计集中放在本章第三节部分进行介绍。下面要介绍的是项目组织设计的另一个重要方面——项目工作流程设计。

三、项目工作流程设计

一个项目组织的工作效能并不是完全由其结构因素的特点所决定的。否则，就很难解释为什么在类似的项目中采用同样的组织结构形式和分工会有大不相同的结果。但是，项目组织的结构会对组织的功能产生重要影响。因此，一个项目是否能够得以成功地实现其目标，从组织角度上讲，实质上取决于其各构成因素之间的关系网络和这种相互关系的集成。对于一个项目来说，作为一个开放系统，还应考虑系统与外部的项目环境之间的相互联系。

通过项目结构分解，得到项目组成的各工作单元。同时，在组织规划中，得到各组织单元。所有这些工作单元之间、组织单元之间相互关系的内容和它们与外部环境之间的相互关系可以划分为信息关系和物质关系。

信息关系主要存在于管理范围中的各工作单元之间、各管理组织单元之间及实施组织与外部项目环境之间。如果说一个工厂的生产成果是产品的话，管理部门生产的产品就是信息。这些信息包括计划、指令、决策等。信息流程的设计，就是将项目系统内各工作单元和组织单元的信息渠道，其内部流动着的各种业务信息、目标信息和逻辑关系等作为对象，确定其在项目组织内的流动方向，交流渠道的组成和信息流动的层次。

信息流程设计必须密切结合组织结构，满足项目有关各方的信息交流和沟通的要求。参与项目的每一个人都必须准备用项目“语言”进行联络，并且应理解，他们个人参与的信息交流将如何影响项目的整体。信息流程设计是为了保证项目信息及时正确地提取、收集，在必要的部门中流转、存储及最终及时地得到处理。这里信息的获取、流通的途径及信息处理的过程构成了项目管理日常工作的基础。管理的五个基本环节：提出问题、规划、决策、执行和检查都建立在信息流动的基础上。因此，信息流程的设计直接影响到项目管理工作的效率。

在项目系统内部，除了信息关系外，还有一种重要的物质关系。物质关系的基础是项目的各工作单元，在各有关组织之间进行流动。对于工程项目，物质关系主要包括投入资源（材料设备和机具等）的采购，投入资源的生产（即建造和物化的过程）及最终产品的使用等。对物质流程的设计主要是考察项目实施过程中，各工作单元之间的序列关系和它们对资源的消耗。

在建筑施工项目里，物质关系的设计实际上体现为施工组织设计，将在其他部分予以介绍。

四、企业项目管理组织设计

1．企业项目管理组织设计的要求

随着“按项目进行管理”这一理念的导入，企业中越来越多的任务实行项目管理。特别是建筑施工企业，只有按项目进行管理，才能更好地满足市场和企业发展的要求。按项目进行管理的基本前提就是把项目作为一个组织单元，形成项目组织的概念，围绕项目来组织资源以实现其目标。项目组织在企业组织结构中的位置及其与企业其他组织机构的关系可以因企业和企业项目活动的特点而定。但是，围绕企业的每一个项目都应有一个专门的组织，即项目组织，不管是长期性的还是临时的，正式的还是非正式的。

通常，企业中的项目组织有其突出的优点，也有一定的缺点。

(1) 项目组织的优点

1) 对技术、时间、费用等可以保证有快速决策和实时的控制。

2) 能为关键工作选择最佳人员，且便于根据项目需要变更人员和数量。

3) 能以不同的方式同技术专家进行交流。

4) 做到活动和结果的紧密结合。

5) 可以对稀缺资源统一规划有效控制。

6) 能早期诊断出可能有碍项目成功的有关问题。

7) 强调对整个项目的责任和义务。

8) 是以项目整体最优为依据进行决策，而不是以某个职能部门的优势为依据。

9) 为低层次主管提供挑战性机会，而且作为确定人的潜力的良好工具。

(2) 项目组织的缺点

1) 项目任务、延续时间、组织关系中的高度不确定性。

2) 项目经理的责权难以均衡。

3) 容易产生与职能组织和其他项目组织的冲突。

4) 项目的临时性会使项目成员为未来的职位担忧。

5) 项目成员的多头领导问题。

6) 项目组织难以获得优势资源，可能被企业职能部门主管作为甩掉包袱的机会。

因此，企业组织设计过程中应充分考虑项目组织的特点，发挥其优势，克服其不足。因而，“按项目进行管理”对企业组织结构和组织体系提出了特别的要求：

1) 组织结构的扁平化。

2) 适应于“按项目进行管理”的项目组织体系和运行机制。

2．企业项目管理体系的设计与开发

按项目进行管理的企业，除了选择确定适当的企业组织结构形式，按项目分别设置项目组织之外，更重要的是设计和开发一整套适合于各项任务按项目进行管理的组织体系和运行机制。结合项目管理的特点，企业的组织管理体系的设计应注意解决好下列主要问题。

（1）多头领导的问题　要合理分配项目主管与部门主管间的权利。

（2）项目间的平衡问题　要正确处理不同来源项目间的利益分配。

（3）人员的激励问题　要具有客观有效的量化考核体系。

（4）资源的合理配置问题　要围绕项目配置资源，又不能让项目组织进行资源垄断。

（5）客户关系问题　要解决项目组织的临时性与对客户的长期负责的关系。

（6）项目管理规范问题　要提升企业整体的项目管理水平和信誉品质。

（7）项目信息管理问题　要建立企业的项目管理信息系统。

企业组织管理体系设计的主要内容包括以下内容。

（1）项目组织的责权分配与界定。

（2）项目管理支持体系包括以下内容。

1）业务支持——企业及按管理职能设置的部门对项目的支持与协调。

2）行政支持——人力资源的调配等。

（3）项目管理监控体系包括以下内容。

1）业务监控——项目实施方案、进度、质量审核。

2）财务监控——项目支出与分配的审计。

3）协作监控——企业对各职能部门及各项目间协调配合的监督。

（4）考核体系与激励机制。

第三节　项目组织结构

一、项目组织结构的含义与设计

1．组织结构的含义

组织结构是组织内部结构要素（人员、职位、职责、关系、信息等）相互作用的联系方式或形式，是对组织内的构成部分所规定的关系的形式。简单地说，组织结构就是组织系统内的组成部分及其相互之间的关系的框架，它是组织根据系统的目标、任务和规模采用的各种组织管理架构形式的统称。

一个组织的组织结构形式一般可用组织结构图进行描述。组织结构图是一种图示模型，是对组织结构的抽象，是简化了的组织构架模型。它通过能够表示组织内部结构要素及其联系网络的图表来描述组织的组织结构基本模式。

2. 项目组织结构的设计

组织结构的设计可谓是组织设计工作的关键。组织结构的设计是为了创造一种促使人们完成任务的环境。所设计出的组织结构是为了实现预期目标而用来联结组织中的技术、任务和人员的分工和协作的手段。它是一种管理手段，而非目的。组织结构设计主要是研究一个项目系统的组织结构形式，组织内的任务分工及组织内部管理职能的分工。

组织结构设计工作必须考虑以下对组织设计工作的要求。

(1) 组织结构必须反映组织的目标和规划，因为组织的任何活动和工作都来源于它。组织结构设计是为了形成组织功能，按组织规划实现组织目标。

(2) 组织结构必须反映其内部所赋予的权力分配，不仅要反映组织内部的职权结构，还要明确该组织在所处环境中所具有的权力。

(3) 组织结构必须反映它所处的环境，组织设计者必须考虑组织结构的前提，诸如经济的、政治的、社会的和道德的因素。设计出的组织结构应该具有可行性和可操作性，能让在其中工作的人们为实现目标做出贡献，同时也能实现自身的价值，并能适应变化中的未来。因此，可行的组织结构并不是静止的，没有一种唯一的最好的组织结构适用于任何一种环境，有效的组织结构取决于具体情况，是由具体的组织目标和任务决定的，目标和任务发生了变化，组织结构就应作相应的调整。

(4) 组织是由人员构成的，组织结构中工作的划分和权责关系都必须考虑人的因素。虽然组织设计并不应该围绕着个人而定，但人力资源配备状况是一个重要的需考虑的因素。

3. 组织结构设计的因素

在设计组织结构时，要按照组织的目标，考虑组织内的工作部门设置、工作部门的等级及工作部门的管理层次和管理幅度等组织结构设计的因素。总的原则是有利于组织目标的实现。

(1) 工作部门的设置　工作部门的设置是建立组织结构的重要内容。工作部门应按目的性原则，根据组织目标和组织任务合理设置。每一工作部门有一定的职能，应完成相应的工作内容，并形成既有相互分工又有相互配合的、彼此相协调的组织系统。确立一个工作部门，同时需确定这个部门的职责和职权，同等的岗位职务应赋予同等的权力，承担同等的责任，做到责任与权力相一致。即根据目标确定任务，根据任务设置机构，根据岗位定编制、定人员，根据职责订制度、授权力。任何部门的设置和分工都是为组织的目标和任务服务的。没有任务的部门或对组织目标实施无任何贡献的部门，对于组织来说都是毫无意义的，也非项目组织结构设计所考虑。在组织结构中设置一个工作部门或设立一个组织职务时，它都应有其存在的意义和价值，必须体现出各种明确的目标，主要责任和有关活动的明确定义及一个能被充分理解的职权范围。这样，该部门或担任该职务的人员就会知道，为了完成目标他该做什么。

工作部门的设置要具有弹性和流动性，不能一成不变，要适应组织任务的变动对组织机构设置的调整和人员重组。

组织结构中工作部门设置的最基本的一种形式是工作部门专业化形式。一个组织把它的总任务分解成若干个有机关联的部分，据此形成部门专业化组织。随着社会需求的增加，组织规模的扩大，工作很自然地也就越来越向专业化发展。专业化工作部门有利于专门人才的形成，有利于缩短工作时间，有利于专门设备的使用，减少培训所需要的费用。

工作部门设置在组织中的另一基本形式是实行部门化。部门化是把组织的单位设置成若干半自治的部门，每一部门化的工作部门有其综合的职责和业务内容。常见的部门化类型有：生产部门化、职能部门化、地区部门化、服务对象部门化等。

（2）工作部门的等级　组织的扩大必然带来组织内设置的各个工作部门相应的职权问题，由此形成部门之间不同等级的组织权力和上下级关系。工作部门的等级划分要符合精干高效原则，尽量避免重叠交叉。工作部门的等级如划分过多，会导致信息沟通协调上的困难，影响组织效率，特别是决策的时效性，或者导致组织的控制力度减弱。

确定工作等级涉及授权和分权的问题。授权是一个工作部门通过某种形式把一部分工作的责任和职权交给其下一级部门，通过给下级下达任务，授予下级从事这一任务和工作的权力，同时又要求下级对自己的工作要负责。分权是一个工作部门向它所属下级进行系统地授权，允许下级部门在自己负责的工作范围内有自行做出决定的权力，并为自己的行动承担责任。

在一个组织中分权和集权是相对的，采取何种形式，应根据组织的目标、领导的能力和精力、下属的工作能力和工作经验等综合确定。但要做到责任分明，权责到位。

（3）管理层次和管理幅度　组织结构的管理层次是指一个组织系统中管理分层的层数，是一个组织设立的行政等级。上述工作部门登记的划分也就是对管理层次的确定。通常，组织的管理层次分为决策层、管理层和执行层等。决策层是确定组织的目标、发展方向等的大政方针。管理层是贯彻、协调上级领导层的决策，落实、贯彻组织指令，指挥、领导目标的实施。执行层是从事操作和完成具体的任务，是对组织目标的实施。

管理幅度也称管理跨度，是指组织系统中一个工作部门或其领导直接管理的下属的数目。管理幅度的大小意味着上级工作部门领导人直接控制和协调的业务活动量的大小。管理幅度既与组织系统中领导和下属的状态有关，也与组织的业务活动的特点有关。

有效管理幅度是指上级领导者能够直接、有效领导的下级机构的个数或人数。管理幅度多大才最理想，即应该领导多少直接下级部门或人员为最佳，这主要取决于需要协调的工作量。由于每一个人的知识、经验、工作能力、工作精力都是有限的，一个上级领导人能够直接有效地指挥协调下级的数目必然也是有限度的，超过一定的限度，就不可能进行有效的领导。

在一个组织内，下属工作部门数目按算术级数增长的话，其直接的领导者需要协调的关系数目则是按几何级数增长的。一个工作部门或一个管理者直接领导的下属越多，其涉及的工作量就越大、越复杂。

故跨度太大时，常会出现应接不暇，沟通不畅或疏于管理和控制的局面。

管理跨度的大小与管理层次的多少有关。在组织的规模一定的条件下，两者呈反比或接近反比的关系：

幅度×层次=规模

这就是说，当组织规模一定时，管理幅度越大，管理层次越少。相反，如果管理幅度越小，则管理层次就会增加。

合理地确定一个组织的管理层次和管理跨度，是组织结构设计时应该认真考虑的问题。管理层次和管理幅度取决于组织特定系统环境下的许多因素。

1）管理人员的工作能力、性格、个人精力及授权程度等。

2）工作的复杂性。

3）信息传递速度的要求。

4）下级的工作能力。

5）工作地点的远近。

除此之外，还会有一些其他方面的因素也会影响组织的管理层次的多少和管理幅度的大小。具体的组织结构应根据具体情况、具体因素，适应组织的需要，确定理想适宜的管理层次和幅度。

二、组织结构形式

1. 组织结构形式和类型

一个组织中的工作部门，工作部门的等级及管理层次和管理幅度设计确定之后，各个工作部门之间内在关系的不同，就构成组织结构的不同形式或模式。随着社会的发展与进步，组织结构的典型形式也不断地演变和发展。经常被组织所采用的组织结构的基本形式主要有：线性组织结构、职能组织结构、矩阵组织结构等。实际上，组织结构形式可以因组织结构各个方面存在的差异做不同的分类。如按管理层次分类：二级管理模式、三级管理模式、四级管理模式等。因此，组织结构设计一般是从典型模式里选择一种作为组织的组织结构形式，再根据所选择的组织结构形式，开展其他组织结构设计工作。如设置相应的具体工作部门，划分这些工作部门的等级及合理确定管理层次和管理幅度等。

按照组织结构的基本原理和典型模式，项目的组织结构也可分为线性的项目组织结构、职能的项目组织结构和矩阵的项目组织结构等若干种形式。项目管理组织的结构实质上是决定了项目管理班子实施项目获取所需资源的可能方法与相应的权力，不同的项目组织结构对项目的实施会产生不同的影响。

2．项目的职能组织结构

职能化组织结构是当今世界上采用得最为普遍的组织结构形式。是社会生产力的发展、技术的进步和专业化分工的结果。项目的职能组织结构是按职能化组织结构设立的。当采用职能组织结构进行项目管理时，项目的管理班子并不做明确的组织界定，因此有关项目的事务是在职能部门的负责人这一层次上进行协调的，其项目的职能组织结构如图 2-4 所示。

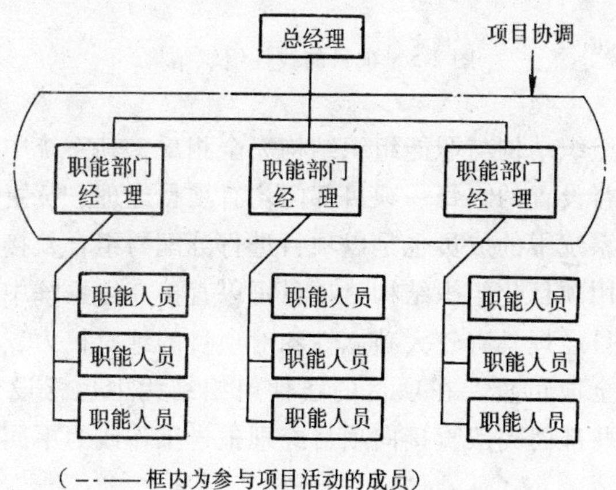

图 2-4　项目的职能组织结构

职能组织结构是按管理职能划分的工作部门所组成的层次性管理组织。各职能部门均承担项目的部分工作，而涉及职能部门之间的项目事务和问题由各个职能部门负责人处理和解决，在职能部门经理层进行协调。严格讲这不能算作是项目的组织结构，它是将项目支解置于各职能部门中，而后由职能部门负责人来处理需协调的问题，是在原有职能组织结构模式中，进行项目的组织和实施。

3．项目的线性组织结构

项目的线性组织结构又称项目化组织结构。项目化组织结构系统中的部门全部是按照项目进行设置的，是一种单目标的垂直组织方式。如图 2-5 所示。

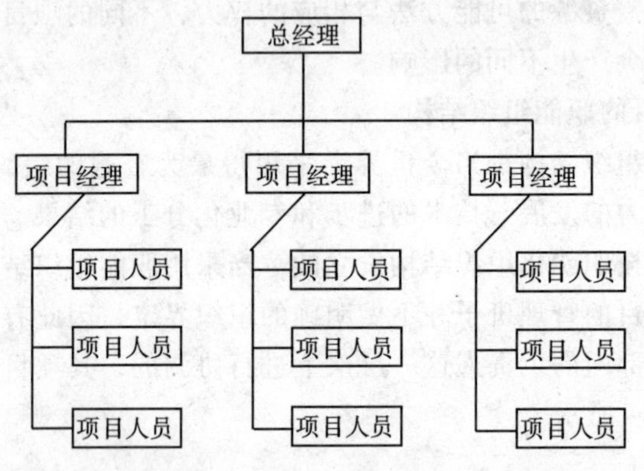

图 2-5　项目的线性组织结构

项目化组织结构与职能组织结构完全相反，其系统中的部门全部是按项目进行设置的，每一项目部门均有项目经理，负责整个项目的实施。组织系统中的成员也是以项目进行分配与组合，接受项目经理的领导。采用项目化组织结构，项目可以直接获得系统中大部分的组织资源，项目经理具有较大独立性和对项目的绝对权力，项目经理对项目的总体全面负责。在项目的线性组织结构中也常设置有若干部门，但是这些部门一般直接向项目经理报告工作或为不同的项目提供支持服务。

项目的线性组织结构也存在不足之处，在组织系统中，各部门之间的横向联系少，组织系统内的专业化、标准化和通用化比较困难。由于事关项目的所有工作都由项目部管理和负责，项目经理的责任就较重大。另外，项目化组织由于对资源的独占性，可能造成资源浪费。

4. 项目的矩阵组织结构

项目的矩阵组织结构是各取项目的职能组织结构和项目的线性组织结构的特征，将各自的特点混合而成的一种项目的组织结构。这是一种多元化的结构，力求最大限度地发挥项目化和职能化结构的优点并尽量避免其弱点。按从两种组织结构中取自一种组织结构特征的大与小，项目的矩阵组织结构又可分为弱矩阵组织结构、平衡矩阵组织结构和强矩阵组织结构。

（1）弱矩阵组织结构　弱矩阵组织结构（如图 2-6 所示）基本保留项目的职能组织结构的大部分主要特征，但在组织系统中为更好地实施项目，建立相应明确的项目管理班子。项目班子由各职能部门属下的职能人员或职能组所组成，这样针对某一项目就有对项目总体负责的项目管理班子。然而，在弱矩阵组织结构中并未明确能对项目目标全面负责的项目经理，即使有项目负责人或称其为项目经理，他的角色也只不过是一个协调者或项目监督者，而不是一个拥有必要权

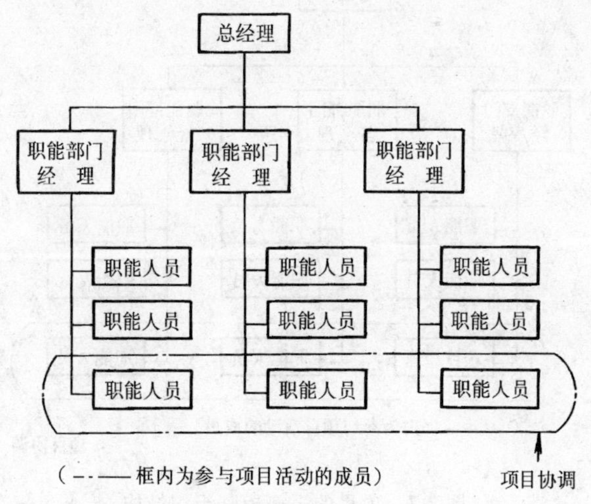

图 2-6　项目的弱矩阵组织结构

限的管理者，即真正的项目经理。由于项目化特征较弱，当项目涉及各职能部门且产生矛盾时，因没有一定权力的项目经理，来自各职能部门的项目人员很可能就会从所属职能部门的利益出发来处理问题。而且项目人员的唯一直接领导仍是各自职能部门的负责人。所以，弱矩阵组织结构的项目协调上还是比较困难，项目实施的组织环境并不十分有利。

（2）平衡矩阵组织结构　平衡矩阵组织结构是对弱矩阵组织结构的改进，为强化对项目的管理，会在项目管理班子内，从各职能部门参与到本项目活动的成员中任命一名项目经理。项目经理被授予一定的权力，对项目总体与项目目标全面负责，如图 2-7 所示。平衡矩阵组织结构比弱矩阵组织结构对项目管理有利，项目经理可以调动和指挥相关部门的资源来实现项目，在项目上有相应的权力。但平衡矩阵组织结构中的项目经理是某一职能部门的属下人员，他得接受本职能部门经理的直接领导，必然会受本职能部门利益的影响。同理，项目经理又是其他职能部门经理的间接下级，项目经理的权力和工作也必然受到限制和影响，项目协调不能充分和完全顺利地进行。

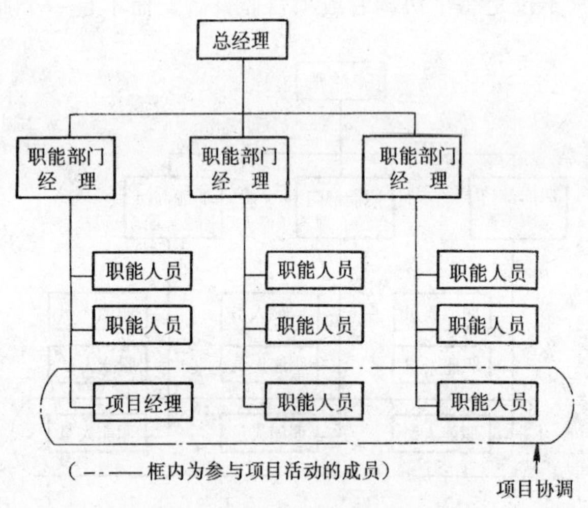

图 2-7　项目的平衡矩阵组织结构

（3）强矩阵组织结构　强矩阵组织结构具有项目的线性组织结

构的主要特征。强矩阵组织结构在组织系统原有的职能组织结构的基础上，由系统的最高领导者任命对项目全权负责的项目经理，项目经理直接向最高领导者负责。或者，在组织系统中增设与职能部门同一层次的项目管理部门，直接接受组织系统最高领导者的指令。项目管理部门再按不同的项目，委任相应的项目经理。图 2-8 及图 2-9 为强

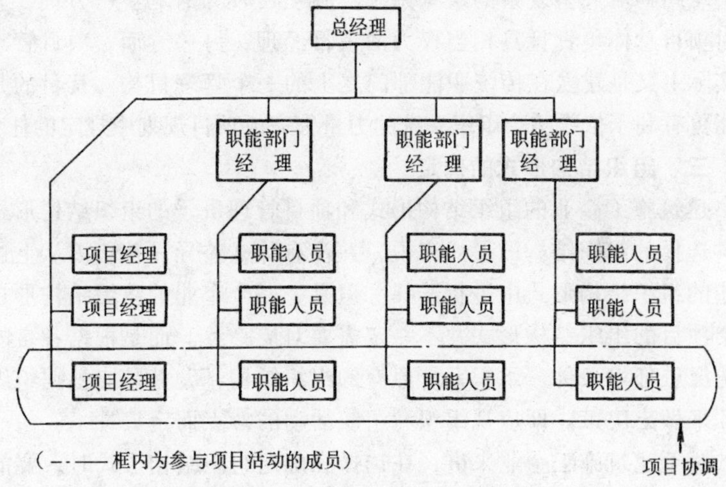

图 2-8　项目的强矩阵组织结构 1

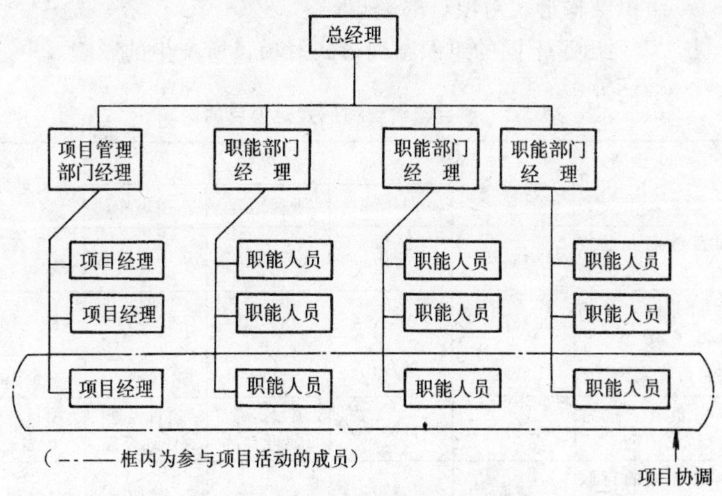

图 2-9　项目的强矩阵组织结构 2

矩阵组织结构图。

在强矩阵组织结构中，项目经理是被任命的专职完成项目任务的负责人，他被赋予一定的权力，他有权联合各个职能部门的力量和协调各部门之间的关系，支配和控制系统的资源，通过一个专门组织起来的机构即项目管理班子，有效地完成他所负责的项目。所以，强矩阵组织结构对大型复杂的组织系统实施项目较为有利。一方面，它有能对项目总体负责且具相当权力的项目经理；另一方面，项目管理班子实际上又是建立在传统职能部门之上的一个管理机构，其目的是为了能更有利于依靠整个组织系统的力量去完成项目规划中规定的任务。

三、组织结构形式的确定

建筑施工企业的组织结构形式和项目管理班子的组织结构形式从可供选择的组织结构的形式来说，并没有什么差异，都可以从上述所描述的组织结构形式中进行选择。但是，一个企业的组织结构形式和某个项目的组织结构形式并不一定需要对应一致。而是根据各自的具体情况、环境条件，组织系统原有的组织结构，尤其是应根据组织的目标来做出决策。即应视组织和组织活动的特点而定。

对于建筑施工企业来讲，在选择和确定组织结构形式时，要能体现按项目进行管理这一理念。

1．组织结构形式对项目的影响

表 2-2 列出了不同的组织结构形式对项目所产生的影响。

表 2-2　项目组织结构形式对项目的影响

组织形式 项目特征	职能式	矩阵式			项目单列式
		弱矩阵	平衡矩阵	强矩阵	
项目负责人的权限	很小或没有	有限	从低到中等	从中等到高	很高，甚至全权
全职工作人员的百分比（%）	几乎没有	0～25	14～60	50～95	84～100
项目负责人	兼职	兼职	全职	全职	全职
项目负责人的常用头衔	项目协调员	项目协调员	项目经理/项目官员	项目经理/计划经理	项目经理/计划经理
项目管理的行政人员	兼职	兼职	兼职	全职	全职

2. 影响组织结构形式选择的因素

(1) 项目的规模。

(2) 项目的周期（时间跨度）。

(3) 项目的特殊方面（独特性）。

(4) 项目管理组织的经验。

(5) 高层管理者的组织观念。

(6) 项目所处的位置。(距离)

(7) 可用的资源。

3. 确定组织结构形式的基本原则

确定组织结构形式的基本原则，如表 2-3 所示。

表 2-3　确定组织结构形式的基本原则

	职能化	矩阵化	项目化
不确定性	低	高	高
技术	标准	复杂	新
复杂程度	低	中等	高
周期	短	中等	长
规模	小	中等	大
重要性	低	中等	高
用户	各种各样	中等	单一
依赖性（内部）	低	中等	高
依赖性（外部）	高	中等	低
时间紧迫性	低	中等	高
差别	小	大	中等

第四节　建设项目的组织及招投标

一、建设项目组织

从系统论的角度讲，建筑工程施工项目是建设项目的一个分解系统，建筑工程施工项目组织是建设项目组织的一个构成部分。建设项目的组织是建筑工程施工项目组织的外部环境，会影响甚至决定着建筑施工项目的组织，特别是组织的目标和任务。建筑工程施工项目组织处在这样一个环境下，就不能对一个建设项目的组织及其任务组织模式、运作机制等置之不理。

如1983年4月，原国家计划委员会等部门联合制定颁发了《基本建设项目包干经济责任制试行办法》，对不同类型的项目实行不同的包干形式，在项目委托方（主要是国家）保建设资金、保设备材料、保生产定员配备、保外部配套条件、保工业项目投料试车所需的原料、燃料供应等建设条件下，项目管理单位（即建设单位）包投资、包工期、包质量、包主要材料用量、包形成综合生产能力。这种包干式的项目管理方法初步建立了以利益机制约束为特点的项目管理责任制。随之，在建筑施工任务上也开始推行各类承包性质的经济责任制，如百元产值工资含量包干。因此，建筑施工项目的组织设计和组织运作必须充分考虑相关联的建设项目组织，对建设项目组织必须有充分的了解。

从1992年开始，随着对项目研究的深入，一些发达国家先进的项目管理思想和方法被大量的引进，原国家计委在全国推广项目业主负责制，以便使各类投资主体形成自我发展、自主决策、自担风险、讲求效益的管理机制。项目业主是指投资方派代表，组成从项目的筹划、资金筹措、项目的设计、建设实施直至生产经营、归还贷款及债券本息等全面负责并承担投资风险的项目管理班子。到1996年，原国家计划委员会发布的《国家重点建设项目管理办法》中的第七条规定，国家重点建设项目，实行建设项目法人负责制。

建设项目法人负责建设项目的筹划、筹资、建设、生产经营、偿还债务和资产的保值增值，依照国家有关规定对建设项目的建设资金、建设工期、工程质量、生产安全等进行严格管理。建设项目法人的组织形式、组织机构，依照《中华人民共和国公司法》和国家有关规定执行。

项目法人负责制的实施，明确了产权所有者与项目管理者的职责范围。由法人选择的项目，在项目筹划、筹资、设计、建设过程中，能够以具有独立法律地位的资格与项目各方有关单位和个人开展业务，建立经济关系，从而彻底改变过去在建项目不具备法人地位而依附主管部门的被动局面，直接受到法律保护。项目法人管理对形成责、权、利的约束机制，解决项目建设和运营的统一管理都有更好的作用。

二、建设项目任务的组织模式

工程项目的实施组织模式是通过研究工程项目的承发包模式，确定工程的合同结构；合同结构的确立也就进而决定了工程项目的管理组织，决定了参与工程项目各方的项目管理的工作内容和任务。

一个建设项目具体的建设任务通常是由项目的有关当事人分别负责完成的。项目业主或项目法人并不可能独立完成项目的所有工作。特别是项目的建筑施工任务，一般要委托专门的建筑施工企业来承担，也由此形成了建筑工程施工项目。项目业主或法人如何委托，委托的形式及做法等就构成了下面所要讨论的建设项目任务组织模式。

一般项目业主或法人是通过建筑市场采用承发包的形式来进行这种委托的。

建筑市场的市场体系主要由三方面构成，即以业主方为主体的发包体系；以设计、施工、供货方为主体的承建体系；以工程咨询、评估、监理等方面为主体的咨询体系。市场主体三方的不同关系就会形成不同的项目组织系统，构成不同的项目实施组织模式，进而决定了建设项目的管理组织，决定了参与项目建设各方的项目管理的工作内容和任务。对项目管理的组织和运作方式会产生不同的影响。

工程项目承发包的基本模式主要有平行承发包、总分包、项目全包、全包负责等。

1. 平行承发包模式

平行承发包模式也称无总包分包形式。是业主将工程项目的设计、施工等任务经分解后，分别发包给多个承建单位的方式。此时，各设计单位、各施工单位及各材料设备供应单位之间的关系是平行的，各自对业主负责。其合同结构如图 2-10 所示。采用平行承发包模式，对业主而言，将直接面对多个施工单位、多个材料设备供应单位和多个设计单位，而这些单位之间的关系是平行的。对于某个具体的承包商而言，他只是这个项目众多承包商中的一个，和与其平行存在于项目中的其他承包商并无关联，但需共同工作。

2. 总分包模式

总分包模式分为设计任务总分包与施工任务总分包两种形式。是

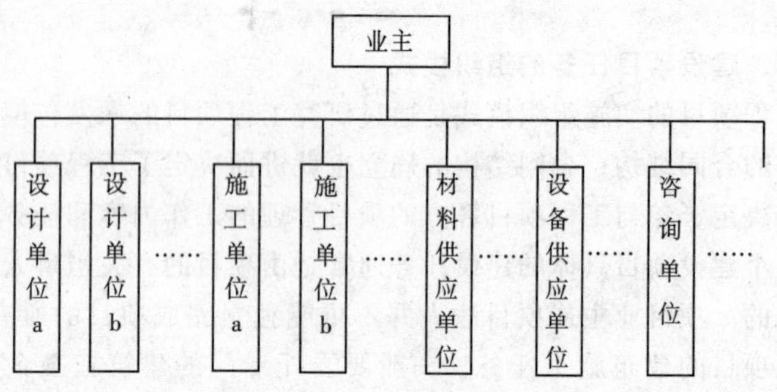

图 2-10　平行承发包模式的合同结构

业主将工程的全部设计任务委托给一家设计单位，将工程的全部施工任务委托给一家施工单位进行承建的方式。这一设计单位就成为设计总承包单位，施工单位就成为施工总承包单位。采用总分包模式，业主在项目设计和施工方面直接面对的只是这两个总承包单位。这两个总承包单位之间的关系是平行的，他们各自对业主负责。其合同结构如图 2-11 所示。总承包单位与业主签订总承包合同后，可以将其总承包任务的一部分再分包给其他承包单位，形成工程总承包与分包的关系。总承包单位与分包单位分别签订工程分包合同，分包单位对总

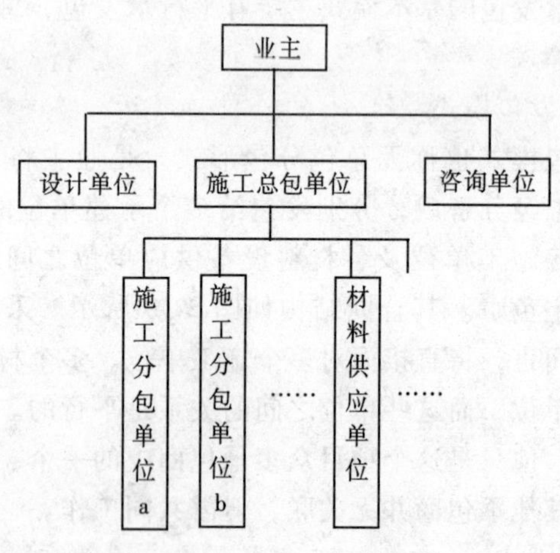

图 2-11　总分包模式的合同结构

承包单位负责，业主与分包单位没有直接的承发包关系。但一般业主会规定允许分包的范围，并对分包商的资格进行控制。

3．项目全包模式

项目全包模式是业主将工程的设计和施工任务一起委托一个承建单位进行实施的方式。这一承建单位就称为项目总承包单位（区别于设计总承包和施工总承包），由其进行从工程设计、材料设备订购、工程施工、设备安装调试，直至试车生产、交付使用等一系列实质性项目建设工作。采用项目全包模式，业主与项目总承包单位签订项目总包合同，只与其发生合同关系。其项目全包模式的合同结构如图 2-12 所示。项目总承包单位一般要同时拥有设计和施工力量，具备较强的综合管理能力。项目总承包单位也可以是由设计单位和施工单位组成的项目总承包联合体。项目总承包单位可以将部分的工程任务分包给分包单位完成，总承包单位负责对分包单位的协调和管理，业主与分包单位不存在直接的承发包关系。

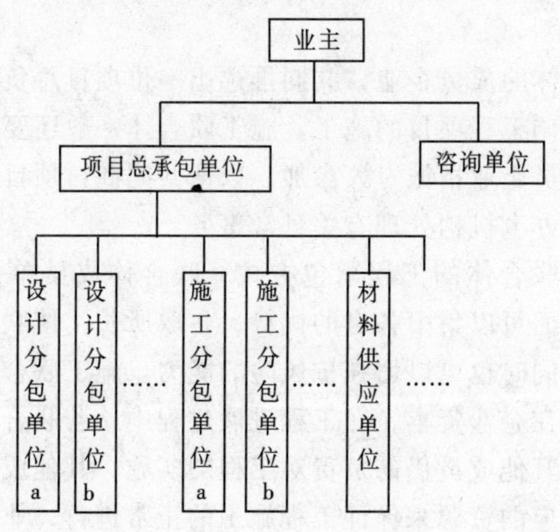

图 2-12　项目全包模式的合同结构

4．项目全包负责模式

全包负责是指全包负责单位向业主承揽工程项目的设计和施工任务后，经业主同意，把承揽的全部设计和施工任务转包给其他单位，它本身并不承担任何设计和施工任务。这一点也是全包负责与全包形式的根本区别。全包负责单位在项目中主要是进行项目管理活动。除项目全包负责外，还有设计全包负责与施工全包负责两种变化形式。

5. 施工联合体

施工联合体是若干建筑施工企业为承包完成某项工程的施工任务而联合成立的一种施工联合机构，它是以施工联合体的名义与业主签订一份工程承包合同，共同对业主负责。在联合体内部，即参加施工联合体的各施工单位之间还要签订内部合同，以明确彼此的经济关系和责任等。

施工联合体的承包方式是由多个承建单位联合共同承包一个工程的方式。多个承建单位只是针对某一个工程而联合，各单位仍是各自独立的企业，这一工程完成以后，联合体就不复存在。施工联合体统一与业主签约，联合体成员单位以投入联合体的资金、机械设备及人员等对承包工程共同承担义务，并按各自投入的比例与风险分享受益。

施工联合体的成员企业，共同推选出一位项目总负责人，统一领导、组织和协调工程项目的施工。施工联合体一般还要设置一个监督机构，由各成员企业指派专人参加，以便共同商讨项目施工中的有关事宜，或作为办事机构处理有关日常事务。

采用施工联合体的工程承包方式，联合体成员单位在资金、技术、管理等方面可以集中各自的优势，各取所长，使联合体有能力承包大型工程，同时也可以增强抗风险的能力。施工联合体不是注册企业，因而不存在企业资本，在工程进展过程中，若联合体中某一成员单位破产，则其他成员仍需负责对工程的实施，其他成员企业需要共同协商补充相应的资源来保证工程施工的正常进行，业主一般不会因此而造成损失。

6. 施工合作体

施工合作体是多个建筑施工企业以合作施工的方式，为承包完成某项工程建设施工任务组成的联合体。属于一种临时性松散联合。施工合作体与业主签订基本合同，由合作体统一组织、管理与协调整个工程的实施。施工合作体形式上同施工联合体，但实质上却完全不同。合作体成员单位只是在合作体的统一规划和协调下，各自独立地完成整个承包内容中的一定范围和一定数量的责任和施工任务，各成员企业投入到项目中的人、财、物等只为本施工企业支配使用，各自独立核算、自负盈亏、自担风险。合作施工体一般不设置统一的指挥机构，但需推选 1~2 个成员企业负责合作施工体的内部协调工作，工程竣工后的利益分配无需统一进行。施工合作体内某一成员单位如果破产倒闭，其他成员则不予承担相应的经济责任，这一风险由业主承担。对业主而言，采用施工合作体的模式，组织协调工作量可以减少，但项目实施的风险要大于施工联合体。

三、新型项目的组织问题

随着建筑市场竞争的日益加剧和投资建设体制的深刻变革，涌现出了众多的投资建设模式。对于建筑施工企业来说，如果仅局限于传统的企业经营运作模式，那么，许多新型的项目就无从适应或没有能力去承揽。如 BOT 项目，交钥匙项目等。这些项目已经突破了项目管理的一般概念，对于项目管理组织要求具有的资源和条件已经不是简单的限于生产和生产组织管理的诸项要素，对于资本、资本营运、风险等，会有很高的要求。像工程垫资施工，承包商会认为是业主的不规范或违规操作，如果垫资成了一种投资存在于整个项目中时，就不再是什么违规的做法了。许多建设项目，业主和承包商的关系已经在发生变化，承包商在项目中所处的地位，不再是简单的对项目建筑施工任务或其他某项具体的建设任务的承接者，一方拿钱一方干活的简单关系。承包商的角色开始同传统意义上的业主的角色发生交叉，没有了严格的分割界限。一个承包商可能既是建筑施工任务的承担者，又是项目的投资人，甚至是项目的经营者，在这种情况下，该项目组织就不能只考虑某一个方面，项目的组织结构就必须反映多种角色和职责，项目工作流程就不再是单纯的建筑工程施工工作流程。

四、项目招投标

对于建筑施工企业而言，开始一个建筑工程施工项目一般是从参加该项目的投标工作开始的。对项目的组织也是从对投标工作的组织开始的。一个项目管理班子可能是从投标班子的组建转化而来，也可能是在投标活动结束以后才组建的。但是很明显，投标和项目组织实施对人员的要求和人员构成是不同的，工作的内容和性质也是不同的。因此，企业对于项目投标和项目管理采取的组织形式往往也不同。有的企业把这两者分开，单独设立投标部门和专事投标工作的班子，中标以后，转给相应的项目管理班子；有的企业是以项目经理为核心，由项目经理负责投标组织活动，企业及下设职能部门为项目经理的投标工作提供支持和服务，中标以后，项目经理及其班子自动成为该项目的管理班子，人员调整和后续配备由项目经理负责解决。两种做法应该说各有利弊。

项目组织必须要把项目投标和投标工作统一纳入组织的考虑范围，包括组织结构和工作流程。要能适应建筑市场招标方的招标方式、做法和要求。

项目招标的形式、做法和要求往往会对项目组织和组织环境形成影响。如不同的任务组织模式，就决定了承包商所承包的建筑施工项目在整个建设项目当中所处的位置及与项目其他当事人的关系。

建筑施工企业除了自己是要参加招标方的投标以外，所承包的项目有时需要进行分包。当有分包存在时，项目管理组织就不再是一个企业内部的组织，还包括分包商的组织，或者是存在组织间的联系与沟通。

1. 招标投标制概述

招标投标是一种因招标人的要约，引发投标者的承诺，经过招标人的择优选定，最终形成协议和合同关系的平等主体之间的经济活动过程，是“法人”之间诺成有偿的、具有约束力的法律行为。

招标投标是商品经济发展到一定阶段的产物，是一种特殊的商品交易方式。招标方与投标方相交易的商品统称为“标的”。

工程项目建设推行招投标制，在我国已有10多年的历史。已逐渐成为建设市场的主要交易方式。

国家已出台招投标法，进行招投标已经成为一种制度被法律规定了下来。

2. 投标的组织

进行工程投标，需要有专门的机构和人员对投标的全部活动过程加以组织和管理。实践证明，建立一个强有力的、内行的投标班子是投标获得成功的根本保证。

在工程承包招投标竞争中，对于业主来说，招标就是择优。由于工程的性质和业主的评价标准的不同，择优可能有不同的侧重面，但一般包含如下四个方面。

(1) 较低的价格。

(2) 先进的技术。

(3) 优良的质量。

(4) 较短的工期。

对于承包商来说，由于国内建筑市场竞争的压力，参加投标是参加一场激烈的竞争，它关系到企业的兴衰存亡。这场竞争不仅比报价的高低，而且比技术、比经验、比实力和信誉。

承包商的投标班子应该由三种类型的人才组成：一是经营管理人才，二是专业技术人才，三是商务金融类人才。这三类人才应合理分工和配置，使其都在投标班子中发挥应有的作用。

一个投标班子仅仅做到个体素质良好，往往是不够的，还需要各方的共同参与，协同作战，充分发挥群体的力量。

除对投标班子的组成和要求外，一个公司还需注意：保持投标班子成员的相对稳定，不断提高其素质和水平，对于提高投标的竞争力至关紧要；同时，要提高管理数字化水平，逐步采用或开发有关投标报价的软件，使投标报价工作更加快捷、准确。

对于那些工程规模巨大或技术复杂及承包市场竞争激烈，而由一家公司总承包又困难的项目，可以由几家公司联合起来承包，以发挥各公司的特长和优势，降低报价，提高工程质量，缩短工期，赢得竞争能力。

3. 投标程序框图

投标程序框图如图 2-13 所示。图中详细列出了投标工作的各个步骤。

根据投标程序框图，可以看出投标的工作内容及各项工作间的联

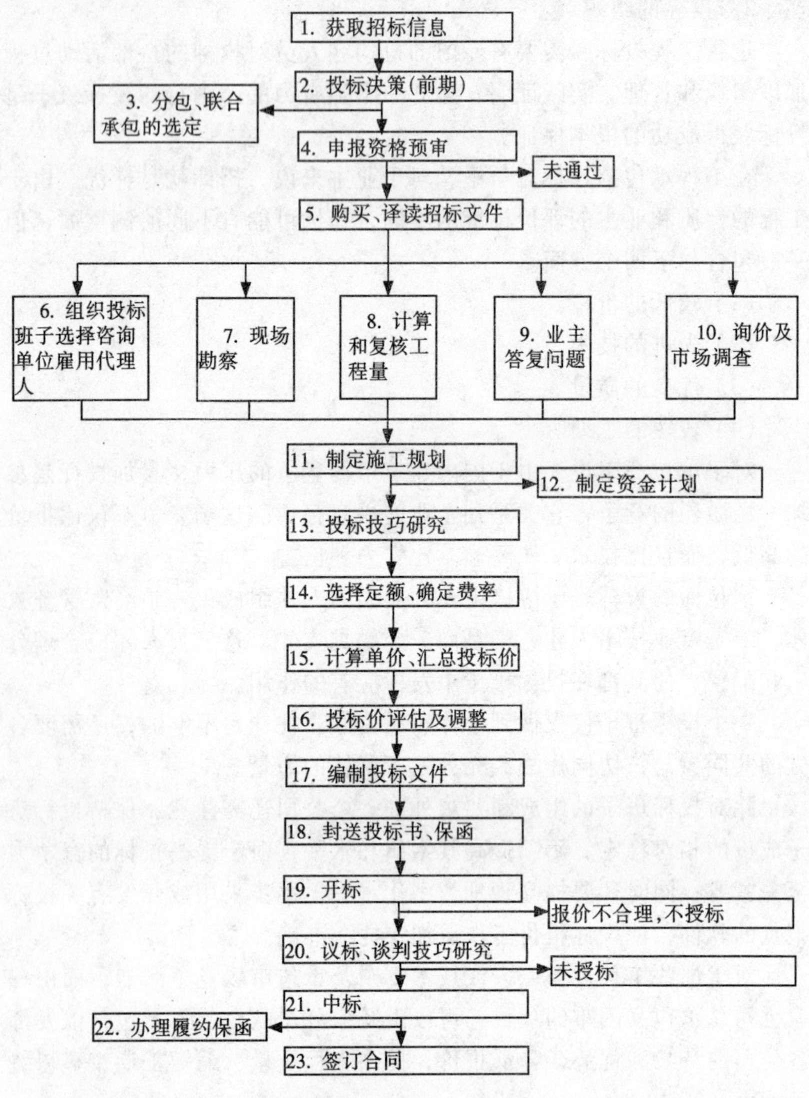

图 2-13 投标程序框图

系。但还需以此为基础，确定出投标组织的工作流程。重点是要解决投标组织的人员与投标工作的结合及其责任和工作关系。

第五节　项目管理中的组织措施和组织文化

一、项目管理中的组织措施

在经过组织设计，进行了组织规划之后，不是说组织的问题就全部解决了。实际上有了一个组织之后，跟着的就是组织要运行。项目组织的各组成部分要按组织设计的组织活动和分摊的责任完成各自的工作。要根据工作的需要，环境的变化，分析原有的项目组织系统存在的缺陷、不适应性和低效率性，进而对原组织系统进行调整和重新组合。包括组织结构的变化、组织人员的变动、规章制度的修订或废止、责任分配系统的调整及信息流通系统的调整等。要应用组织行为学、行为科学、社会学及社会心理学等科学原理来研究、理解和影响组织中人们的行为、言语、组织过程、管理风格及组织变更等。即通过改善项目组织中人的心理与行为规律，以利于项目目标的实现。

在项目管理过程当中，组织是管理的一项重要职能。当项目实施过程中遇到问题，需要对项目施加有效控制的时候，从组织方面着手采取有关组织措施始终是一项重要而有意义的选择。

二、组织文化

文化是“社会上传播的行为模式、艺术、信仰、制度和所有其他人类工作和思想成果的总和”（美国传统英语辞典）。文化属于项目的社会经济环境因素之一。任何项目必然在一个或者多个文化背景下进行，文化的影响范围包括政治、经济、人口、教育、伦理、种族、宗教及人们和项目组织的惯例、信仰和态度。项目的管理组织与人的观念意识密切相关，而人的观念意识是在家庭、学校、社会等文化背景下形成的，因此文化实际上渗透于项目的管理与组织的全过程。项目组织在项目管理中可以形成自己独特的文化，反映项目组织共同的价值观、信念、作风等，即项目组织文化。

（一）组织文化的结构和功能

组织文化是在一定的社会文化环境影响下，经过一定时期形成的为组织绝大多数员工所具有的价值观念、信仰、态度、行为准则、道德规范及传统和习惯的总和。组织文化受到社会政治、经济、人文及地域、民族传统等多种因素影响，在一个国家、一个民族、一定地域内具有很多共同特征。

1. 组织文化的要素

组织文化一般由组织环境、价值观、英雄人物、文化意识和文化网络等五大要素组成。

2. 组织文化的结构

组织文化的结构主要包括三个方面：组织整体价值观、组织伦理道德、组织风貌。

3. 组织文化的功能

组织文化辅助和完善了传统的管理功能。

（1）凝聚功能　组织文化具有强烈的“群体意识”，将分散的个人聚合团结起来。

（2）导向功能　主要表现在组织价值观对广大员工和领导行为的引导上。导向功能多数建立在自觉行动的基础上，也可以通过规章制度、传统、风气等强制执行。

（3）激励功能　积极的组织文化强调尊重每一个人，相信每一个人，员工受到充分的尊重。因此，具有良好的激励功能。

（4）约束功能　组织文化对员工行为具有无形的约束力。

（5）协调功能　组织文化使广大员工具有共同的价值观，对问题认识趋向于一致，增加了相互的信任和沟通，使各种活动更加协调。

（二）组织文化的管理

组织文化具有自己独特的内涵和要求，对组织管理工作影响较大，因此倡导和培养那些符合组织价值观念的组织文化，对促进组织文化管理具有非常重要的意义。

1. 塑造组织文化

塑造组织文化是一项复杂和艰巨的工作，需要组织领导有意识、有目的、有组织地进行长期的总结、提炼、倡导和强化。在塑造组织文化时，必须根据组织文化发展规律的要求，增强自觉性。

2. 组织文化管理的原则

（1）组织文化管理与组织管理统一的原则　组织文化管理属于

组织管理活动的一部分，因此必须做到两者管理的统一。

(2) 领导者率先垂范的原则　从一定意义上讲，组织的价值观和道德规范只有领导者自觉执行和体现后，才能逐渐为广大员工所接受。

(3) 强化主体意识和群体参与原则　组织文化是一种群体文化，只有积极参与，才能产生责任感和归属感，才易于被认同。

(4) 循序渐进原则　由于不同组织的管理水平、队伍素质和内外环境的差异，决定了组织文化内容的不同。因此，只能从实际出发，循序渐进地推动组织文化的建设。

(5) 发展变化原则　组织文化既有相对稳定的特点，又处于不断发展变化之中。坚持组织文化与组织内外环境要相适应。

第三章　项目经理和项目经理部

第一节　项目经理

一、项目经理在项目管理中的地位

项目经理是由建设行政主管部门为建筑业企业进入市场在资质人格化上设置的一种岗位职务，属于职业资格管理范畴。项目经理是企业法定代表人在承包的建筑工程施工项目上的委托代理人。

企业在进行施工项目管理时，应实行项目经理责任制，即以项目经理为责任主体的施工项目管理目标责任制度。项目经理应根据企业法定代表人授权的范围、时间和内容，对施工项目自开工准备至竣工验收，实施全过程、全面管理。

项目经理责任制是项目管理工作的基本制度，是实施和完成项目管理目标的根本保证，同时也是评价项目经理绩效的依据和基础。

项目经理责任制的核心是贯彻实施项目管理目标责任书，其具体内容包括：项目经理的职责、权限、利益与奖罚。

项目经理与项目经理部在项目管理工作中应严格实行项目经理责任制，确保项目目标顺利实现。

项目经理是决定项目成败的关键人物，是项目管理的核心柱石。决定项目管理成功与否的关键不是程序和技术，而是具有技能和知识相结合的人员，关键所在则是项目经理。因为项目是一种有特殊目标的一次性活动，要求项目经理在限定的预算、时间、质量范围内，成功地把各种资源优化配置，把施工中各种活动有机地组织协调起来，完成项目目标，让客户满意、本企业满意。这就决定了项目经理在项目管理中地位的重要性。

1．项目经理是建筑施工企业法人代表委托在项目上的全权代理人项目经理是实施项目管理任务的最高领导者、管理者和责任者。一是在企业内部，项目经理是实施项目管理任务的承包责任者；二是企业法人代表人的委托代理人，项目经理在授权范围内对建设单位直接负责。就是说，项目经理既要实现项目成果性目标，对业主负责；也要实现项目效率性目标，对本企业负责。

2. 在全同关系上，项目经理是项目最高合法的当事人

作为代理人的项目经理，他必须严格履行合同，执行合同规定，承担合同责任，处理合同变更，行使合同权利，组织好合同管理与索赔。所以项目经理是项目上履行合同的最高当事人，按合同履约是一切管理行为的最高准则。

3. 项目经理是项目信息沟通的集散中心

项目经理在实施项目管理任务时，对业主和本企业的期望目标要变成具体实施目标，通过计划、方案、措施组织落实，并在实施中进行有效控制。这里要求项目经理要建立人工或计算机管理信息系统，项目经理需要通过管理系统发出重要信息、指令、目标、计划等；还要处理来自外部指令、信息，如业主或监理工程师、政府、银行、当地社会环境、市场等。项目经理要高效率地完成项目目标的重任，必须通过信息集散达到控制的目的，使项目管理取得成功。

4. 项目经理是协调多方关系的桥梁和纽带

协调是指对项目参与的主体和人员的各种信息，通过人员沟通、口头沟通、协调、调度、运筹等使其配合得当，步调一致，齐心协力，实现项目目标。项目经理是协调的组织者和领导者，通过这座桥梁和纽带创造出良好的环境和工作合作的友好气氛，最终使业主、社会、本企业共同受益。

二、项目经理的责、权、利

1. 项目经理的职责

项目经理的总任务是保证施工项目按照合同规定和预定目标，高速、优质、低耗地完成，使客户满意；在项目经理权限范围内，把生产要素最有成效地优化配置起来，实现项目效益，使本企业满意。

目前我国实行的是项目经理负责制，是以项目经理为施工项目的第一责任人，由项目管理班子对实现项目合同目标负责的制度。项目

经理责任制是我国对建设工程项目管理的一项制度创新。这种制度坚持“经理负责、标价分离、项目核算、指标考核、严格奖惩”的原则。主要通过项目经理与本企业签订“项目管理目标责任书”来实现。

项目经理一般应履行下列职责。

(1) 代表企业实施施工项目管理。贯彻执行国家法律、法规、方针、政策和强制性标准，执行企业的管理制度，维护企业的合法权益。

(2) 履行“项目管理目标责任书”规定的任务。

(3) 组织编制项目管理实施规划。

(4) 对进入现场的生产要素进行优化配置和动态管理。

(5) 建立质量管理体系和安全管理体系并组织实施。

(6) 在授权范围内负责与企业管理层、劳务作业层、各协作单位、发包人、分包人和监理工程师等的协调，解决项目中出现的问题。

(7) 按“项目管理目标责任书”处理项目经理部与国家、企业、分包单位及职工之间的利益分配。

(8) 进行现场文明施工管理，发现和处理突发事件。

(9) 参与工程竣工验收，准备结算资料和分析总结，接受审计。

(10) 处理项目经理部的善后工作。

(11) 协助企业进行项目检查、鉴定和评奖申报。

2. 项目管理目标责任书

项目管理目标责任书是由企业法定代表人根据施工合同和经营管理目标要求明确规定项目经理部应达到的成本、质量、进度和安全等控制目标的文件。这是一份明确项目经理责任的文件，而不是法律意义上的合同。其核心是为了有利于完成项目管理目标。项目管理目标责任书应在项目实施之前，由法定代表人或其授权人与项目经理协商制订。

编制项目管理目标责任书应依据下列资料：

(1) 项目的合同文件。

(2) 组织的项目管理制度。

(3) 项目管理规划大纲。

(4) 组织的经营方针和目标。

项目管理目标责任书应包括下列内容：

(1) 项目的进度、质量、成本、职业健康安全与环境目标。

(2) 组织与项目经理部之间的责任、权限和利益分配。

(3) 项目需用资源的供应方式。

(4) 法定代表人向项目经理委托的特殊事项。

(5) 项目经理部应承担的风险。

(6) 项目管理目标评价的原则、内容和方法。

(7) 对项目经理部进行奖惩的依据、标准和办法。

(8) 项目经理解职和项目经理部解体的条件及办法。

确定项目管理目标应遵循下列原则：

(1) 满足合同的要求。

(2) 考虑相关的风险。

(3) 具有可操作性。

(4) 便于考核。

企业管理层应对项目管理目标责任书的完成情况进行考核，根据考核结果和项目管理目标责任书的奖惩规定，提出奖惩意见，对项目经理部进行奖励或处罚。

项目经理在承担工程项目施工的管理过程中，也可以按照建筑施工企业与建设单位签订的工程承包合同，通过与本企业法定代表人签订项目承包合同的方式，来界定项目经理的责任、权限和利益。

但是不提倡这种做法。其主要原因如下：

(1) 项目经理与企业法人之间的关系构成双方不具备承包合同所涵盖的平等法律效益，而且项目经理更缺乏承担承包合同的风险机制。

(2) 单独强调“承包”容易形成只重经济效益，而忽视目标控制和管理功能。

(3) 单独强调“承包”在实践中发生了过多的“以包代管”的倾向和短期行为。

(4) 项目经理部不是法人，更不能具有法人的资格身份与企业签订承包合同。

(5) 合同应是依法签订、依法履行、依法解决争端的，在企业内部没有这个必要。

3. 项目经理的权限

由于项目经理的任务和责任，必须授予他完成任务的权力条件。项目经理应具有下列权限。

(1) 参与企业进行的施工项目投标和签订施工合同。

(2) 经授权组建项目经理部，确定项目经理部的组织结构，选择、聘任管理人员，确定管理人员的职责，并定期进行考核、评价和奖惩。

(3) 在企业财务制度规定的范围内，根据企业法定代表人授权和施工项目管理的需要，决定资金的投入和使用，决定项目经理部的计酬办法。

(4) 在授权范围内，按物资采购程序文件的规定行使采购权。

(5) 根据企业法定代表人授权或按照企业的规定选择、使用作业队伍。

(6) 主持项目经理部工作，组织制订施工项目的各项管理制度。

(7) 根据企业法定代表人授权，协调和处理与施工项目管理有关的内部与外部事项。

企业对项目经理授权应根据管理的需要、项目的地域与环境、项目经理的综合素质与能力，实行有限授权。

但是企业也应处理好企业管理层、项目管理层和劳务作业层的关系，围绕项目经理责任制的建立，对照项目管理目标责任书，给予项目经理以充分的授权。就一般项目来说，应保证项目经理具有以下的足够权限。

(1) 用人决策权　在企业制度规定条件下，项目经理有权决定项目的组织机构和组织结构，根据实施目标选择，聘用有关人员，并进行管理、考核、奖罚、培训，也可以辞退不称职和累犯错误人员。

(2) 财务决策权　在国家和企业财务制度允许范围内，项目经理有权根据项目需要和计划安排，有投资使用，流动资金周转，机械设备租赁和购置、使用、大修、计提折旧的决策权；有权对自己的项目班子和自己的劳务人员的计酬方式、分配办法、分配方案进行决策。

(3) 进度计划的控制权　在项目的施工过程中，项目经理有根据工程师审批的施工总进度计划和阶段性进度计划，对施工进度进行检查、修订、调整，并在资源上进行统筹调配的权限。从而对进度计划进行有效控制。

(4) 技术质量决策权　技术质量的决策往往出现在施工准备阶段。对项目实施中的难关，列出项目，组织专业攻关组，召开技术方案研究论证会，作出技术质量实施决策。须谨防技术上决策失误，保证质量与安全。

(5) 采购设备、物资的决策权　设备、材料采购计划，招标投标，签订合同，库存策略等重大问题的决策，直接涉及到费用的支出，也影响项目产品的质量。决策权力应充分授予项目经理。

4. 项目经理的利益

项目经理应享有以下利益：

(1) 获得基本工资、岗位工资和绩效工资。

(2) 除按“项目管理目标责任书”可获得物质奖励外，还可获得表彰、记功、优秀项目经理等荣誉称号。

(3) 经考核和审计，未完成“项目管理目标责任书”确定的项目管理责任目标或造成亏损的，应按其中的有关条款承担责任，并接受经济或行政处罚。

实施项目经理责任制的目的之一是要建立有效的激励机制，激励管理者，提高和加强项目管理的积极性，总结项目管理的经验教训，使项目管理水平不断提高。除了要奖惩分明之外，企业应确立和维护项目经理的地位及正当权利，做到分配合理，奖惩得当。

对项目经理的激励还可以结合企业市场化运作和跟国际惯例接轨的需要，采取多样化的手段和形式。

(1) 企业应转变观念，有资质的项目经理可在全国人才市场流动，双向选择。

(2) 项目经理应逐步实行年薪制，根据我国和各企业的实际，设置不同级别的年薪等级。或将年薪制与项目制结合，根据项目实际和企业分配制度，确立项目经理的项目总酬金，依据目标实现情况，按年分期支付。

(3) 项目经理可通过管理激励股的形式成为企业的股权拥有人。

(4) 有条件的企业应经常选择优秀项目经理参加全国项目管理研究班或到国外考察和短期培训，不断提高他们能力。这既是企业的需要，也是项目经理个人的需要。

三、项目经理的基本素质要求

项目经理可以说是工作繁忙，日理万机，要求项目经理具有高的工作效率和运用先进的科学管理手段驾驭诸多专业人才和复杂局面的超常能力。另外，工作负担繁重、生活紧张、条件艰苦、工作时间长。并且项目经理面临的工作都是一次性的，故富于挑战性和开创性。项目经理的工作性质与特点是由他的职责和任务决定的，要求项目经理不仅要有强健的体魄、顽强的毅力和献身精神，而且必须具备相应的整体综合素质。

(一) 项目经理必备的知识结构

1. 工程项目专业知识的深度

建筑工程施工项目经理必须是土木工程专业知识的内行专家，外行不可能领导工程项目。现代建设项目越来越呈现技术复杂、功能多样、工艺新颖、设备专业性很强的特点，不是非专业人员能一朝一夕吃透的。作为项目经理必须能鉴别项目的工艺设计、设备选型、安装调试及熟悉土建施工技术。否则，决策时就没有发言权，会造成瞎指挥，不可能领导和团结好项目班子，使项目成功。

不过，这并不是要求项目经理是全才，对所有技术都精通。只是要求对项目主要技术必须是内行专家，才能领导和借助于技术专家的帮助，驾驭项目，实现目标。

2. 工程项目管理知识的广度

管理是联结各生产要素的要素，管理也是生产力。现代建设工程项目的项目经理，不仅需要精通技术，而且必须熟悉和精通管理技术。从这一点理解，项目经理应该是全才。一个好的项目经理可以是一个企业的领导者，但一个好的企业领导者不一定是个好的项目经理。此外，现在的项目实施中纯技术的工作是没有的，纯技术的专家也是过时的观念。所以，要求施工项目经理必须不断地在管理理论和管理技术上丰富自己、提高素质，并能有效地运用管理理论和管理技术。

项目经理的管理知识从纵向看，应学习和掌握工程项目管理、决策论、运筹学理论、系统工程、控制论、网络技术、价值工程及全面质量管理等；从横向看，应学习和了解组织行为学、领导科学、管理心理学、工程经济学、合同法等相关的法律知识和计算机应用技术。我国已加入了WTO，项目经理还应该熟练一门外国语。

（二）项目经理必须具备的领导能力

项目管理就是要管理人流、物流、资金流和信息流，但归纳起来仍是对人流的管理。其中，最重要的、最本质的、最复杂的是对人的管理。施工项目经理要带领班子完成项目，要与上上下下各方面的人合作共事，要与不同知识背景的人打交通，要把外部、内部各方面关系协调好，将各方面的力量形成实现目标的合力，调动各方积极投入，这没有非凡的领导能力、领导艺术及良好的沟通协调能力是难以实现的。

1. 用人的能力

毛泽东说过，领导一是用人，二是出主意。用人包括了选人、使用人、培养人；出主意就是调动下属人员的积极性、主动性。

2. 管理的能力

管理的能力是对领导能力内涵的一个综合反映。管理不仅是计划，更重要的是管好人，控制好实施中出现的矛盾或偏差。

3. 协调的能力

施工项目经理的协调能力是项目成功的基本条件之一。施工项目经理碰到的是“十国八方”的关系，有业主、监理、设计、自己的企业、分包商、供应商等，都需要协调。但对项目经理来说，主要的还是同业主之间的关系协调。往往项目的失败都起源于业主与承包人关系协调不力。

协调与业主之间关系的基本原则应该是讲信誉、讲质量、讲友好的合作。双方应共同努力，创造一种和衷共济的友好合作气氛，都应认识到双方合作则双方受益，相互拆台则两败俱伤。努力在“干成一个好项目”上与业主找到共同点。

4. 灵活的领导艺术

管理、领导都是要让别人把工作做好。实现项目目标，领导艺术是成功的根本。

(1) 培训、培养下属，提高下属素质，让他们去完成项目　项目管理人员的选配时，需经过严格地培训和考试。让他们熟悉、掌握项目的性质、特点，技术难度；了解熟悉业主的总意图；熟悉掌握项目管理规划、措施；了解熟悉自己的任务内容，完成时间，质量标准，有关方案、方法；了解熟悉该项目管理的制度、规则、规定；了解企业在承包项目上的总目标等。在实施中，按责任范围，大胆放手让下属去干自己应该干的事情；通过例会讨论解决实施中遇到的新问题，提出解决方案和实施办法；一般技术或管理问题，项目经理可协助下属，引导其靠自己去解决，不采取“过渡管理”的办法。这就是培养人。

(2) 大权独揽，小权分散，建立高效率的指挥系统　在项目经理部的组织设计上，根据任务划分组织层次和职责，对选聘的人员授予相应的权力。对重大问题的决策权、人事权、统一调度指挥权等项目经理必须保留。日常例行性管理，放手让下属去做，不干涉下属行使职权，更不越级指挥。相应的授权，既调动下属的积极性，又创造了上下合作、各司其职的和谐气氛。工作中信息上下传递畅通及时。这种领导艺术才能造就项目组织成为一个高效率管理的指挥系统。

(3) 运用多种激励手段，以人为本，为项目管理的高效率提供原动力　人是最活跃的生产要素，任何先进的技术或生产手段都必须通过人去实现、去操作。项目价值的创造，是所有参加者行为的效果。有了这个本质的认识，还必须运用多种激励手段，鼓励人们去努力、去实现。既有奖励、表彰等正面的激励，也必须有负面的惩罚。这就是说管理制度要严、要认真，违纪处罚立足教育，给改正机会，对多次违纪者应调换工作或辞退。

(4) 运用科学的计划管理与控制，建立有效的均衡生产秩序　现代项目管理中，领导者绝不能靠自己的权力或行政命令组织生产，其效果是相反的。重要的应该是依靠科学的计划管理而形成均衡、稳定、有效的生产秩序，保证目标实现。计划是项目经理管理项目的重要武器，主要通过网络计划统筹控制项目的进度和资源平衡。计划的制订，项目经理应亲自参加，并按规定严格执行。

（三）项目经理的思想素质

成功的项目经理应该具备什么素质、品质，不同的项目管理专家在认识上也有一些区别。

美国的约翰·宾认为项目经理应具备如下品质：①具有本专业技术知识；②具有工作干劲，能主动承担责任；③具有成熟而客观的判断能力；④具有管理能力；⑤诚实可靠，言行一致；⑥机警，精力充沛，能吃苦耐劳，随时准备处理可能发生的冲突。他说的六条中，有四条是思想素质方面的要求。

日本竹中工务店项目经理土坂康弘说："我是作业所长，但我不能以领导自居，我要以我自身的行动教育带动大家，使大家感到我和大家一样。我在施工现场同样遵守一切规章制度，穿工作服，戴工作帽，否则在现场就会使人感到格格不入。最重要的经验是：我的作业是不能靠一个人完成工程项目，必须时刻想着这项工作必须大家同心协力一起干才行。要了解和体谅大家的难处，才能顺利完成项目的方针目标。"还要有三种感情：①真正考虑用户需要的感情。②必须为社会服务，并为社会作贡献的感情。③要有文化方面的考虑，使我们做的工程成为一项"作品"，对社会产生文化效应。"只有具备这些感情，才能当好作业所所长。"

土坂康弘谈的主要是思想方面的素质。他与约翰·宾的共同点是：是以自身的影响力和大家共处、合作，才能齐心协力；项目经理要有吃苦精神，不怕牺牲自己的利益；项目经理要有主动承担责任的思想素质，才能使项目运行有效、高速、高质；项目经理要有以人为本的思考，只有能动地帮助下属，才能调动所有人的积极性；只有有良好的群众意识，才会产生巨大的向心力。

（四）项目经理必须有实践经验

项目经理的能力特征是决策应变，组织指挥，控制协调，交际沟通，谈判说服，必要妥协等，这些都不是在课堂上或书本中能真正获得的，必须在实践中磨炼、积累、成长。

不少国外有关人士认为项目经理的实践经验，是本科毕业后，进入实践阶段，在三大支柱：设计、施工和采购活动中不断积累和丰富起来的。只有从设计、施工、采购的实践中积累起来的经验，才能覆盖范围宽，应付复杂多变的情况。

(五) 项目经理的身体素质

项目经理应具有健壮的体质、健康的心态，这是由项目经理的工作性质和特点决定的。

项目经理的工作特征就是“忙”，可称为“日理万机”。项目经理和职能经理是工作在两个不同的环境中，其差别在于：职能经理工作已标准化，而项目经理必须学会适应工作和控制动态变化中的工作(相对而言)。项目经理要能够综合各种不同专业观点来考虑问题，尚需有创造性的“交叉丰富”的方法，驾驭下属并使他们在实际训练中培养工作的延伸能力。这说明适用“忙”的要求是工作的高效率、手段的科学化及驾驭全局的高超能力，其根本是健康的体魄。

项目经理的工作负担繁重，日夜操劳。美国项目管理专家哈洛德·科兹挪博士在他的《项目管理系统方法》一书中指出：“美国项目经理每周工作时间远不止60h（以每周工作5天计)”。可见他们的工作负担沉重，生活紧张，条件艰苦。在这种繁重艰苦的工作条件下，项目经理必须体魄强健，毅力顽强，心胸豁达，有献身精神。

四、项目经理能力的培养

项目经理是职业性岗位。企业应有一支具备相应素质的项目经理队伍。对项目经理进行选拔和培养，进行工程技术、经济、管理、法律和职业道德等方面的继续教育和能力培养，这是企业的长期任务。

项目经理的能力不是先天就有的，而是在实践中培养的。有多种多样方法培养或训练项目经理所需要的各种能力。

1. 获取经验

项目经理应尽可能从事更多的项目工作，干好每一个项目都是学习的好机会，项目多样化会更有益处。在每个不同的项目管理中应从事不同的工作，有的项目的工作是计划管理，在另一项目中应争取做合同管理，总之要争取获得与客户进行更多接触的机会，与更多的项目经理或其他有经验的项目管理者进行接触，获得向他人学习的良好机会。

在项目实践中，可向一些年长有经验者拜师求教，他们具有你需要学习的能力、技术和经验。还可留意他人怎样应用自己的技能，看他们怎么做，如何解决难题，吸取经验或教训，对自己提高能力都是有益的。如合同履行中的违约处理，如何分清责任，如何按程序办事，如何索赔，如何谈判等。其中成功的或失误的关键之处应牢记，以使自己处理类似问题时做得更好一些。

2. 吸取教训

对自身提高最有益的是失败的教训，因为失败是成功之母。教训首先来自自己工作中的失误，如施工项目实施中成本的超支，或进度计划未如期实现，或技术方案不佳造成目标不能实现等。这需有勇气自我批评，正视现实，总结教训，改正错误。有了失误，不能掩盖，更不能推卸责任，文过饰非，以免造成更大的失误。

其次是吸取他人的教训，也是有益的。聪明人善于观察各种人的长处，可以补充自己；也应善于了解他人工作中的不足，作为自己的先师。只要善于吸取他人的经验教训，自己的能力就会越来越强。

3. 听取反应

项目管理中训练提高自己解决问题的能力，需要认真听取他人的意见。旁观者清，当事者迷。通过他人观察自己处理解决问题的认识能力、分析能力、决策能力，是大有益处的。

4. 研究探讨

若想训练提高自己的领导能力，可以找有经验、有成效的项目经理研究探讨，请他们介绍是怎样培养领导能力的，有什么好的建议。可以参加有组织的活动，也可以自己讨教。

5. 参加培训

项目经理各种能力的培训，在大学里、社会上都会有各种培训班、学习班。项目经理应有选择地参加学习。有时还可到学校里学习项目管理的有关课程或参加培训班。

6. 自学“充电”

项目经理各种能力的培养，自己学习是一种重要途径。要订阅相关杂志、报纸，购买有关的专业书籍，还可在网上查阅有关论文、文章或其他资料。

7. 管理时间

项目工作中项目经理的工作是非常繁忙的，要计划工作、分配任务、控制运行、进行沟通、准备文件、参加会议等。故一个成功的项目经理要学会在百忙和千头万绪中管理好时间。管理好时间是个时间观念和时间效率问题，也是积累经验养成自身能力的要件。提出如下建议供选择使用。

(1) 在每周末，确定几个下周要完成的目标。根据计划中下周工作日程表，把确定完成目标按重要性依次列出来。但不是把要做的事统统列出来，那就失去了管理时间的价值。把自己所列的目标表放在自己的视线范围内，以便经常见到。

(2) 每天工作结束，应列出第二天应做的事。列出第二天工作应依据本周计划完成工作目标，把应做的事按先后顺序列好。重要的放在醒目位置。另外，尚须看清周计划中这一天的工作日程表，明天有多少时间用来完成或什么时间用来完成列出的这些事情。即使每天日程安排满了，也要设法挤出点自由时间，以便处理应付可能偶然发生的事件。如果觉得确实无时间可挤，那就不一定这样做了，那样只能带来沮丧。

把实际需要完成的工作列出来，不是把未完成的每件事习惯地列入明天完成；更不能原谅自己今天没完成的事寄希望于明天。列出的工作，不仅要记在心里，更重要的是投入精力和时间完成，养成实施计划的习惯。

(3) 每天上班第一件事就是看自己列出的做事表，全天都应看这个表。其实当天在计划表上会有轻重不一的很多事，一定要按做事表所列顺序，先做表上的第一件事。关键之处在于投入和专注，有自我约束的能力。做事期间，不能转移视线，把注意力转向不太重要或没有意义的事情上去。当做完一件事就把它从做事表上划去，这样会有完成工作后的愉快和成就感。然后再做第二件事。要做好当天的事，应避免为完成表上的事情而挑选着做表上一些不太重要的事。这样容易因小失大，必须先重后轻，或按做事表一件一件完成。

(4) 控制做事中的干扰。当完成做事表上工作时，会有电话、电子邮件、客人或其他人的来访。一般来说，自己应留点时间打电话或回电话，不要养成随意打电话或回电话的不良习惯。来访客人、用户等应列在管理时间表上，便于集中投入工作。按做事表完成工作时，要注意处理好其他工作，不能有尽快完成这件事后便开始其他工作的想法，工作质量应放在第一位。

(5) 管理时间要求不参加那些既浪费时间又对完成工作目标没有意义的活动。社会活动中，不是什么邀请都一定要参加，不是什么领导检查或其他形式的时间消耗都必须参加，可以婉言谢绝。

(6) 有效地利用等待时间。如随时带上阅读资料或电脑，利用候机、候车、会前等待等时间进行阅读或工作。

(7) 文件和信件处理应集中时间，一般放在下班前阅读处理，以免分散人的精力。文件与信件阅读与处理时：有的是垃圾邮件，要删除掉；有效或有用的文件才储存起来；要求回答的文件，应写上答复返回发出者；要研究的文件，可列在做事表上或放在工作包里，利用等待时间阅读。

(8) 周末检查小结。完成了全部目标，不仅自己付出了代价，更重要的是又有了新的成就感，值得奖赏自己。若没有完成目标，可分析影响因素，继续完成，不能因工作辛苦而谅解自己，更不能存在"没功劳也有苦劳"的想法。

五、项目经理的资格认证

(一) 国外的项目经理资格认证

在国际项目管理中，项目管理人才的认证都是很严格的，特别是项目经理的资格认证。

1. 国际项目管理协会

国际项目管理协会（IPMA），1965 年在瑞士注册，是个非赢利性组织。到 1996 年，IPMA 中作为正式会员的国家组织有 26 个，作为非正式会员（观察员）有 25 个，正式会员中的个人成员可自动地成为该协会的会员。

IPMA 非常重视专业人员的资格认证工作。项目管理人员专业资质分为 A、B、C、D 四个级别，级别之间的档次标准差距很大。其中 A 级是工程主任证书级，简称 CPD，它授予拥有指导一个工程计划或一个公司/分公司全部项目能力的高级项目管理者，也可能是来自不同国际文化背景的主要合作者，管理国际复杂项目能力的人员。如果想得到这个级别的证书，自己先提出申请，申请文件包括有对自己能力的自我评价，还须有已获得该证书人员的推荐文件。在业务方面，有本人撰写的项目建议书，及项目管理实际业绩能力的报告等。经过面试通过后方可获得。工程主任证书级资格证书的有效期为3～5年，过期后必须重新申请。B 级为项目经理级别证书，C 级为项目管理工程师级证书，D 级为项目管理技术员级证书。不同级别的证书标准各异，IPMA 注重于实践方面的能力。

2. 美国项目管理协会

美国项目管理协会（Project Management Institute，PMI）的成员主要以企业、大学、研究机构的专家为主，现在已经有 40 000 多会员。PMI 卓有成效的贡献是开发了一套项目管理知识体系。经过几次修订，到 1996 年修改成现在的项目管理知识体系（Project Management Body of Knowledge，PMBOK）。在这个知识体系指南中，把项目管理划分为九个知识领域，即范围管理、时间管理、成本管理、质量管理、人力资源管理、沟通管理、采购管理、风险管理和综合管理。国际标准化组织以该文件为框架，制订了 ISO 10006 关于项目管理的标准。

PMI 的资格认证制度从 1984 年开始，到现在已有 8 000 多人通过认证，成为“项目管理的专业人员（PMP）”。PMI 的项目管理专业人员认证同 IPMA 的资格认证各有所侧重。PMI 既注重实际能力的审查，也注重知识的考核，必须参加并通过包括 200 个问题的考试。

PMP 项目管理人员的认证较难，原则上必须具有学士学位或同等大学学历，至少 3 年以上 4 500h 的项目管理经验。若无上述学历条件，必须具有至少五年以上 7 500h 的项目管理经验。经过考试合格才能取得 PMP 的项目管理人员的资格认证。但只有高级项目管理人员才能拥有 PMP 证书。

我国目前已有近 200 人通过了资格认证，获得了 PMP 资格证书。

3. 英国特许建造师协会

英国由民间从事建筑管理的专业人员组织起来的英国特许建造师协会（Chartered Institute of Building，CIOB）是 1834 年成立的，至今已有170多年的历史。CIOB目前已有50 000会员。会员分为六个层次：资深会员、正式会员、毕业会员、助理会员、普通会员、学生会员。其中最高两个层次，即资深会员和正式会员被称为“特许建造师”。CIOB的资格已在国际上得到承认，特许建造师已作为欧洲共同体及美国、澳大利亚等国家获得就业机会的通行证。

CIOB特许建造师的申请有一定的手续，可以通过不同的路径来实现。总的要求是在建筑管理理论知识与工作实践方面具有一定的能力水平。

毫无疑问，国际上项目管理人员的资格认证的分类与管理方法是值得借鉴的。

（二）我国项目经理的资质管理办法

1. 项目经理的资质等级与申请条件

我国《建筑施工企业项目经理资质管理办法》规定，项目经理资质分为一、二、三、四级。

（1）一级项目经理：担任一个一级建筑施工企业资质标准要求的工程项目，或两个二级建筑施工企业资质标准要求的工程项目施工管理工作的主要负责人，并已取得国家认可的高级或者中级专业技术职称者。

（2）二级项目经理：担任过两个工程项目，其中至少一个为二级建筑施工企业资质标准要求的工程项目施工管理工作的主要负责人，并已取得国家认可的中级或者初级专业技术职称者。

（3）三级项目经理：担任过两个工程项目，其中至少一个为三级建筑施工企业资质标准要求的工程项目施工管理工作的主要负责人，并已取得国家认可的中级或初级专业技术职称者。

（4）四级项目经理：担任过两个工程项目，其中至少一个为四级建筑施工企业资质标准要求的工程项目施工管理工作的主要负责人，并已取得国家认可的初级专业技术职称者。

2. 项目经理的资质考核与注册

项目经理资质考核主要包括以下内容：

（1）申报人的技术职称证书、项目经理培训合格证（复印件）。

（2）申报人从事建设工程项目管理工作的简历和主要业绩。

(3) 有关方面对建设工程项目管理水平、完成情况（包括工期、效益、工程质量、施工安全）的评价。

(4) 其他有关情况。

项目经理资质考核完成后，由各省、自治区、直辖市建设行政主管部门和国务院各部门认定注册，发给相应等级的项目经理资质证书。其中一级项目经理须报建设部认可后方能发给资质证书。该证书由建设部统一印制，全国通用。

已取得项目经理资质证书的，各企业应给予其相应的企业管理人员待遇，并实行项目岗位工资和奖励制度。

六、项目经理的选任

1. 项目经理选拔的程序、方法、对象

项目经理的选拔应坚持：一是选择的方式必须有利于选聘适合项目管理的人担任项目经理；二是产生的程序必须具有一定的资质审查和监督机制；三是最后决定权属企业法人代表人；四是逐步走上在人才市场上选拔和聘用的机制。

在人才市场上选拔和聘用项目经理是打破企业人才局限性、使用限制性的有效途径，这也表明项目经理有成为专业经理人的趋势。

项目经理必须取得建筑工程施工项目经理资格证书。项目经理只宜担任一个施工项目的管理工作，当其负责管理的施工项目临近竣工阶段且经建设单位同意，才可以兼任一项工程的项目管理工作。

选拔项目经理的程序、方法、对象可参考图 3-1。

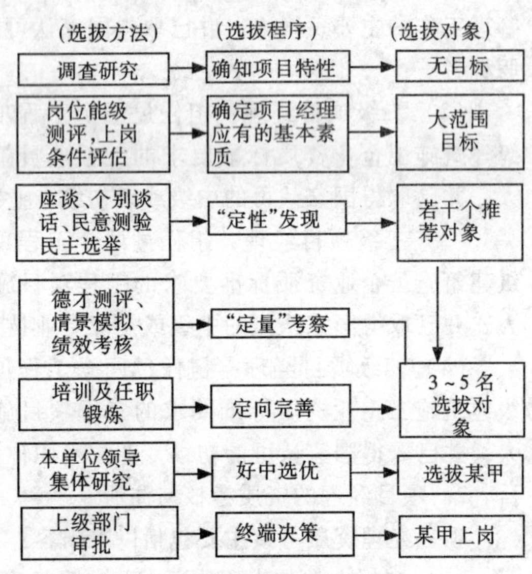

图 3-1　选拔项目经理的程序、方法、对象关系图

2．国外项目经理的选拔与培训

如图 3-2 所示是美国对于项目经理的选拔与培训的一个示意框图。可供国内选任和培养项目经理时参考。

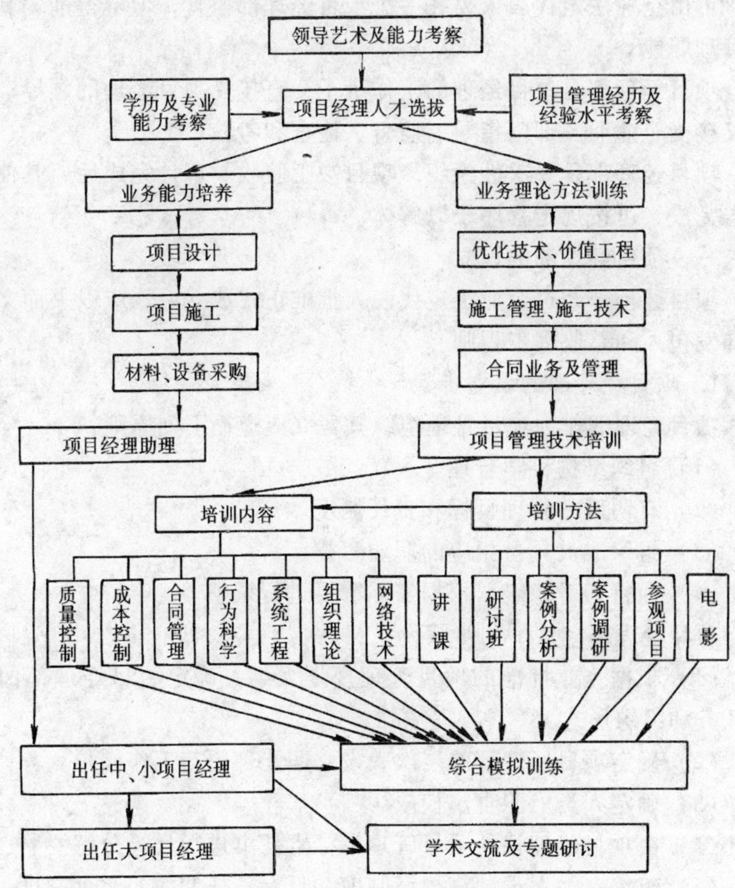

图 3-2　美国项目经理的选拔与培训

第二节　项目经理部

项目经理部是由项目经理在企业的支持下组建并领导、进行项目管理的组织机构。

设立施工项目经理部应考虑项目的规模、特点及复杂程度。大中型施工项目，承包人必须在施工现场设立项目经理部，小型施工项目，可由企业法定代表人委托一个项目经理部监管，但不得削弱其项目管理职能。

项目经理部是项目经理的工作班子，直接受项目经理的领导；同时又接受企业业务部门指导、监督、检查和考核。

项目经理部是一次性组织，项目竣工验收、审计完成后，其使命便告完成，可按规定程序予以解体。

一、项目经理部的设立

项目经理部经过企业法定代表人批准正式成立后，应以书面文件通知发包人和总监理工程师。

1. 项目经理部的设立步骤

项目经理部作为项目管理组织其建立应遵循下列原则：

(1) 组织结构科学合理。

(2) 有明确的管理目标和责任制度。

(3) 组织成员具备相应的职业资格。

(4) 保持相对稳定，根据实际需要进行调整。

项目经理部应按下列步骤设立：

(1) 根据企业批准的项目管理规划大纲，确定项目经理部的管理任务和组织形式。

(2) 确定项目经理部的层次，设立职能部门与工作岗位。

(3) 确定人员、职责、权限。

(4) 由项目经理根据项目管理目标责任书进行目标分解。

(5) 组织有关人员制订规章制度和目标责任考核、奖惩制度。

2. 项目经理部的组织形式

项目经理部的组织形式应根据施工项目的规模、结构复杂程度、专业特点、人员素质和地域范围确定，并应符合下列规定。

(1) 大中型项目宜按矩阵式项目管理组织设置项目经理部　矩阵式项目管理组织（Matrix Type Organization of Project Management）：结构形式呈矩阵状的组织，项目管理人员由企业有关职能部门派出并进行业务指导，受项目经理的直接领导。“矩阵式项目管理组织” 有以下特点：

1）项目组织机构与企业职能部门的结合部与职能部门数基本相同。多个项目与职能部门的结合部呈矩阵状。

2）把职能原则与对象原则结合起来，既发挥职能部门的纵向优势，又发挥项目组织的横向优势。

3）职能部门是企业的永久性机构，而项目组织是一次性机构。企业职能部门领导对参与项目组织的人员有组织调配、业务指导和管理考查的责任。项目经理将项目组织的职能人员在横向上有效地组织在一起，领导他们为实现项目目标协同工作。该类组织具有弹性，应变能力强。

4）矩阵中的每个成员或部门都应接受职能部门和项目经理的双重领导，但当项目经理与职能部门负责人的意见发生分歧时，服从项目经理的意见。矩阵式组织的适用范围是：同时承担多个项目管理任务的企业；大型、复杂的施工项目。

（2）远离企业管理层的大中型项目宜按事业部式项目管理组织设置项目经理部　事业部式项目管理组织（Feseral Structure of Decentralized Power Type Organization of Project Management）：在企业内作为派往项目的管理班子，对企业外具有独立法人资格的项目管理组织。“事业部式项目管理组织” 有以下特点：

1）项目经理部在企业内相当于职能部门，对外具有独立经营能力。

2）有利于延伸企业的经营职能。

3）能迅速适应环境的变化。

4）当企业在一个地区内有长期市场或一个企业有多种专业施工能力时适用。

（3）小型项目宜按直线职能式项目管理组织设置项目经理部　直线职能式项目管理组织（Straigh Line and Function Type Organization of Project Management）：结构形式呈直线状且设有职能部门或职能人员的组织，每个成员（或部门）只受一位直接领导人指挥。

“直线职能式项目管理组织” 中的各种职位均按直线排列，且设有职能部门或职能人员，项目经理进行直线垂直领导，一名下属只有一位领导。这种组织形式的主要优点是：机构简单，权力集中，命令统一，职责分明，决策迅速，隶属关系明确，办事效率高，具有配套的专业管理能力。

一般大中型项目提倡建立矩阵式项目管理组织（这里所说的矩阵式组织是指强矩阵式组织，即任命强有力的项目经理和设立精干高效的项目经理部），它的优点如下：

1）矩阵式项目管理组织兼有按部门控制和按对象控制两方面的优点（双向加强型管理）。

2）矩阵式项目管理组织有弹性，方便调整与解体。

3）矩阵式项目管理组织的项目经理专职管理项目，且有充足的授权，故大型复杂的项目可以得到有效的管理。

4）一个企业有多个项目同时进行项目管理时，可以节省大量管理人员，有利于充分利用人才和培养人才。

项目经理部的人员配置应满足施工项目管理的需要。职能部门的设置应满足本规范中各项管理内容的需要。大型项目的项目经理必须具有一级项目经理资质，管理人员中的高级职称人员不应低于10%。

3. 项目经理部的规章制度

项目经理部的规章制度应包括下列各项：

(1) 项目管理人员岗位责任制度。

(2) 项目技术管理制度。

(3) 项目质量管理制度。

(4) 项目安全管理制度。

(5) 项目计划、统计与进度管理制度。

(6) 项目成本核算制度。

(7) 项目材料、机械设备管理制度。

(8) 项目现场管理制度。

(9) 项目分配与奖励制度。

(10) 项目例会及施工日志制度。

(11) 项目分包及劳务管理制度。

(12) 项目组织协调制度。

（13）项目信息管理制度。

项目经理部自行制订的规章制度与企业现行的有关规定不一致时，应报送企业或其授权的职能部门批准。

二、项目团队建设

项目团队主要指项目经理及其领导下的项目经理部和各职能管理部门。

项目组织应树立项目团队意识并满足下列要求：

（1）围绕项目目标而形成和谐一致、高效运行的项目团队。

（2）建立协同工作的管理机制和工作模式。

（3）建立畅通的信息沟通渠道和各方共享的信息工作平台，保证信息准确、及时和有效地传递。

项目经理应对项目团队建设负责，尽早地培育团队精神，识别关键成员，进行工作授权，定期评估团队运作绩效，最大限度地发挥和调动各成员的工作积极性和责任感。

项目经理应通过奖励、表彰、集中办公、召开会议、学习培训等方式使团队氛围和谐，统一团队思想，加强集体观念，处理管理冲突，提高项目运作效率。

三、项目经理部的运行

项目经理应组织项目经理部成员学习项目的规章制度，检查执行情况和效果，并应根据反馈信息改进管理。

项目经理部的管理岗位设置，要贯彻因事设岗、有岗就有责任和目标要求的原则，明确各岗位的责、权、利和考核标准。项目经理应根据项目管理人员岗位责任制度对管理人员的责任目标进行检查、考核和奖惩。

项目经理部应对作业队伍和分包人实行合同管理，并应加强控制与协调。项目经理部对分包人的作业技术活动有权进行指导、帮助和检查；分包人应按项目经理部的要求，通过自主作业管理，正确履行分包合同。

项目经理部解体应具备下列条件：

（1）工程已经竣工验收。

（2）与各分包单位已经结算完毕。

(3) 已协助企业管理层与发包人签订了“工程质量保修书”。

(4)“项目管理目标责任书”已经履行完成，经企业管理层审计合格。

(5) 已与企业管理层办理了有关手续。主要是向相关职能部门交接清楚项目管理文件资料、核算账册、现场办公设备、公章保管、领借的工器具及劳防用品、项目管理人员的业绩考核评价材料等。

(6) 现场最后清理完毕。

在施工项目经理部是否解体的问题上，不少企业坚持固化项目管理组织。固化项目管理组织致命的缺点是不利于优化组织机构和劳动组合，以不变的组织机构应付万变的工程项目的管理任务，严重影响项目单独的经济核算和管理效果。工程项目管理的理论基础和实践要求它必须解体。

施工项目经理部解体的必要性如下所述：

(1) 有利于针对项目的特点建立一次性的项目管理机构。

(2) 有利于建立可以适时调整的弹性项目管理机构。

(3) 有利于对已完项目进行总结、结算、清算和审计。

(4) 有利于项目经理部集中精力进行项目管理和成本核算。

(5) 有利于企业管理层和项目管理层进行分工协作，明确双方各自的责、权、利。

第四章 项目规划

第一节 项目规划概述

一、项目规划的含义

“凡事预则立，不预则废”。围绕项目开展的项目管理活动如要顺利地达成目的，就应事先编制好项目实施计划。编制项目实施计划的过程叫做项目规划。

项目规划是预测未来，确定欲达到的目标，估计会碰到的问题，并提出实现目标、解决问题的有效方案、方针、措施和手段的过程。项目规划又是基于项目现实出发的思考、想像和谋划，进而确定、决定和安排实现项目目标所必需的各种活动和工作成果。项目规划也是考虑如何经济地使用项目管理组织的时间、资源和努力的过程，以便有效地把握未来，实现预期的结果。项目规划是项目管理过程的一个重要环节，是项目管理的核心。

项目计划是项目规划过程的结果，是项目经理和项目班子项目管理思想的具体化，体现了他们准备做什么，什么时候做，由谁去做及如何做，即对未来项目管理实施行动方案的一种说明。

项目计划是用来指导组织、实施、协调和控制项目实施过程的文件，也是处理项目未来不确定性的武器，还是避免浪费，提高效率的手段。项目计划不但要确定项目实施的具体目标，还要设计实现目标的有效方案、措施和手段，还要考虑防止发生意外事件和意外事件发生时应采取的应对措施。

项目规划要考虑项目具体的方面，也要考虑项目整体；既要有具体方面的计划，也要有项目整体的计划。项目计划可以是阶段性计划，也可以是全过程计划。

为使项目管理活动富有成效地开展，项目实施计划应该尽可能地保持稳定。但是，也不可能是一成不变的。项目或项目环境总是会变化的，特别是项目固有的一次性特征，其将来进行过程中的情况不会在项目规划阶段都能准确地预见到。所以，当情况发生变化时，或者出现了新的没有预料到的情况时，就要适时地对项目计划进行调整。因此，项目规划活动往往还要在项目实施过程中反复多次地进行，不可能只在项目规划阶段进行一次就可以一劳永逸。

当然，也不能因为项目计划未来实施过程中的修订调整情况的存在，就不重视项目计划的制定，或者不愿严格地按计划去实施。

建筑施工项目管理规划因为项目进行过程方面的特点，即是从参加投标活动开始，一般包括两种：一种是投标过程中编制的建筑施工项目管理规划，用以作为投标文件的一个组成部分，供招标方评审选择；另一种是签订建设工程施工合同以后编制的建筑施工项目管理规划，用以指导自己的施工准备、开工、施工，直到交工验收的全过程的活动开展。前者侧重于满足投标竞争的需要，为签约谈判提供依据；后者侧重于实际操作，满足建筑施工项目管理和施工现场管理的需要。基于此，前者可命名为“建筑施工项目管理规划大纲”，后者可命名为“建筑施工项目管理规划”，以便于区别对待。但是这样做并不是把它们变成两张皮，即说的是一套，做的又是一套。两者应是统一的，“建筑施工项目管理规划”是对“建筑施工项目管理规划大纲”的具体细化和实施的可操作化。“建筑施工项目管理规划大纲”的主要内容会作为合同的有效组成部分，因此，在合同履行过程中承包人必然会受到合同在这方面的约束。

二、项目规划的内容和步骤

（一）项目规划的内容

建筑施工项目规划的内容类似于通常所说的施工组织设计。施工组织设计的内容一般都已约定俗成，主管部门也有相应的规定。根据建设部 1991 年第 15 号令《建设工程施工现场管理规定》，施工组织设计包括下列内容：

(1) 工程任务情况。

(2) 施工总方案、主要施工方法、工程施工进度计划、主要单位工程综合进度计划和施工力量、机具及部署。

(3) 施工组织技术措施，包括工程质量、安全防护及环境污染防护等各种措施。

(4) 施工总平面布置图。

(5) 总包和分包的分工范围及交叉施工部署等。

仅就一般的或传统的施工组织设计来说，有上述内容就已经足够了。但是为了满足建筑施工项目管理的整体需要，使项目规划工作发挥出应有的作用，特别是适应项目目标管理和控制的需求，项目规划的内容就不止是施工组织设计这一项，或者说施工组织设计的内容必须要扩展，要有更强的包容性。

相对于一般的或传统的施工组织设计，至少有以下几项需要纳入项目规划的总体范围：

(1) 资源和费用计划。

(2) 质量计划和质量保证。

(3) 风险管理规划。

(4) 沟通规划。

(5) 采购规划等。

(二) 项目规划的过程

项目规划应是一动态过程，一般可按以下步骤进行：

(1) 规划信息的收集和处理。

(2) 确定项目目标和任务。

(3) 明确实现项目目标和任务的前提和依据。

(4) 制定实现项目目标或完成项目任务的各种可行方案。

(5) 对方案进行评估。

(6) 确定方案和写出项目计划书。

项目规划应是按这些步骤循环进行的。每次这些步骤不一定个个走完，也不一定完全按上述顺序进行。

三、项目规划的技术和成果

(一) 项目规划的技术

项目经理和项目班子成员在制定项目计划时可以利用某些现成的技术方法。例如编制项目进度计划的网络计划技术和分析项目进度风险的 Monte Carlo 模拟技术。像这两种技术现在已经有比较成熟的便于操作的众多计算机软件，可供选择利用。当然，要熟练地使用，还需要花点时间来学习掌握。

可供项目规划工作运用的现代化管理方法和技术是比较多的，这取决于项目管理组织成员的技能和知识素养。项目经理虽然必须亲自或主持编制项目计划，但也要善于利用项目管理组织其他成员的知识、技能和经验，使其发挥作用。还要创造一个良好环境和气氛，使项目管理组织每一成员都能发挥自己的才能和专长。

具体的一些技术和方法将在相关章节和本套丛书的其他书里进行介绍。

（二）项目规划的成果

项目规划活动结束时至少要有两个书面成果，项目计划书和辅助资料。

1. 项目计划书

构成项目计划书的文件众多，项目计划书可以使用多种形式。项目计划书一般要包括如下方面的内容。

（1）总则

1）项目背景，工程概况的简要描述。

2）项目的目标、性质、范围。

3）项目环境的描述及与项目的关系。

4）权力、责任、义务和奖罚办法。

5）项目规格（所采用的规范、标准等）。

6）项目管理机构的简要说明。

7）项目进度的主要关键点。

8）特殊说明（当不同的文件发生矛盾时，以何为准）。

（2）项目的目标和基本原则

1）详细说明项目的总目标（技术、竞争、利润）。

2）项目管理组织。

3）与业主和监理工程师的关系。

4）与项目其他方面的关系（如设计、供应商、地方政府等）。

5）度量衡标准、语言的规定。

6）其他特殊事项的规定，如设计变更、图样修改等。

(3) 项目实施总体方案

1) 技术方案（工艺、施工方案、技术措施等）。

2) 管理方案，主要是拟采取的项目管理方法，这部分内容可以取自项目各具体领域的计划的摘要。

(4) 合同形式

(5) 进度计划

(6) 资源使用计划和项目费用估算

(7) 人员安排计划；业绩考核和评价制度

(8) 监督、控制与评价

(9) 潜在的问题

1) 项目的主要风险，包括制约因素和假设前提及各风险的应对措施。

2) 列举可能发生的意外（窝工、气候、资源短缺、扯皮、分包商破产、技术失败、事故等）。

3) 应急计划。

(10) 未解决的问题和尚不能做出的决策

以上为项目计划的基本内容，它是以后的更为详细的分类计划，如进度计划、质量和质量保证计划、资源和费用计划等的基础。以上各点可在项目各具体领域计划中说明。在项目计划中写出其摘要即可。如果情况需要，也可将项目某些具体方面的计划列入项目计划书之中。例如，在大型项目的计划书中可以列入人力资源和组织计划中的项目组织图。

2. 辅助资料

项目计划的辅助资料应当包括：

(1) 项目各具体计划未考虑的事项。

(2) 项目规划期间新增的文件或资料，例如项目规划开始时尚不知道的制约因素和假设前提。

(3) 技术文件，例如，项目业主的要求、技术要求说明书和设计文件。

项目计划的辅助资料在编排方式和顺序及保管方面，应便于在项目实施期间查阅和使用。

第二节　项目范围规划和项目分解

项目范围管理和项目分解等在建筑施工项目管理实践过程中，已经形成了一些具体的形式与做法。但是，这些实际的形式与做法往往不够系统、不成体系，有些内容不够全面和丰富。因此，本节着重解决两个问题：一般的项目管理知识体系介绍和建筑施工项目的具体形式与做法的融合问题；对现有形式与做法的丰富和完善的问题。

一、项目范围管理

项目范围管理（Construction Project Scope Management）指对项目工作范围进行的定义、计划、控制和变更等活动。

项目范围管理应以确定并完成项目目标，明确项目职责界限，保证实施过程和交付工程的完备性为目的。

项目范围管理的对象应包括为完成项目所必需的专业工作、管理工作和行政工作。

项目范围管理的过程应包括项目范围的确定、项目结构分析、项目范围控制等。

项目范围管理应作为项目管理的基础工作，并贯穿于项目的全过程。组织应确定项目范围管理的工作职责和程序，并对范围的变更进行检查、分析和处置。

二、项目范围规划

（一）项目的界定管理

1．项目的界定

项目的界定（Project Scope），简单说就是确定项目并界定项目的范围。通过项目的界定，首先要把一项任务界定为项目，然后再把项目业主的需求转化为详细的工作描述，而描述的这些工作是实现项目目标所不可缺少的。从项目管理的一般性而言，项目的界定工作是必不可少的，是项目管理的首要任务。

2．目标确定

项目目标就是实施项目所要达到的期望结果。

（1）项目目标的特点

1）多目标性　一个项目的目标往往不是单一的，而是由多目标构成的一个系统，不同目标之间有可能彼此相互冲突。

2）层次性　目标的描述需要由抽象到具体，要有一定的层次性。通常将目标系统表示为一个层次结构。它的最高层是总体目标，指明要解决的问题的总的期望结果；最下层是具体目标，指出解决问题的具体措施。上层目标一般表现为模糊的、不可控的，下层目标则表现为具体的、明确的、可测的。层次越低，目标越具体而可控。

3）优先性　由于项目是一个多目标的系统，因此，不同层次的目标，其重要性也不相同，往往被赋予不同的权重。不同的目标在项目生命周期的不同阶段，其权重也不相同。

（2）确定项目目标的过程

1）明确制定项目目标的主体　不同层次的目标其制定目标的主体也是不同的。如项目总体目标一般由项目发起人或项目提议人来确定；而项目实施中的某项工序的目标，则由相应的实施组织，甚或个人来确定。

2）描述项目目标　项目目标必须明确、具体，尽量定量描述，保证项目目标容易被沟通和理解，并使每个项目管理组织成员结合项目目标确定个人的具体目标。

项目目标的确定有一个由一般到具体逐渐细化的过程。

描述项目目标的准则有以下几个：

① 能定量描述的，不要定性描述。

② 应使每个项目组成员都明确目标。

③ 目标应是现实的，不应是理想化的。

④ 目标的描述应尽量简化。

（3）项目目标确定的结果　目标确定的结果是形成项目目标文件。项目目标文件是一种详细描述项目目标的文件，也可以用层次结构图来表示。项目目标文件通过对项目目标的详细描述，也预先设定了项目成功的标准。如项目成本目标，既是对实际成本的控制要求，又是对实际成本发生的考核标准。

3．项目范围的界定

项目范围的界定就是进一步确定成功实现项目目标所必须完成的

工作有哪些。

项目范围的界定要从三个方面来考察：

（1）项目的基本目标是什么？

（2）必须做的工作有哪些？

（3）可以省略的工作有哪些？

解决好以上三个方面的问题，就可以把有限的资源用在完成项目所必不可少的工作上，确保项目目标的实现。经过界定，去掉了不必要的工作，不但避免了资金、资源和人力的浪费，而且简化了管理，减少了干扰。

（二）项目范围规划

1. 项目范围规划的含义和依据

项目范围规划就是确定项目范围并编写说明书的过程。项目范围说明书说明了为什么要进行这个项目（或某项具体工作），明确了项目（或某项具体工作）的目标和主要可交付成果，是将来项目实施管理的重要基础。项目和子项目都要编写范围说明书。项目范围说明书也是项目承担者和任务委托者之间签订协议的基础。

编写项目范围说明书时必须了解以下情况，作为范围规划的依据。

（1）成果说明书　所谓成果，就是任务的委托者在项目结束，或者项目阶段结束时要求项目班子交出的成果。显然，对于这些要求交付的成果必须有明确的要求和说明。

（2）项目目标文件

（3）制约因素　制约因素是限制项目承担者行动的因素。如项目预算将会限制项目管理组织对项目范围、人员配置及日程安排的选择。项目管理组织必须要考虑有哪些因素会限制自己的行动。

（4）假设前提　假设是指为了制定计划而考虑假定某些因素将是真实的、符合现实的和肯定的。如决定项目开工时间的某一前期准备工作的完成时间不确定，项目管理组织将假设某一特别的日期，作为该项工作完成的时间。假设常常包含一定程度的风险。

2. 范围规划的工具和技术

进行范围规划，可以使用的工具和技术有如下几种。

(1) 成果分析　通过成果分析可以加深对项目成果的理解，确定其是否必须、是否多余及是否有价值。其中包括系统工程、价值工程和价值分析等技术。

(2) 成本效益分析

(3) 项目方案识别技术　这里的项目方案是指实现项目目标的方案。项目方案识别技术泛指提出实现项目目标的方案的所有技术。在这方面，管理学已经提出了许多现成的技术，可供识别项目方案。例如头脑风暴法和侧面思考法（为求综观问题各个方面的貌似悖理的、非常规的思考方法）。

(4) 领域专家法　可以请领域专家对各种方案进行评价。任何经过专门训练或具备专门知识的集体或个人均可视为领域专家。

(5) 项目分解结构　见下一节的介绍。

3. 范围规划的成果

范围规划结束时应当有以下成果：

(1) 范围说明书　范围说明书为将来项目实施提供了基础，随着项目的进展，需要对范围说明书进行修改和细化，以反映项目和外部环境的变化。范围说明书的内容应当包括：

1) 项目合理性说明　即解释为何要进行这一项目，为以后权衡各种利弊关系提供依据。

2) 项目成果的简要描述

3) 可交付成果清单

4) 项目目标　当项目成功地完成时，如何才能得到他人承认呢？就必须向他们表明，项目事先设立的目标均已达到。至少要让他们看到，原定的费用、进度和质量目标等均已达到。设立的目标要能够量化。目标不能量化或未量化，例如设立“让业主满意”这种目标，就要承担很大风险。

(2) 范围管理计划　该文件说明如何管理项目范围及如何将变更纳入到项目的范围之内。范围管理计划也要对项目范围的稳定性进行评价，即项目范围变化的可能性、频率和幅度。范围管理计划还应当说明如何识别范围变更及如何对其进行分类。范围管理计划是项目计划书的一部分。

（三）建筑施工项目的范围规划

1. 工程设计文件和工程量清单

建筑施工项目和一般项目比较，项目范围说明书主要体现为项目工程设计文件和工程量清单。即建筑施工项目的范围或成果的界定工作在发包之前，已经通过项目规划、勘察、设计过程，最后形成的施工图样非常明确地确定下来，即便是实施过程中出现变更等情况，也都有相应的设计文件来进行界定。除了设计文件之外，还要有根据设计文件编制的工程量清单。

工程量清单就是对合同规定要实施工程的全部项目和内容按工程部位、性质等列在一系列表中。

工程量清单的用途之一是为投标者做报价和为招标者编标底之用，为投标者提供了一个共同的竞争性投标的基础；用途之二是工程实施过程中，每月结算时可按表中序号对已实施的项目，按合同单价和有关合同条款计算应付给承建商的款项；用途之三是在工程变更增加新项目或索赔时，可以选用或者参照工程量清单中的单价来确定新项目或索赔项目的单价和价格。

工程量清单的内容主要包括清单序号，工程项目及其工程量，相应的各种表格等。

工程量清单由工程量清单序言和工程量表组成。工程量表包括：一般项目表、各单位工程工程量表、计日工表、工程量清单汇总表。

有了设计文件和工程量清单，建筑施工项目的范围和需交付成果等已经变得非常明确而具体。

2. 建设工程施工合同

承包人与发包人之间对建筑施工项目范围上的界定和认同一般是通过建设工程施工合同来进行规定的。工程设计文件和工程量清单都属于建设工程施工合同文件的组成部分。发包方按合同来检查和验收项目应实际完成的范围，承包人按合同来完成项目范围规定的工作，项目范围管理实质上被纳入到项目合同管理之中。因此，建筑施工项目的范围规划体现为项目招投标及中标谈判和合同签订的工作过程。

3. 建筑施工项目范围规划的必要性

建筑施工项目经过招投标及中标谈判过程，项目发包方和承包方对于项目的目标和需要完成的基本工作任务和性质应该已经比较明确了，并且通过建设工程施工合同加以确定下来，即项目目标和范围应该说已经确定了。

但是，经过招投标及中标谈判过程所签订的建设工程施工合同，只是解决了承包人与发包人之间在项目范围上的界定和认同。对于项目管理组织内部，及建筑施工企业和项目经理部之间，还是需要进一步地明确项目管理组织及组织内的部门和人员的目标、责任和义务，并将项目总目标分解后加以落实。即还是需要进行项目范围规划工作，需要进行项目分解工作。只不过是要在已经签订的合同的基础上来进行的。

承包人在按合同的约定实现发包方的项目目标的同时，一般还规定有自身的目标要求，项目管理组织需两方面的目标都要兼顾到。发包人的目标通过合同进行规定和约束，承包人的目标是通过企业内部的承包合同或协议来界定和约束。在项目管理组织内部，还需要通过目标分解、工作分解和责任落实，使组织内的每个人或小组与每项工作和任务都能明确地联系在一起。

所以，在经过了项目招投标、签订了项目施工合同之后，项目范围的界定和范围规划主要是为项目管理组织对项目实施进行有效控制与管理服务的。项目经理不应只是对项目的总体目标和工作边界了解清楚，还要能够进行目标细化，进行内部分工，并为各项实施专项计划的编制奠定基础。如进度计划、质量计划等，都有赖于项目范围的界定和项目分解工作的进行。

三、项目分解

1. 项目分解的含义

项目分解就是把主要的项目可交付成果分成较小的、更易管理的组成部分，直到可交付成果定义得足够详细，足以支持项目将来的活动，如计划、实施、控制，并便于制订项目各具体领域和整体的实施计划。或者可以简单地理解为：将项目划分为可管理的工作单元，以便这些工作单元的费用、时间和其他方面较项目整体容易确定。项目进行分解之后，一般还要确定各组成部分或单元的范围。

项目分解是非常重要的工作，它将在很大程度上决定项目能否成功。如果做得不好，以后就难免变更，就会打乱项目的节奏，造成返工，延误时间，挫伤人们的积极性，降低生产率，增加费用等等。

项目分解是在确定了项目的范围之后进行的，项目范围说明书是项目分解的直接依据。项目其他领域的规划结果可作为间接依据。

进行项目分解，一般要利用项目工作分解结构样板。而项目分解完成之后必须交出的成果就是项目工作分解结构。

2. 工作分解结构

工作分解结构（Work Breakdown Structure，WBS）是项目管理中的一种基本方法。WBS 起源于美国军方的武器研制工作。它主要应用于项目范围管理，是一种在项目全范围内分解和定义各层次工作包的方法。工作包（Work Package）指工作分解结构中在最低级别上的一个可交付成果。一个工作包可能被划分为若干工作任务。工作包也称为工作块。工作分解结构 WBS 是按照项目发展规律，依据一定的原则和规定，对项目进行系统化的、相互关联和协调的层次分解。结构层次越往下层，则项目组成部分的定义越详细。工作分解结构 WBS 最后成为一份层次清晰、可以具体作为项目组织实施的工作依据。

工作分解结构 WBS 是一个分级的树形结构，是一个对项目工作由粗到细的分解过程。图 4-1 所示是某项目工作分解结构及其编码示例（只有部分）。

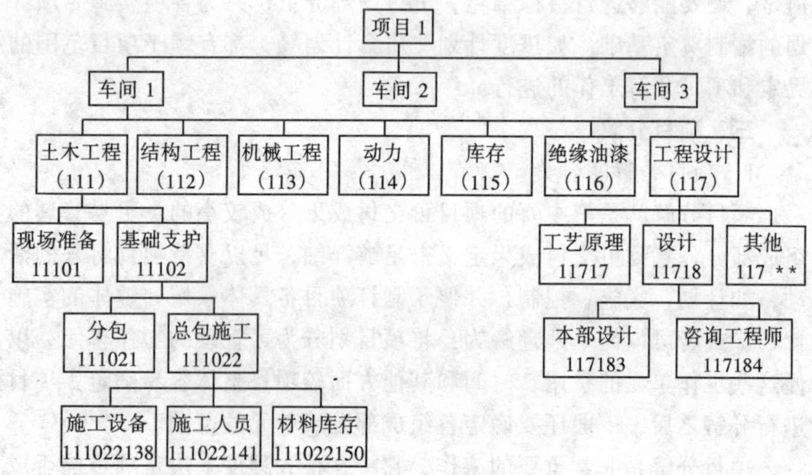

图 4-1 工作分解结构及其编码示例

工作分解结构 WBS 可以用层次结构图和锯齿列表的形式来表达。运用层次结构图的形式是把项目或其主要可交付成果各组成部分分作若干层次表示出来。不能或不需要进一部分解的基本单元在最底层，有人叫它们工作块或工作包。在制定项目计划时，又可以叫做活动或工序。

项目工作分解结构中应包含三个主要方面的信息：项目可交付成果的结构，项目的组织结构和项目的阶段划分，即过程结构。

对工作分解结构 WBS 有以下几点要求：

（1）分解后的任务应该是可管理的、可定量检查的、可分配任务的、独立的。

（2）复杂工作至少应分解成两项任务。

（3）表示出任务间的联系。

（4）不表示顺序关系。

（5）与任务描述一起进行。

（6）包括管理活动。

（7）包括次承包商（或分包商）的活动。

项目工作分解结构若编制得好，可以满足项目主管部门、项目委托人、项目经理和项目班子的多方面的项目管理需求。编制时要考虑项目的组织结构，使两者紧密结合起来，以便项目经理将各工作单元分派给项目班子成员。

3．项目工作分解结构样板

完成项目工作分解结构需要花费一定的时间。另一方面，虽然每个项目都是独一无二的，但仍有许多项目彼此之间都存在着某种程度的相似之处。因此，为了节省时间，加快进度，并且为了保证所做工作的质量，不熟悉此项工作的组织或个人可以把别的相关性强的项目的工作分解结构拿来作为样板。按照这些样板，“照葫芦画瓢”，完成本项目的工作分解结构，而不必从零开始。一个项目管理组织过去所实施的项目的工作分解结构也常常可以作为新项目的工作分解结构的样板。许多应用领域都有标准或半标准的工作分解结构作为样板，这可以大大提高具体项目的工作效率。

4．工作分解结构的主要目的和用途

项目工作分解结构的主要目的和用途是：

（1）明确和准确说明项目的范围。

（2）为各独立单元分派人员，规定这些人员的相应职责。

（3）针对各独立单元，进行时间、费用和资源需要量的估算，提高费用、时间和资源估算的准确性。

（4）为计划、预算、进度安排和费用控制奠定共同基础，确定项目进度测量和控制的基准。

（5）将项目工作与项目的费用预算及考核联系起来。

（6）便于划分和分派责任，自上而下将项目目标落实到具体的工作上，并将这些工作交给项目内外的个人或组织去完成。

（7）确定工作内容和工作顺序。

（8）估计项目整体和全过程的费用。

项目工作分解结构的主要用途可用图 4-2 表示。

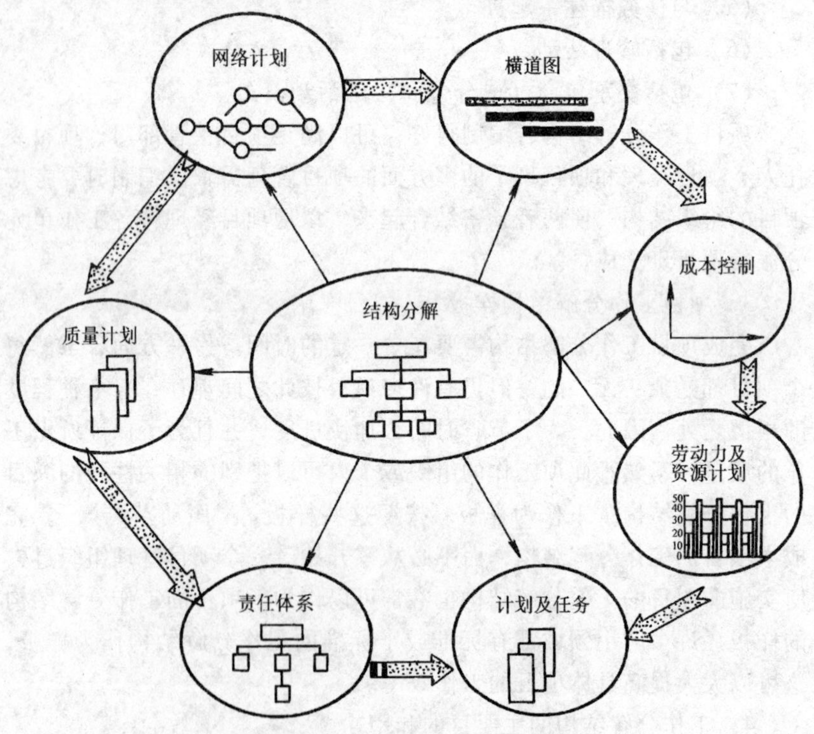

图 4-2　项目工作分解结构的主要用途

5. 项目工作分解的步骤和方法

项目工作分解有如下几个步骤:

(1) 识别项目主要组成部分，包括项目的可交付成果和项目管理本身。这一步要回答的问题是:“要实现项目的目标需要完成哪些主要工作?”

(2) 确定每一组成部分是否分解得足够详细，以便可以对它进行费用和时间估计。

(3) 如果分解得还不够细，则找出上述各组成部分更小的组成部分。这一步要回答的问题是:“要完成上述各组成部分，有哪些更具体的工作需要做?”对于这些更小的构成部分，可重复这一步骤。

(4) 确定可交付成果的构成要素。构成要素可以用有形的、可检查的结果来描述，以便据此对项目绩效进行评价。

(5) 核对分解是否正确。

6. 工作分解的内容

工作分解的内容主要包括:

(1) 工作分解结构的确定

(2) 工作范围陈述　将工作分解为相互关联的工作之后，还需要对项目各工作具体内容进行详细的描述，以便实施过程中清晰地领会各工作的内容。

(3) 历史数据　类似的历史上已实现的项目对于项目工作的确定是十分有益的，在各工作的确定和描述过程中应加以考虑。

(4) 责任分配　分解工作的过程中应该考虑具体工作的相关负责人及其参与方，明确每一方所能起到的作用。

(5) 限制条件　在项目的工作实现过程中可能遇到的一些限制条件应加以考虑。

(6) 必要的假设　项目的实施总是依赖于一定的未来环境，为了计划的目的，通常许多因素被假设为真实的、确定的。当然，假设通常涉及到一定的风险，因此在项目实施过程中有必要对风险加以识别。

7. 项目工作结构分解的注意事项

项目的工作结构分解，特别是较大项目，应该注意如下几点。

（1）确定项目工作分解结构就是将项目的可交付成果、组织和过程这三种不同结构综合为项目工作分解结构的过程。项目管理组织要善于巧妙地将项目按可交付成果的结构划分、按项目的阶段划分及按项目组织的责任划分有机地结合起来。

（2）最底层的工作包应当便于完整无缺地分派给项目内外的不同个人或组织，所以要求明确各工作包之间的界面。界面清楚有利于减少项目进展过程中的协调工作量。

（3）最底层的工作包应当非常具体，以便各工作包的承担者都能明确自己的任务、努力的目标和承担的责任。工作包划分的具体，也便于监督和业绩考核。

（4）逐层分解项目或其主要可交付成果的过程实际上也是分解角色和职责的过程。

（5）项目工作分解完成以后必须交出的成果就是项目工作分解结构。项目工作分解结构中的每一项工作，或者称为单元都要编上号码。这些号码的全体，叫做编码系统。编码系统同项目工作分解结构本身一样重要。在项目规划和以后的各阶段，项目各基本单元的查找、变更、费用计算、时间安排、资源安排、质量要求等各个方面都要参照这个编码系统。若不完整或编排得不合适，会引起很多麻烦。纠正起来，代价很高。

（6）在项目工作分解结构中，不管是哪一个层次，每一个单元都要有相应的依据（投入、输入、资源）和成果（产出、输出、产品）。某一层次单元的成果是上一层次单元的依据。

（7）依据和成果之间的具体关系是在逐层分解项目或其主要可交付成果及分派角色和职责时确定的。需要注意的是，某一层次工作所需的依据在许多情况下来自于同一层次的其他工作。由此看来，项目管理的协调工作要沿着项目工作分解结构的竖直和水平两个方向展开。

（8）对于最底层的工作包，要有全面、详细和明确的文字说明。由于项目，特别是较大的项目有许多工作包，因此，常常把所有工作包文字说明汇集在一起，编成一个项目工作分解结构词典，以便需要时查阅。

四、建筑施工项目的分解

1. 工程项目分解体系

一个工程建设项目的分解体系如图 4-3 所示。

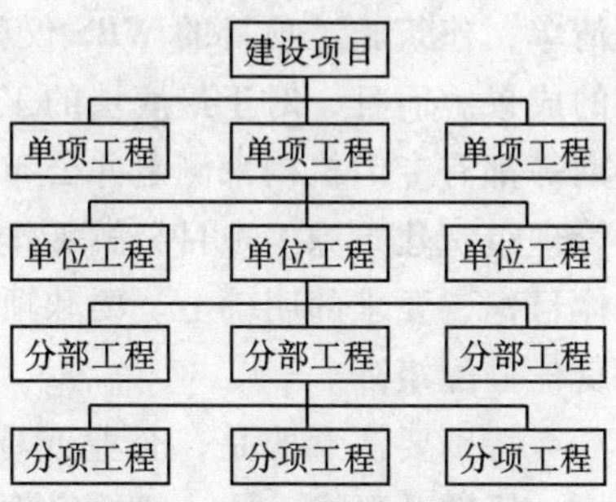

图 4-3　工程项目分解体系

根据我国的有关规定和几十年来的一贯做法，也根据工程项目建设和价格确定的需要，工程建设项目是按以下方式划分的。

（1）建设项目　建设项目是指按一个总的设计意图，由一个或几个单项工程所组成，经济上实行统一管理的建设单位。或凡是按照一个总体设计进行建设的各个单项工程总体即是一个建设项目。

（2）单项工程　单项工程是指具有独立的设计文件，可以独立施工，建成后能够独立地具有生产能力或效益的工程。单项工程是建设项目的组成部分。也可以将它理解为具有独立存在意义的工程项目。

（3）单位工程　单位工程是指具有独立设计，可以独立组织施工，但完成后不能独立产生效益的工程。是单项工程的组成部分。一般由建筑工程和设备安装工程两类组成。

（4）分部工程　分部工程是单位工程的组成部分。建筑按主要部位划分，如基础工程、墙体工程、地面与楼面工程等；设备安装工程由设备组别组成，按照工程的设备种类和型号、专业等，划分为建筑采暖工程、电气安装工程、通风与空调工程、电梯安装工程等。

（5）分项工程　分项工程就是建设项目的基本组成单元，是由专业工种完成的中间产品。它可通过较为简单的施工过程就能生产出来，可以有适当的计量单位。它是计算工料消耗、进行计划安排、统计工作、实施质量检验的基本构造因素。如内墙砌砖、墙面抹水泥砂浆等，都称作分项工程。分项工程再往下就是具体的工序。

建筑施工项目的分解模式（包括项目编码）一般是确定的，不需要再选择其他的样板。

2. 建筑施工项目分解工作的侧重点

有了上述工程项目的分解体系及由此而形成的工程量表或工程量清单，建筑施工项目的 WBS 仅就项目分解而言，已经有了非常清晰的成果。而且，对于最底层的工作包，其质量标准、定额、预算、工期等都有专门机构来测定并公布，大家都共同遵照执行。因此，项目管理组织建筑施工项目分解工作的侧重点应放在确定任务的分工和具体目标、要求的明确上。要和项目组织结构联系在一起，制定相应的责任分配矩阵。

特别要注意的是，企业或项目管理组织对于具体的工作包的目标、标准及要求，同一般的定额标准并非完全一致。如某工序的工期定额并非就是项目的计划工期，有可能要求承担该工序任务的个人或组织比正常的定额工期提前完成，并列入到计划当中。因此，项目管理组织要从项目具体实施的角度和环境、条件及要求，对项目工作进行分解及分配。

第三节　项目管理规划

项目管理规划作为指导项目管理工作的纲领性文件，应对项目管理的目标、内容、组织、资源、方法、程序和控制措施进行确定。项目管理规划分为项目管理规划大纲和项目管理实施规划。

一、项目管理规划大纲

项目管理规划大纲是由企业管理层在投标之前编制的，旨在作为投标依据、满足招标文件要求及签订合同要求的文件。

项目管理规划大纲的作用有两大方面，一是作为投标人的项目管理总体构想，指导项目投标；非经营秘密部分构成技术标书的组成部分，作为投标人响应招标文件要求，摘录其中可满足招标文件对施工组织设计的要求内容报送给招标人审查和评价。二是作为中标后详细编制可操作性的项目管理实施规划的依据，即实施规划是规划大纲的具体化和深化。

项目管理规划大纲显示投标人的技术和管理方案的可行性与先进性，以利于竞争取胜，因此要依靠企业管理层的智慧与经验，取得充分依据，发挥综合优势。

1. 项目管理规划大纲编制依据

项目管理规划大纲应由企业管理层依据下列资料编制：

(1) 招标文件及发包人对招标文件的解释。

(2) 企业管理层对招标文件的分析研究结果。

(3) 工程现场情况。

(4) 发包人提供的信息和资料。

(5) 有关市场信息。

(6) 企业法定代表人的投标决策意见。

2. 项目管理规划大纲编制内容

项目管理规划大纲应包括下列内容：

(1) 项目概况

(2) 项目实施条件分析　“项目实施条件”是指合同条件、现场条件、法规条件。

(3) 项目投标活动及签订施工合同的策略

(4) 项目管理目标　“项目管理目标”是指质量、成本、工期和安全的总目标及其所分解的子目标；是施工合同要求的目标和承包人施工经营预期目标的统一

(5) 项目组织结构

(6) 质量目标和施工方案　“施工方案”是指主要施工方法、机械设备和模具配置、施工顺序和流向、劳动组织与管理措施等。

(7) 工期目标和施工总进度计划

(8) 成本目标　是指在项目管理规划大纲中，主要是表明投标书对降低工程成本的途径和技术组织措施的分析论证情况，以技术含量和先进的措施管理支撑商务标书的竞争力。同时也隐含地指明了中标后项目实施期间成本和效益管理的方向。

(9) 项目风险预测和安全目标　是指承包人对技术风险、经济风险、社会风险等作出预测分析，制定相应的防范措施和应变方案。

(10) 项目现场管理和施工平面图　是承包人对施工现场安全、卫生、文明施工、环境保护、建设公害治理、施工用地和平面布置方案等提出的规划安排。

(11) 投标和签订施工合同

(12) 文明施工及环境保护

二、项目管理实施规划

项目管理实施规划是在开工之前由项目经理主持编制的，旨在指导施工项目实施阶段管理的文件。

项目管理实施规划必须由项目经理组织项目经理部在工程开工之前编制完成。

当承包人以编制施工组织设计代替项目管理规划时，施工组织设计应满足项目管理规划的要求。

施工组织设计是我国长期工程建设实践中形成的一项管理制度，目前仍继续贯彻执行。根据编制的阶段和深度要求，分成施工组织总设计和单位工程施工组织设计两类文件。它是施工规划而非施工项目管理规划，故要代替后者时必须根据项目管理的需要，增加相关内容，使之成为项目管理的指导性文件。

监理工程师要求审核承包人的施工项目管理实施规划（或施工组织设计文件），并检查施工准备工作，落实到位后，才能正式批准开工。

1．项目管理实施规划的编制依据

项目管理实施规划应依据下列资料编制：

(1) 项目管理规划大纲。

(2) 项目管理目标责任书。

(3) 施工合同。

项目管理实施规划应以项目管理规划大纲的总体构想和决策意图为指导，具体规定各项管理业务的目标要求、责任分工和管理方法，把履行施工合同和落实项目管理目标责任书的任务，贯穿在实施规划中，作为项目管理人员的行为指南。

2．项目管理实施规划的编制内容

项目管理实施规划应包括下列内容。

(1) 工程概况　工程概况应包括下列内容：

1) 工程特点。

2) 建设地点及环境特征。

3）施工条件。

4）项目管理特点及总体要求。

（2）施工部署　施工部署应包括下列内容：

1）项目的质量、进度、成本及安全目标。

2）拟投入的最高人数和平均人数。

3）分包计划，劳动力使用计划，材料供应计划，机械设备供应计划。

4）施工程序。

5）项目管理总体安排。

（3）施工方案　施工方案应包括下列内容：

1）施工流向和施工顺序。

2）施工阶段划分。

3）施工方法和施工机械选择。

4）安全施工设计。

5）环境保护内容及方法。

施工方案应反映工程的特殊性，并突出重点。在其中应多用图表表示。

（4）施工进度计划　施工进度计划应包括下列内容：

1）施工总进度计划。

2）单位工程施工进度计划。

单位工程施工进度计划应能体现和落实建设项目总体进度计划的目标控制要求。

应保存施工进度计划的编制依据和计算数据以备查询，满足施工中持续改进的需要。

（5）资源供应计划　资源需求计划应包括下列内容：

1）劳动力需求计划。

2）主要材料和周转材料需求计划。

3）机械设备需求计划。

4）预制品订货和需求计划。

5）大型工具、器具需求计划。

（6）施工准备工作计划　施工准备工作计划应包括下列内容：

1）施工准备工作组织及时间安排。

2）技术准备及编制质量计划。

3）施工现场准备。

4）作业队伍和管理人员准备。

5）物资准备。

6）资金准备。

（7）施工平面图　施工平面图应包括下列内容：

1）施工平面图说明。

2）施工平面图。

3）施工平面图管理规则。

施工平面图应按现行制图标准和制度要求进行绘制。

（8）技术组织措施计划　施工技术组织措施计划应包括下列内容：

1）保证进度目标的措施。

2）保证质量目标的措施。

3）保证安全目标的措施。

4）保证成本目标的措施。

5）保证季节施工的措施。

6）保护环境的措施。

7）文明施工措施。

各项措施应包括技术措施、组织措施、经济措施及合同措施。

（9）项目风险管理　项目风险管理规划应包括下列内容：

1）风险因素识别一览表。

2）风险可能出现的概率及损失值估计。

3）风险管理重点。

4）风险防范对策。

5）风险管理责任。

（10）信息管理　项目信息管理规划应包括下列内容：

1）与项目组织相适应的信息流通系统。

2）信息中心的建立规划。

3）项目管理软件的选择与使用规划。

4）信息管理实施规划。

（11）技术经济指标分析　技术经济指标的计算与分析应包括下列内容：

1）规划的指标。

2）规划指标水平高低的分析和评价。

3）实施难点的对策。

可根据施工项目的特点选定施工项目实施规划的指标，且应突出实施难点和对策，以满足分析评价和持续改进的需要。

3．项目管理实施规划的编制程序

编制项目管理实施规划应遵循下列程序：

（1）对施工合同和施工条件进行分析。

（2）对项目管理目标责任书进行分析。

（3）编写目录及框架。

（4）分工编写。

（5）汇总协调。

（6）统一审查。

（7）修改定稿。

（8）报批。

4．项目管理实施规划的管理

项目管理实施规划的管理应符合下列规定：

（1）项目管理实施规划应经会审后，由项目经理签字并报企业主管领导人审批。

（2）在开工前，应将经企业批准的项目管理实施规划报送总监理工程师审查确认。当监理机构对项目管理实施规划有异议时，经协商后可由项目经理主持修改。

（3）项目管理实施规划应按专业和子项目进行交底，落实执行责任。

（4）执行项目管理实施规划过程中应进行检查和调整。

（5）项目管理结束后，必须对项目管理实施规划的编制、执行的经验和问题进行总结分析，并归档保存。

第五章　项目控制和项目风险管理

第一节　项目控制

一、项目控制的含义

在项目施工过程中，怎样保证施工项目按计划规定的轨道运行，是施工项目控制的任务，也是施工项目经理的职责。在世界上没有不需要进行控制的施工项目，因为理想的完美无缺的计划是没有的，理想的没有干扰，而完全均衡地组织，分毫不差按计划运行也是不可能的。这是因为施工项目都是处在一个开放的动态系统中，施工环境的变化、设计或业主目标的变化、施工方案的缺陷及其他风险的出现，使原计划必须不断修改，以适应新的变化。解决施工中发现的原计划与实际差异的矛盾及新的变化带来的新的矛盾和问题，都是控制。

有人说管理就是控制，这是指广义的控制，包括提出问题，研究问题，计划、控制、监督、反馈等完善的管理全过程。施工项目控制是指在实现项目管理对象目标过程中，通过对按原计划实施活动的检查，收集到的实施信息，将它与原计划（标准）进行比较，发现偏差在允许偏差范围之外，采取措施纠正偏差，以保证按原计划正常实施的活动过程。直观地说，控制是指施控主体对受控客体（被控对象）的一种能动作用，此作用能使受控客体根据施控主体的预定目标而运动，最终实现这一目标。

根据项目控制的活动特性，项目控制也常被称为项目目标控制。项目目标控制（Object Control for Construction Project）指为实现项目管理目标而实施的收集数据，与计划目标对比分析，采取措施纠正偏差等活动，主要包括项目进度控制、项目质量控制、项目安全控制和项目成本控制。

二、施工项目控制的任务

施工项目的总任务是保证按原来预定的计划实施项目，保证项目具体目标和总目标的圆满实现。

施工阶段是建设项目管理的一个特殊阶段，对项目成败具有举足轻重的作用。这是因为：

（1）现代工程项目的特点是投资大、规模大、系统复杂、技术要求高，故计划实施的难度大。若不进行有效控制，计划很难实现，可能导致项目的失败。

（2）现代专业化任务分工使参加项目施工的单位增多。无论是总包的项目经理或专业分包项目经理，在项目施工管理中，需要各单位在时间上、空间上协调一致，才能正常顺利地按计划实施。实际上，由于各自的利益不同，各有自己的项目和工作，则会带来一些行为上的不一致、不协调或管理上的失误，因而使项目实施受到干扰，总包商对分包商必须进行严格的控制。

（3）实施中其他干扰事件容易使施工过程偏离项目目标、偏离计划，必须进行控制。施工过程中的干扰因素往往有：

1）不可抗力造成的外界环境的变化。如大洪水、恶劣的气候条件、战争等迫使施工无法进行，材料运输延误。

2）不是承包商原因造成的供应问题。如停电、停水、材料供应受阻，业主资金短缺等。

3）设计和计划的缺陷或错误。如设计频繁变更修改，使正常的施工秩序被打乱；实施计划与实施环境条件发生较大偏差，或技术工作失误。

4）项目参加者的协调不力，造成局部延误。

5）由于劳务质量或组织管理问题，生产效率不高，未达到实际的生产能力。

6）业主的目标变化或不断提出新的要求，造成对项目目标的干扰。

上述干扰事件，都会造成工程施工与目标和计划的偏离。只有严密、严格地控制，并不断调整实施过程，保持实施与目标和计划一致，或修改调整计划，确保目标实现。这说明项目控制是为项目总目标服务的。

项目目标控制的类型主要有：事前控制、事中控制、事后控制；主动控制和被动控制等。

第二节　项目控制原理

对施工项目经理来说，对施工项目的控制过程就是决策过程。为施工项目经理提供决策的依据是合同、进度计划、成本计划、质量标准等。控制应是：在施工中不断检查和监督各种计划执行情况，通过连续地报告、审查、计算比较，力争实际执行结果与控制标准之间的偏差减少到最低限度，保证项目目标的实现。

控制的全过程可从图 5-1 中看出。首先，从预测目标中建立计划或标准；其次，是把正在发生的情况与计划标准比较；再其次，分析发生偏差的原因；最后是及时采取措施，并修正计划，以满足目标要求。完成之后再开始下一个循环过程。以上四个方面缺一不可，否则项目施工有可能失去控制。

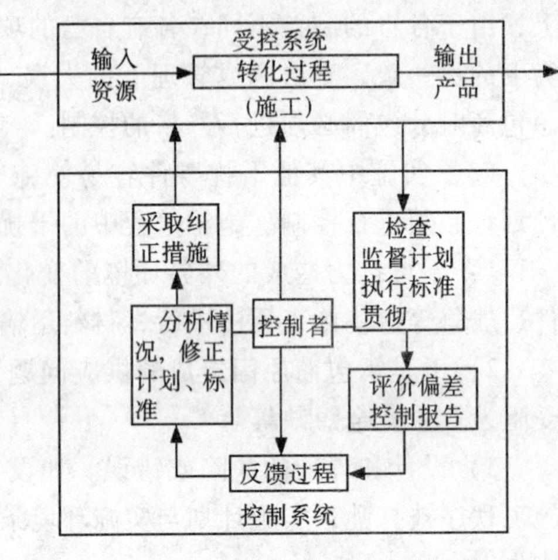

图 5-1　控制模式

当施工项目出现的偏差超过标准范围，需要纠正。纠正偏差时需要消耗一定的时间和资源。施工项目是有严格的时间和资源约束条件的，监控显得更有必要。项目经理在制定计划时，一定要注意为防止意外事情发生，必须考虑在时间上和资源上给予一定的宽限，称应急宽限，以便采取补救措施时可以利用。应急宽限的大小，应视项目的性质、条件而定。应急宽限越大，相应的费用就越多。

图 5-2 说明了监控费用和应急费用之间的关系。

事后控制的方法是在每项工作完成之后去检查，如果没有完成标准，这项工作可以返工。在这种极端情况下，应急宽限较大，是指项目在时间和资源上很宽裕，相应的应急费用较多。在这种情况下，计划和控制方案可相对粗一些，以减少这方面的费用。实际控制也可减少到最佳限度，此时的监控费用最低。这是一种不考虑应急措施，监控代价很小，一旦需要补救，往往导致项目在时间和费用上的支出超过可支付能力，代价十分昂贵。

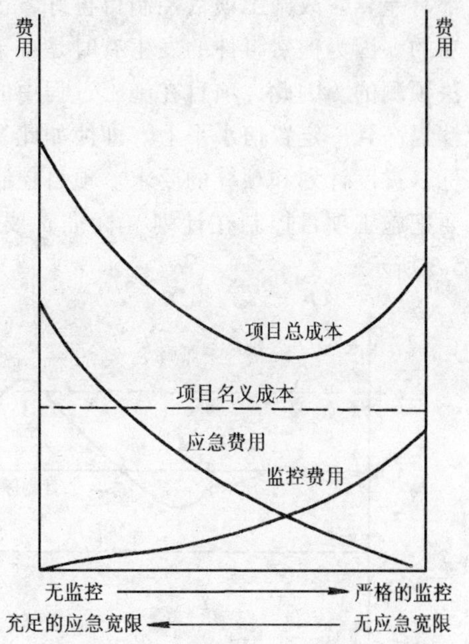

图 5-2　监控程度、监控费用和应急宽限之间的关系

连续监控方法要求监控方案制定得全面、细致、深入。计划实施过程中各种偏差几乎随时都可以发现，并及时消除。这种方法需消耗大量的人力、物力、财力，监控费用较多。因为这种方法在实际上没有使用应急宽限，应急费用可减少到最低。

如果把上述两种方法折中，可以避免出现两种代价大的极端情况，可能是最有效的。如图 5-2 中所示，监控方案的质量和应急宽限之间存在函数变化关系，必然存在一个监控与应急宽限的最佳交点，使项目施工过程中的控制费用最省。

图 5-2 中监控费用、应急费用（不可预见费）及它们的总和都是表示为在满足项目目标、进度计划和成本要求的某一个给定的置信水平上。所谓置信水平是指达到某一给定数值（或指标）的概率水平，表示满意程度的概念。从图 5-2 中可看出，采用监控和应急宽限的折中比单独采用其中一项措施的费用要省。

控制的过程是尽力减少偏差的过程，若偏差超过规定标准范围就要纠正，也是纠正偏差的过程。此过程也是动态过程，每次循环过程都有差异。故施工项目控制得再好，也不能保证项目管理就一定是成功的。因为偶然事件的发生有时是难于避免的，而人们主观上也是无法预测的。因此，项目在施工过程中的控制只能是将项目成功的可能性提高到一定置信水平上。即使如此，也不可能做到完全满足项目目标、进度计划和预算的要求。项目控制的目的，实事求是地说，就是要把施工项目控制在计划（标准）要求的允许偏差范围以内。如图 5-3 所示。

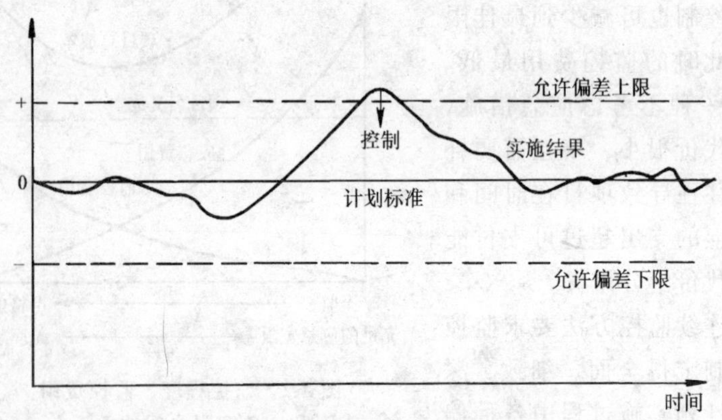

图 5-3　项目控制结果与允许偏差

控制原理适用所有的项目和项目管理。运用控制原理时，首先应认识的是对项目的控制越早，对计划（标准）的实现越有保障。项目控制贯穿于整个项目生命周期，对施工阶段控制而言，前期的设计、勘测，甚至追溯到可行性研究及决策阶段，其控制的好坏，直接影响到施工阶段控制与控制效果。其次，施工项目控制不能只看成是项目经理和控制部门的事，而应该是每一具体参与人员的责任。最后应该明确尽力提倡主动控制，即实施前或偏离前已预测到偏离的可能，主动采取措施，提早防止偏离的发生。

第三节　施工项目实施控制系统

施工项目控制是个综合的大系统，这是施工项目系统性决定的。施工项目的控制系统包括了对象系统、组织系统、目标系统、方法系统、措施系统及信息系统等。施工项目控制系统如图 5-4 所示。

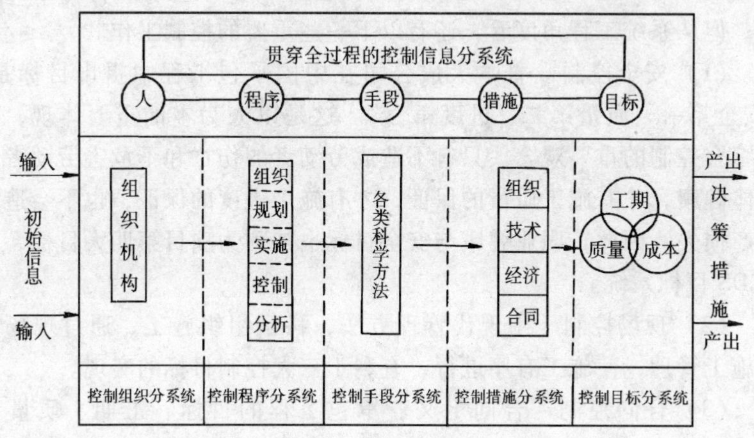

图 5-4　施工项目控制的系统模式

一、施工项目控制的对象

项目控制的对象应该涵盖影响项目目标和规划实现的所有方面和各种因素。

(1) 工程项目的各单元，直到最小的施工过程，即从宏观到微观方面都是控制对象。只有控制到最小单元才能真正控制项目的成本、工期、质量，才能真正找出偏差的原因；只有小的单元偏差得以控制，才能避免由于偏差的隐蔽而造成大的损失。

(2) 施工项目的各生产要素也是控制对象。施工项目的生产要素包括有最活跃的劳动力、技术、材料、设备、资金等。每个要素出现偏差，都直接干扰计划的实现。

(3) 施工项目管理的任务方面，如成本、质量、工期、合同等也是控制的对象。这是施工项目控制的最基本内容。

(4) 项目施工过程中的环境、秩序、安全、现场、文明施工、稳定性等也是控制对象。

二、施工项目控制的内容

施工项目控制的内容十分丰富。从前人们都把重点放在进度控制、质量控制和成本控制这三大控制上，这是由项目管理的三大目标引导出来的。应该承认，这三个控制包括了施工项目控制的主要工作。但从系统工程角度看，还有以下一些重要的控制工作。

(1) 安全控制　日本大成公司在中国承包工程中提出目标是："安全第一、质量第二、进度第三"。这是以人为本的重要体现，也是综合控制的重要观念。只有不造成劳动者的伤亡和不危害劳动者的身体健康，才有施工质量的保证，才有施工进度的保证，也不会造成财产损失。因此，职业健康与安全目标也被列为项目第四大目标，即QCDS目标系统。

(2) 现场控制　用现代管理方法，科学组织施工，通过现场文明施工管理，使施工有序进行，有利于三大控制目标的实现。

(3) 合同控制　合同定义着承包工程的目标、工期、质量和价格，它还定义着双方的权利、义务、责任和工作。合同具有综合特点，管好合同，严格履行合同，也是施工项目控制的重要内容。

(4) 风险控制　风险是影响施工项目目标实现的可能发生的事件。风险因素的存在性、发生的不确定性、后果的不确定性显示了它的存在对项目目标实现的重要意义。有害的风险是潜在的损失，有利的风险是潜在的收益。对施工项目控制而言，典型的风险事件见表5-1。

上述控制内容有各自的控制目的、目标、依据，可参见表5-2。

表 5-1　风险事件示例表

风险因素		典型风险事件
技术风险	设计	设计内容不全，缺陷设计、错误和遗漏、规范不恰当，未考虑地质条件，未考虑施工可能性等
	施工	施工工艺的落后，不合理的施工技术和方案，施工安全措施不当，应用新技术、新方案的失败，未考虑现场情况等
	其他	工艺设计未达到先进性指标，工艺流程不合理，未考虑操作安全性等

（续）

风险因素		典型风险事件
非技术风险	自然与环境	洪水、地震、火灾、台风、雷电等不可抗拒自然力及不明的水文气象条件，复杂的工程地质条件，恶劣的气候，施工对环境的影响等
	政治法律	法律及规章的变化，战争、骚乱和罢工，经济制裁或禁运等
	经济	通货膨胀、汇率的变动、市场的动荡、社会各种摊派和征费的变化等
	组织协调	业主和上级主管部门的协调，业主和设计方、施工方及监理方的协调，业主内部的组织协调等
	合同	合同条款遗漏、表达有误、合同类型选择不当、承发包模式选择不当、索赔管理不力、合同纠纷等
	人员	业主人员、设计人员、监理人员、一般工人、技术员、管理人员的素质（能力、效率、责任心、品德）
	材料	原材料、成品、半成品的供货不足或拖延，数量差错，质量规格有问题，特殊材料和新材料的使用有问题，损耗和浪费等
	设备	施工设备供应不足、类型不配套、故障、安装失误、选型不当
	资金	资金筹措方式不合理、资金不到位、资金短缺

表 5-2　施工项目控制的内容、目的、目标和依据

序号	控制内容	控制目的	控制目标	控制依据
1	进度控制	使项目施工有节奏、均衡、连续，按计划进行，按合同规定工期交付工程，防止工期延误	合同规定工期	批准的施工进度计划（网络图或横道图）
2	成本控制	实现降低成本措施，按计划成本完成工程，防止成本超支和费用增加，达到盈利目标	计划成本	各分项、分部、单位、总工程计划成本，生产要素计划成本，计划成本曲线等
3	质量控制	使分部分项工程达到质量检验评定标准的要求，保证按合同规定的数量和质量完成工程，使工程顺利通过验收，交付使用	规定的质量标准	施工图样、工程说明、规范，各种技术标准、合同
4	合同控制	严格、全面履行合同，完成自己的义务，防止违约	合同规定的义务、责任	合同范围内各种文件，相关法律、法规，合同分析资料

（续）

序号	控制内容	控制目的	控制目标	控制依据
5	安全控制	实现安全措施，保证人的行为安全、物流状态安全、环境安全，实现安全目标	管理规划规定的安全目标	建筑法、安全法规及施工企业安全管理制度
6	施工现场控制	运用现代管理方法，科学组织施工，使现场有序、安全，环境良好、文明	保障施工顺利进行	相关法规及施工现场管理规定

第四节　施工项目控制的方法和措施

一、综合控制

施工项目控制是按照系统结构分析的方法，将控制分解为若干个控制职能，但实际控制工作中它是系统的、综合的。施工项目是系统工程，各重要目标之间存在着相互依存、相互影响、相互联系的关系，所以要强调综合控制。

(1) 在发现偏差进行分析时，要综合分析工期、成本、质量、工作效率状况，并有综合评价，才能找到影响偏差的真正因素。若仅控制分析一个或两个参数，很可能造成误导，或引起不应有的损失。

(2) 在考虑调整方案时，一般要求采取综合的技术、任务、组织、管理、合同措施，对进度、成本、质量进行综合调整。

二、施工项目目标控制方法

目标控制各专业适用的控制方法见表5-3。

表5-3　适用的目标控制方法

目标控制	主要适用方法
进度控制	横道计划法、网络计划法、“S”形（或“香蕉”形）曲线法
质量控制	检查对比法、数理统计法、方针目标管理法、图表方法
成本控制	量本利法、价值工程法、偏差控制法、估算法
安全控制	树枝图法、瑟利模式法、多米诺模型法
施工现场控制	PASS方法、看板管理法、责任承担法

三、施工项目目标控制措施

施工项目的控制措施包括：合同措施、技术措施、经济措施和组织措施。

(1) 合同措施　施工项目管理中涉及到的合同有建设项目施工安装合同、主要材料及设备的供应合同、分包合同、劳务合同、内部承包合同等。控制主要目标是工程承包合同产生的，但其他各种与项目有关合同都与控制目标有着密切关系，且其他各种合同的另一方主体也负有相应的责任。合同就是“标准”，偏离任何目标就是偏离合同“标准”。一旦偏离“标准”时，无论何方原因应立即受到约束，使之恢复正常。

(2) 组织措施　项目管理中，组织制定控制目标、协调目标的实施、检查诊断出现的偏差、分析评价偏差产生的原因、对偏差采取调控措施，这些都是组织的职能运用。组织措施使不同层次管理组织在各个环节上充分发挥其能动作用。组织是控制力的源泉。具体的组织措施有：严密的责任体系、科学的管理程序、管理规章制度、各职能管理之间建立权力制衡、定期的检查和报告制度等。

(3) 技术措施　项目施工过程中，由于承包人技术上因素造成实施与计划（标准）的偏离是经常出现的。即使其他因素造成偏离，也存在施工工艺、施工技术、施工方案和施工措施的调控。

(4) 经济措施　这里说的就是节约费用的措施，是目标控制的基础。控制费用最小和调控偏离时成本最少是控制追求的目标之一。

四、项目控制需注意的事项

在实施控制的过程中，应关注以下事项。

(1) 控制过程中的调整是一个连续过程、滚动过程　一般每周末、月末或主要分部工程阶段结束，都应有相应的调整或协调会议。当遇到发生重大偏差意外情况时，必须进行特殊的调整会议。

(2) 及时认识偏差，调整偏差　建立有效的早期预警系统，可以迅速地提供信息，能早期识别偏差；原因分析、措施提出可以及时进行；加上决策的果断及时；措施应用和效果的时间确定。早发现、反应迅速、控制过程短、控制效果好、就不致造成纠正偏差难度大和损失大。

(3) 在数据比较时，要把三种数据相互比较　一是原计划的数据；二是变更了的计划数据（调控过程中的数据变更）；三是实际检查时的数据。若只注意实际与原计划比较，可能导致错误的结果。

第五节　项目风险管理

一、项目风险和风险管理

1. 项目风险

在企业经营和项目施工过程中存在大量的风险因素，如自然风险、政治风险、经济风险、技术风险、社会风险、国际风险、内部决策与管理风险等。风险具有客观存在性、不确定性、可预测性、结果双重性等特征。工程承包事业是一项风险事业，承包人和项目经理要面临一系列的风险，必须在风险面前做出决策。决策正确与否，与承包人对风险的判断和分析能力密切相关。

2. 项目风险管理的含义

项目风险管理（Project Risk Management，PRM）指对项目的风险所进行的识别、评估、响应和控制等活动。

项目风险管理是企业项目管理的一项重要管理过程，它包括对风险的预测、辨识、分析、判断、评估及采取相应的对策，如风险回避、控制、分隔、分散、转移、自留及利用等活动。这些活动对项目的成功运作至关重要，甚至会决定项目的成败。风险管理水平是衡量企业素质的重要标准，风险控制能力则是判定项目管理者生命力的重要依据。因此，项目管理者必须建立风险管理制度和方法体系。

风险管理的目标可综合归纳为：维持生存；安定局面；降低成本，提高利润；稳定收入；避免经营中断；不断发展壮大；树立信誉，扩大影响；应付特殊事故等。

风险管理的责任一般包括：确定和评估风险，识别潜在损失因素及估算损失大小；制定风险的财务对策；采取应对措施；制定保护措施，提出保护方案；落实安全措施；管理索赔；负责保险会计、分配保费、统计损失；完成有关风险管理的预算等。

企业应建立风险管理体系，明确各层次管理人员的风险管理责任，减少项目实施过程中的不确定因素对项目的影响。

二、项目风险管理的过程

项目风险管理过程应包括项目实施全过程的风险识别、风险评估、风险响应和风险控制。

1. 项目风险识别

项目管理组织应识别项目实施过程中的各种风险。项目管理组织识别项目风险应遵循下列程序：

(1) 收集与项目风险有关的信息。

(2) 确定风险因素。

(3) 编制项目风险识别报告。

2. 项目风险评估

项目风险评估应包括下列内容：

(1) 风险因素发生的概率。

(2) 风险损失量的估计。

(3) 风险等级评估。

风险因素发生的概率应利用已有数据资料和相关专业方法进行估计。

风险损失量的估计应包括下列内容：

(1) 工期损失的估计。

(2) 费用损失的估计。

(3) 对工程的质量、功能、使用效果等方面的影响。

组织应根据风险因素发生的概率和损失量，确定风险量，并进行分级。风险评估后应提出风险评估报告。

3. 项目风险响应

风险响应应确定针对项目风险的对策。常用的风险对策有风险规避、风险减轻、风险自留、风险转移及其组合策略。项目风险对策应形成文件。

4. 项目风险控制

在整个项目进程中，组织应收集和分析与项目风险相关的各种信息，获取风险信号，预测未来的风险并提出预警，纳入项目进展报告。组织应对可能出现的风险因素进行监控，根据需要制定应急计划。

第六章　项目合同管理

第一节　项目合同管理概述

施工项目的实施过程实质上就是合同履行的过程。要保证施工项目按计划，正常、高效率地实施，合同双方当事人都必须严格、认真、正确地履行合同。

项目合同管理（Project Contract Management）指对项目合同的订立、履行、变更、终止、违约、索赔、争议处理等的管理活动。

施工合同的主体是发包人和承包人，其法律行为应由法定代表人行使。建筑施工企业应建立合同管理制度，设立专门机构或人员负责合同管理工作。

在现代施工项目管理中，合同管理已越来越受到人们的重视。我国加入 WTO 之后，建筑市场的对外开放，国际上的承包公司进入中国，合同管理的地位更显得重要。合同管理的重要意义包括以下几个方面。

（1）施工项目合同管理是依法保护自身利益的重要手段　作为施工企业承包工程，本来同业主在权利与义务上是很不平等的，国际上如此，国内也如此。业主有权利的充分性，承包商有义务的充分性。实践中已经证明，业主的权利面面俱到，承包人的行为都在业主管辖之中运作；对业主的权利没有制约的力量；对承包人有充分的处罚权。而承包人的权利极其有限，最多能维系这种买卖关系，承包人的权利成立须经业主认定，合同也没有给各承包人对业主的足够有效的制约条件。在这种现实面前，施工企业只能是全面履行合同，尽力避免自己不违约；竭尽全力寻觅业主的违约，利用合同法规定的平衡上述不平等的索赔条款保护自己损失的利益和防止可能或即将发生的利益损失。

（2）双方合作管理合同，是保护双方利益和实现项目目标的基

础　建设项目的双方或多方，虽然各自的利益立场不同，但他们的共同点是实现项目。没有项目，大家不会走到一起，也没有利益所言。实现项目目标才有双方的好处，合作才是基础，都严格履行合同，才能做到这一点，才能保护双方利益。在实施中，把对方认为是自己的"敌手"，一般来说，项目是很难成功的。

(3) 严格管理合同实施，成功实现项目目标是对社会进步与经济发展的贡献　施工企业或施工项目经理应有对建筑文化作贡献的感情。合同法本身也是调整当事人与社会公共利益关系的法律。遵守法律与"感情"溶为一体，就是对社会进步和经济发展作贡献。

(4) 在合同管理实践中积累经验，培养人才，是企业长期发展中的战略财富　缺乏合同管理人才，管不好合同或不会管合同，会使企业的利益像地下水管裂缝流水一样地流失。施工企业必须十分重视合同管理人才的培养，更要注重在实践中进行培养。这些人才在日益激烈的竞争中，谁拥有，谁发展；谁缺乏，谁跨台。

承包人的合同管理应遵循下列程序：

(1) 合同评审。

(2) 合同订立。

(3) 合同实施计划编制。

(4) 合同实施控制。

(5) 合同后评价。

项目经理应按照承包人订立的施工合同认真履行所承接的任务，依照施工合同的约定行使权利、履行义务。

项目合同管理应包括相关的分包合同、买卖合同、租赁合同、借款合同等的管理。

施工合同和分包合同必须以书面形式订立。施工过程中的各种原因造成的洽商变更内容，必须以书面形式签认，并作为合同的组成部分。

第二节　项目合同评审与合同实施计划

一、项目合同评审

合同评审应在合同签订之前进行。承包人的合同评审主要是对招标文件和合同条件进行全面和深刻的理解评定，对施工合同条件是否表达明确、发包人与合同条件不一致的要求是否已经解决、承包人内部对合同的要求是否已经理解和达成共识、是否有能力全面正确履行合同等问题进行评审。

合同评审一般应包括下列内容：

（1）招标工程和合同的合法性审查。

（2）招标文件和合同条款的完备性审查。

（3）合同双方责任、权益和项目范围认定。

（4）与产品有关要求的评审。

（5）投标风险和合同风险评价。

承包人应研究合同文件和发包人所提供的信息，确保合同要求得以实现；发现问题应与发包人及时澄清，并以书面方式确定；承包人应有能力完成合同要求。

对招标文件分析研究的主要内容是：

（1）招标人或招标文件明示的或隐含的各项要求，包括合同条件中对工期、质量等方面的要求，物资供应和环境保护要求等。

（2）工程所需要的新技术、新工艺、新材料和新设备的技术供应能力。

（3）工程特点、现场条件、物资供应、地质水文条件和地理环境等现场考察和环境调查。

（4）招标文件中关于风险及其分担的原则或规定。

二、项目合同实施计划

合同实施计划应包括合同实施总体安排，分包策划及合同实施保证体系的建立等内容。

合同实施保证体系应与其他管理体系协调一致，须建立合同文件沟通方式、编码系统和文档系统。承包人应对其同时承接的合同作总体协调安排。承包人所签订的各分包合同及自行完成工作责任的分配，应能涵盖主合同的总体责任，在价格、进度、组织等方面符合要求。

合同实施计划应规定必要的合同实施工作程序。

第三节 项目合同实施控制

一、合同的履行

根据《合同法》和《建筑法》的规定，合同的履行应当注意两方面的问题，即合同履行的原则和合同履行的规则。

(1) 合同履行的原则

1) 全面履行原则。包括实际履行（标的的履行）和适当履行（按照合同约定的品种、数量、质量、价款或报酬等的履行）。

2) 诚实信用原则。诚实信用原则是指当事人在履行合同义务时，秉承诚实、守信、善意、不滥用权力或规避义务的原则。

3) 协作履行原则。协作履行原则是要求当事人本着团结协作、互相帮助的精神去完成合同的任务，履行各自应尽的义务。

4) 遵守法律、行政法规，尊重社会公德，不得扰乱社会经济秩序，不得损害社会公共利益。

(2) 合同履行的规则

1) 对约定不明条款的履行规则。

2) 价格发生变化的履行规则。

3) 合同履行担保规则。

4) 抗辩权、代位权、撤销权的规则。

就承包人而言，履行施工合同的主体是项目经理及项目经理部。项目经理部必须履行施工合同。在合同履行前，合同谈判人员应进行合同交底。合同交底应包括合同的主要内容、合同实施的主要风险、合同签订过程中的特殊问题、合同实施计划和合同实施责任分配等内容。

项目经理部履行施工合同应遵守下列规定：

(1) 必须遵守《合同法》规定的各项合同履行原则。

(2) 项目经理应负责组织施工合同的履行。

(3) 依据《合同法》规定进行合同的变更、索赔、转让和终止。

(4) 如果发生不可抗力致使合同不能履行或不能完全履行时，应及时向企业报告，并在委托权限内依法及时进行处置。

履行分包合同时，承包人应就承包项目（包括分包项目）向发包人负责，分包人就分包项目向承包人负责。由于分包人的过失给发包人造成了损失，承包人承担连带责任。

企业与项目经理部应对施工合同实行动态管理，跟踪收集、整理、分析合同履行中的信息，合理、及时地进行调整。对合同履行应进行预测，及早提出和解决影响合同履行的问题，以回避或减少风险。

进行合同跟踪和诊断应符合下列要求：

（1）全面收集并分析合同实施的信息，将合同实施情况与合同实施计划进行对比分析，找出其中的偏差。

（2）定期诊断合同履行情况，诊断内容应包括合同执行差异的原因分析、合同差异责任分析、合同实施趋向预测。应及时通报合同实施情况及存在问题，提出合同实施方面的意见和建议，并采取相应的管理措施。

项目经理部在施工合同履行期间，应注意收集、记录对方当事人违约事实的证据，作为索赔的依据。

二、合同的变更

所谓合同变更，是指合同成立以后至履行完毕之前由双方当事人依法对原合同的内容所进行的修改和补充的协议。合同变更管理应包括变更协商、变更处理程序、制定并落实变更措施、修改与变更相关的资料及结果检查等工作。

项目经理应随时注意下列情况引起的合同变更：

（1）工程量增减。

（2）质量及特性的变更。

（3）工程标高、基线、尺寸等变更。

（4）工程的删减。

（5）施工顺序的改变。

（6）永久工程的附加工作，设备、材料和服务的变更等。

合同变更应符合下列要求：

（1）合同各方提出的变更要求应由监理工程师进行审查，经监理工程师同意，由监理工程师向项目经理提出合同变更指令。

(2) 项目经理可根据接受的权利和施工合同的约定，及时向监理工程师提出变更申请，监理工程师进行审查，并将审查结果通知承包人。

三、合同的索赔

1. 索赔与反索赔

索赔是国际工程的惯例。在国际上，低报价中标、高价索赔已是国际承包商的一种经营策略。在发达国家，法制健全，商业环境好，索赔是合同执行中一项正常工作，没有人大惊小怪的。但在一些法律法制不健全的发展中国家，人为的因素多，有法不依，权大于法。因此，人们认为索赔是一种不正常行为。在这种地方搞索赔，最好把这种要求变成商务争议、技术争议或变更来解决。

索赔是合同赋予当事人的权利，是向对方追索经济损失或时间损失的法律行为。索赔是双向的，有利于双方不违约，严格履行合同。

2. 索赔要素

(1) 索赔成立的原因是业主违约和不可抗力行为　合同或惯例规定，凡是业主违约（起草合同条文缺陷，设计文件的缺陷或错误，业主不尽自己应尽的义务，监理错误指令等），承包商都有权索赔工期和费用。

不可抗力造成的索赔只能索赔工期，不能索赔费用。不可抗力成立条件是：不可预见性、不可避免性、不可克服性、履行区间性。《合同法》和惯例规定，不可抗力出现后承包商的义务是：第一，应及时通知业主或监理工程师；第二，在力所能及的条件下迅速采取措施；第三，监理工程师认为应当暂停施工的，承包人应暂停施工；第四，承包人应当在合理期限内提供证明。

(2) 索赔成功与否的依据是事实　索赔和打官司一样，要想成功，主要根据是事实。事实是：不是承包商原因而发生的干扰事件，干扰事件直接影响到工程施工，损害的程度、损害事件的证据。

索赔成功的依据是合同文件和有效力的证明事实的凭据，应适用准确，推理合理。

(3) 索赔程序　单项索赔程序简单，但必须按 FIDIC 条例或我国《建设工程施工合同示范文本》规定的程序及要求进行。

连续的干扰或多项干扰造成的索赔，推荐按框图 6-1 的模式参考运作。

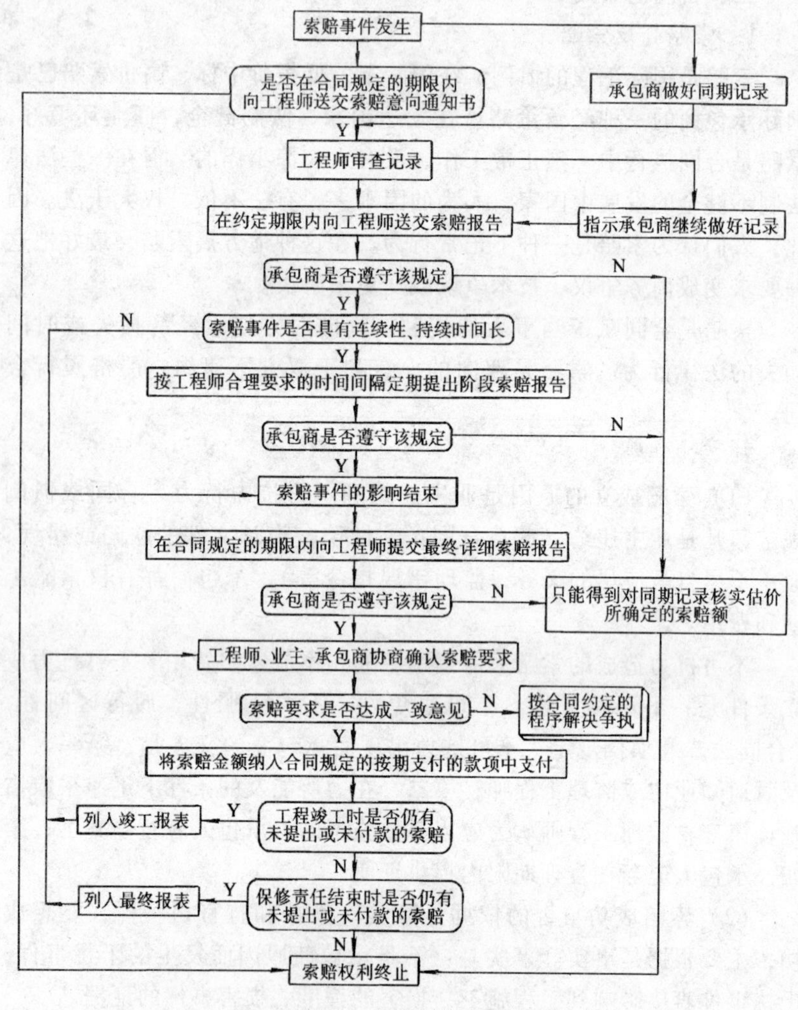

图 6-1　索赔程序框图

3. 索赔管理

承包人对发包人、分包人、供应商之间的索赔管理工作应包括下列内容。

（1）预测、寻找和发现索赔机会。

（2）收集索赔的证据和理由，调查和分析干扰事件的影响，计算索赔值。

（3）提出索赔意向和报告。

承包人对发包人、分包人、供应商之间的反索赔管理工作应包括下列内容：

（1）对收到的索赔报告进行审查分析，收集反驳理由和证据，复核索赔值，起草并提出反索赔报告。

（2）通过合同管理，防止反索赔事件的发生。

承包人应掌握索赔知识，依法进行索赔。

索赔应当按下列要求进行。

（1）有正当的索赔理由和充足的证据。

（2）按施工合同文件中有关规定办理。

（3）认真、如实、合理、正确地计算索赔的时间和费用。

施工项目索赔应具备下列理由之一。

（1）发包人违反合同给承包人造成时间、费用的损失。

（2）因工程变更（含设计变更、发包人提出的工程变更、监理工程师提出的工程变更及承包人提出并经监理工程师批准的变更）造成的时间、费用的损失。

（3）由于监理工程师对合同文件的歧义解释、技术资料不确切，或由于不可抗力导致施工条件的改变，造成了时间、费用的增加。

（4）发包人提出提前完成项目或缩短工期而造成承包人的费用增加。

（5）发包人延误支付期限造成了承包人的损失。

（6）对合同规定以外的项目进行检验，且检验合格，或非承包人的原因导致项目缺陷的修复所发生的损失或费用。

（7）非承包人的原因导致工程暂时停工。

（8）物价上涨、法规变化及其他。

四、合同的违约

合同法规定，承担违约责任按“严格责任原则”处理。所谓

“严格责任原则”，是指无论合同当事人主观上是否有过错，只要合同当事人有违约事实，特别是有违约行为并造成损失的，就要承担违约责任。

当事人违约责任包括下列情况。

(1) 当事人一方不履行合同义务或履行合同义务不符合合同约定的，应当承担继续履行、采取补救措施或者赔偿损失等责任，而不论违约方是否有过错责任。

(2) 当事人一方因不可抗力不能履行合同的，应对不可抗力的影响部分（或者全部）免除责任，但法律另有规定的除外。当事人延迟履行后发生不可抗力的，不能免除责任。不可抗力不是当然的免责条件。

(3) 当事人一方因第三方的原因造成违约的，应要求对方承担违约责任。

(4) 当事人一方违约后，对方应当采取适当措施防止损失的扩大；否则，不得就扩大的损失要求赔偿。

以上所列是常见的但又不易引起重视的违约责任的规定，分别摘自《合同法》的第107、117、121、191条的规定。

五、合同的争议

在施工合同管理中，双方在最敏感的问题上，由于利益立场不同，经常会发生争议。解决好争议的条件是：双方以实现项目总目标这一共同点作为友好合作的基础；双方合同管理能力都强。要是“秀才碰上兵，有理说不清”，就失去了解决争议的基本条件。

《合同法》第128条规定：“当事人可以通过和解或者调解解决合同争议”。和解（协商）或调解是解决合同争议的最好的途径。如果当事人不愿和解或调解，或和解、调解不成的可以申请仲裁或诉讼。双方当事人在选择仲裁或诉讼时，只能选择其中一种。《合同法》规定：“可以根据仲裁协议向仲裁机构申请仲裁”，“当事人没有订立仲裁协议或者仲裁协议无效的，可以向人民法院起诉”。

仲裁或诉讼都是需要花费人力、财力的。相对而言，除不得已或数额较大者，最好是和解或调解。

仲裁是由仲裁机关对争议进行裁决，解决合同纠纷。双方当事人若选用仲裁，应当双方自愿，达成仲裁协议。没有仲裁协议的，一方申请仲裁，仲裁委员会不予受理。仲裁协议可以在合同中约定，也可在发生争议后双方当事人协商订立。有仲裁协议的，发生争议后不应向人民法院起诉，即使一方起诉，法院也不受理。只能在仲裁协议无效时，一方当事人向法院起诉，法院才会受理。

凡申请法院解决争议的，按《民事诉讼法》规则进行。

一般情况之下，选仲裁较合适。仲裁无效或只能诉讼才能解决争议时，只好选择诉讼。两种途径相比，仲裁的好处：

（1）需要的费用比较少。

（2）需用时间和人力较少。

（3）不需用聘请律师。

（4）不用公开审理，对公司方面影响较小。

总之，仲裁或诉讼都不是解决争议的好方法，只能是解决争议的最后方法。承包商主要应靠协商方法解决争议。

第四节　项目合同终止和后评价

一、项目合同终止

1．合同终止

合同的终止，也称合同的消灭，是指合同关系不再存在，当事人之间的债权债务消灭，当事人不再受合同关系的约束。《合同法》第91条规定有下列情形之一的，合同终止。

（1）债务已按照约定履行。如建设工程施工承包合同，工程已交工验收，竣工结算，保修期完成，工程款按规定付清。该合同终止，这是正常终止。

（2）合同被解除。按《合同法》规定条件下合同被解除，合同也就终止。如施工承包合同由于不可抗力使合同无法履行，经双方协议解除合同。

（3）债务互相抵消。指在双方合同中，一方以自已的债权充抵对对方债权的清偿，而在对方债权范围内相互消灭。有法定抵消和合意抵消两种。

（4）债务人依法将标的物提存。如债权人无正当理由拒绝或者延迟受领合同的履行标的，可以提存。但不动产不允许提存。

（5）债权债务归于一人。如企业的合并、改组可能出现债权债务归于一人。

（6）债权人免除债务。

（7）法律规定或者当事人约定终止的其他情形。

2. 合同解除

合同的解除是指人为使合同不再对双方当事人具有法律约束力，使合同效力归于终止。是合同终止的一种不正常的方式。

合同解除可以是当事人协议解除，协议解除存在两种情况：一是当事人在合同中约定；二是合同履行中又在合同之外订立了解除合同约定。另外，还有法定解除，当事人依法律而解除合同。法定解除合同主要包括以下几种：

（1）因不可抗力致使不能实现合同的目标时，当事人可以解除合同。

（2）在履行期限届满之前，当事人一方明确表示或者以自己的行为表示不履行主要债务的，对方可以解除合同。

（3）当事人一方延迟履行主要债务，经催告在合理的期限内仍未履行合同的，对方可以解除合同。

（4）当事人一方延迟履行债务或者其他违法行为致使严重影响订立合同所期望的经济利益的，对方可以不经催告解除合同。

上述四种情况，是《合同法》第94条规定的。

二、项目合同后评价

合同履行结束后，合同即告终止。项目管理组织应及时进行合同后评价，总结合同签订和执行过程中的经验教训，提出总结报告。进行项目合同后评价，是为确定从投标开始直至合同终止的整个过程或达到规定目标的适宜性、充分性和有效性所进行的活动，这也是实施质量管理体系所必需的工作。

合同终止后，承包人应进行下列评价：

（1）合同订立过程情况评价。

（2）合同条款的评价。

（3）合同履行情况评价。

（4）合同管理工作评价。

合同总结报告应包括下列内容：

（1）合同签订情况评价。

（2）合同履行情况评价。

（3）合同管理工作评价。

（4）对本项目有重大影响的合同条款的评价。

（5）其他经验和教训。

第七章　项目进度管理

第一节　项目进度管理概述

一、项目进度管理的含义

项目进度管理（Project Progress Management）指为实现预定的进度目标而进行的计划、组织、指挥、协调和控制等活动。

项目进度管理应以实现施工合同约定的竣工日期为最终目标。保证按合同规定的日期交工，是实现建设投资预期的经济效益、社会效益和环境效益的需要，因此也是建筑施工企业项目进度管理的最终目标或总目标。建筑施工企业应建立项目进度管理体系，制定进度管理目标。

建筑施工企业项目进度管理的指导思想是：总体统筹规划、分布滚动实施。因此，项目进度管理总目标应进行分解。可按项目的工程系统构成、施工阶段和部位等进行总目标分解。这是制定进度计划的前提和建立过程进度控制的依据。

项目进度管理应建立以项目经理为责任主体，由子项目负责人、计划人员、调度人员、作业队长及班组长参加的项目进度控制体系。项目经理应在进度控制中通过施工部署、组织协调、生产调度和指挥、改善施工程序和方法的决策等，应用技术、经济和管理手段充分发挥责任主体的作用。

项目经理部应按下列程序进行项目进度管理。

（1）根据施工合同确定的开工日期、总工期和竣工日期确定施工进度目标，明确计划开工日期、计划总工期和计划竣工日期，并确定项目分期分批的开工、竣工日期。

（2）编制施工进度计划。施工进度计划应根据工艺关系、组织关系、搭接关系、起止时间、劳动力计划、材料计划、机械计划及其他保证性计划等因素综合确定。进行进度计划交底，落实责任。

(3) 向监理工程师提出开工申请报告，并应按监理工程师下达的开工令指定的日期开工。

(4) 实施施工进度计划。当出现进度偏差（不必要的提前或延误）时，应及时进行调整，并应不断预测未来进度状况。

(5) 全部任务完成后进行进度管理总结，编写进度管理报告，报送有关部门。

二、进度和进度指标

现代项目管理中的进度是一个综合的指标，它将施工项目任务、工期、成本、资源等有机地结合起来，能全面反映项目的施工状况。进度控制已不是仅仅指工期控制，而必须考虑把工期与劳动消耗、成本、工程实物、资源等统一起来。

进度控制的对象是工程项目的施工活动，进度是实施结果的进展情况，在施工过程中要消耗时间、劳动力、材料、成本等才能完成施工建造任务。施工进度状况，往往是通过各工程施工活动进度（完成量或百分比）由下而上逐层统计汇总计算表现出来。由此看来，进度指标的确定对进度控制有很大影响，目前用的进度指标有如下三种。

1. 持续时间

持续时间是不同工程项目进度的重要指标。现实中人们经常用实际工期与施工计划工期相比较说明进度完成状况。例如工期 10 个月，现在已进行了 6 个月，则工期已达 60%；其工作持续时间为 50 天，现已进行了 25 天，则已完成 50%。但能不能理解为施工进度已达 50%？显然不能。因为工期与进度不能定义为同一概念，即两者是不一致的。建设项目施工中，往往是开始一段工作效率很低，速度当然也慢，到中期前后投入量最大，工程速度最快，后期投入减少，速度又慢了下来。这个过程说明施工效率和施工速度不是一个直线。所以不能说工期达到了一半就表示进度也达到了一半。现实是已完成工期中经常存在着干扰事件，造成停工、窝工，因而实际工作效率可能低于计划的工作效率。

2. 按施工完成的实物数量表示

例如，混凝土工程按完成体积量计算，设备安装按完成的吨位计算，土石方工程按完成体积量计算，管道、道路按完成的长度计算等。这个指标反映分部工程所完成的进度和任务比较反映实际。

3. 用有较好的可比性指标作为统一分析尺度

较好的可比性指标如：劳动工时的消耗、成本等，这对任何工程项目都是适用的计量单位。但在施工进度控制时尚须注意以下几点。

(1) 资源投入和进度背离时会产生错误结论。例如某项工作计划需要 40 个工时，现在已用了 20 个工时，则进度已达 50%。问题是实际劳动效率和计划劳动效率完全相等吗？前例已说明，不一定。

(2) 施工中由于工程变更，实际工作量与计划工作量会不同，例如计划 60 个工时，因工程变更，施工难度增加，应该需 80 个工时。现在完成 20 个工时，进度是完成 25%，或 33%？实质上只完成了 25%。因此，正确结果只能是在计划正确，并按预定的效率施工时才能得到。

(3) 用成本反映施工进度时，如下成本是不计算的：返工、窝工、工程停工增加的成本；材料格价及工资提高而造成的成本增加；工程变更或范围的变化而使成本的增加等。

三、进度控制与工期控制

施工项目的计划工期是项目的目标之一。工期控制的目的是使实际施工活动与计划工期在时间上相一致，保证各工程施工活动按时开工，按时结束，保证项目总工期不延误。

进度控制的总目标和工期控制是相一致的，但进度控制过程中，它不仅追求时间上相一致，而且还要追求劳动效率的一致性。

上述分析表明进度与工期这两个概念既相互联系，又有区别。例如，工期作为进度的一个指标，进度控制首先表现为工期控制，有效的工期控制才能达到有效的进度控制。但不能只用工期来表达进度，那是不全面的，有可能产生误导。若施工进度施延了，最终工期目标也不能实现。在施工过程中对施工进行调整，当然也要对工期进行调整。因此，项目进度控制的主体是进行工期控制，但是工期控制并非进度控制的全部。

第二节　项目进度计划编制

一、项目进度计划编制的要求

项目经理部应依据合同文件、项目管理规划文件、资源条件与内外部约束条件编制项目进度计划。

项目经理部应提出项目控制性进度计划。控制性进度计划可包括下列种类：

(1) 整个项目的总进度计划。

(2) 分阶段进度计划。

(3) 子项目进度计划和单体进度计划。

(4) 年（季）度计划。

项目经理部应编制项目作业计划。作业计划可包括下列内容：

(1) 分部分项工程进度计划。

(2) 月（旬）作业计划。

各类进度计划应包括下列内容：

(1) 编制说明。

(2) 进度计划表。

(3) 资源需要量及供应平衡表。

编制进度计划的步骤应按下列程序：

(1) 确定进度计划的目标、性质和使用者。

(2) 进行工作分解。

(3) 收集编制依据。

(4) 确定工作的起止时间及里程碑。

(5) 处理各工作之间的搭接关系。

(6) 编制进度表。

(7) 编制进度说明书。

(8) 编制资源需要量及供应平衡表。

(9) 报有关部门批准。

二、项目进度计划编制的主要工作

项目进度计划的制定工作是在项目工作分解结构 WBS 基础上展

开的，主要包括如下几项工作。这些工作在实践中有时会重叠。

1．工作排序

工作排序的确定涉及到各工作之间相互关系的识别和说明。工作排序主要是找出各项工作之间的依赖关系。任何工作的执行必须依赖于一定工作的完成，也就是说它的执行必须在某些工作完成之后才行，这就是工作的先后依赖关系。工作的先后依赖关系有两种：一种是工作之间本身存在的、无法改变的逻辑关系，比如基础施工和上部主体结构施工的关系，只有先完成基础施工，才能进行上部主体结构施工；另一种是人为组织确定的，两项工作可先可后的组织关系，比如，谁先谁后可由管理人员根据项目情况加以确定。一般来说，工作排序的确定首先应分析确定工作之间本身存在的逻辑关系，在逻辑关系确定的基础上再加以充分分析，以确定各工作之间的组织关系。

工作排序确定的最终目的是要得到一张描述项目各工作排序的项目网络图，及工作的详细关系列表。项目网络图通常是表示项目各工作的相互关系的基本图形，它包括整个项目的详细工作流程。活动列表包括了项目各工作的详细说明，是项目工作的基本描述。

2．工作延续时间估计

工作延续时间估计是项目计划制定的一项重要的基础工作，它直接关系到各事项、各工作网络时间的计算和完成整个项目任务所需要的总时间。若工作时间估计得太短，则会在工作中造成被动紧张的局面；相反，若工作时间估计得太长，就会使整个工程的完工期延长。计划是对未来的预测，网络中所有工作的进度安排都是由工作的延续时间来推算的。因此，对延续时间的估计要做到客观正确，就要求在对工作做出时间估计时，不应受到工作重要性及工程完成期限的影响，要在考虑到各种资源、人力、物力、财力的情况下，把工作置于独立的正常状态下进行估计，要做到通盘考虑，不可顾此失彼。

3．编制进度计划

编制进度计划可使用文字说明、里程碑表、工作量表、横道计划、网络计划等方法。作业计划必须采用网络计划方法或横道计划方法。横道计划的主要优点是时间明确；网络计划的主要优点是各项目之间的关系清楚。时间坐标网络图（时标网络图）计划则是将前两种计划形式结合起来的一种计划形式，可以弥补前两种计划相比之不足。

网络计划技术在项目管理的发展中功不可没。政府、学校、学术团体、管理专家等都在大力推广。

利用网络计划技术编制施工进度计划的好处如下所述：

（1）符合招标文件范本的要求。

（2）符合 FIDIC 施工合同条件的要求。

（3）符合监理机构进度控制的要求。

（4）有利于用计算机进行全过程进度控制。

（5）逻辑关系清晰，关键线路明确。

（6）提供了计划优化和调整的模型。

（7）特别适合大型、复杂、工期长的工程进行进度控制。

（8）利用网络计划可以将进度、质量、成本、物资、现场管理等紧密结合起来。

目前应用网络计划技术的条件很充分，主要包括如下几方面：

（1）企业普遍配备了计算机设备。

（2）有许多优秀的网络计划应用软件可供选用。

（3）大多数技术管理人员具备工程网络计划技术知识和计算机知识。

（4）有了网络计划技术的国家标准和行业标准。

（5）《建设工程项目管理规范》提出了应用网络计划的要求。

（6）招标文件范本中要求编制网络计划。

（7）网络计划技术的优点具有很大的吸引力。

（8）已经积累了大量实践经验，有了一支庞大的专业队伍。

编制工程网络计划应符合国家现行标准《网络计划技术》（GB/T 13400.1～3—1992）及行业标准《工程网络计划技术规程》（JGJ/T 121—1999）的规定。根据国家标准《网络计划技术在项目计划管理中应用的一般程序》（GB/T 13400.3—1992），网络计划的应用要经过 7 个阶段，17 个步骤，见表 7-1。

表 7-1　网络计划的应用步骤

阶　段	步　骤	阶　段	步　骤
一、准备阶段	1. 确定网络计划目标 2. 调查研究 3. 施工方案设计	五、优化并确定正式网络计划	12. 优化 13. 编正式网络计划
二、绘网络图	4. 项目分解 5. 逻辑关系分析 6. 绘制网络图	六、实施、调整与控制	14. 网络计划贯彻 15. 检查和数据采集 16. 调整与控制
三、时间参数计算定关键线路	7. 计算工作持续时间 8. 计算其他时间参数 9. 确定关键线路	七、结束阶段	17. 总结与分析
四、编可行网络计划	10. 检查与调整 11. 编制可行网络计划		

劳动力、主要材料、预制件、半成品及机械设备需要量计划、资金收支预测计划，应根据项目进度计划编制。

项目经理应对项目进度计划进行审核。

第三节　项目进度计划的实施

一、项目进度计划实施的含义

经批准的进度计划，应向执行者进行交底并落实责任。最终通过施工任务书由班组实施。进度计划执行者应制定实施计划方案。在实施进度计划的过程中应进行下列工作：

(1) 跟踪检查，收集实际进度数据。

(2) 将实际数据与进度计划进行对比。

(3) 分析计划执行的情况。

(4) 对产生的进度变化，采取相应措施进行纠正或调整计划。

(5) 检查措施的落实情况。

(6) 进度计划的变更必须与有关单位和部门及时沟通。

(7) 处理进度索赔。

分包人应根据项目进度计划编制分包工程进度计划并组织实施。

项目经理部应将分包工程进度计划纳入项目进度管理范畴，并协助分包人解决项目进度实施中的相关问题。

在进度控制中，应确保资源供应计划的实现。当出现下列情况时，应采取措施处理：

(1) 当发现资源供应出现中断，供应数量不足或供应时间不能满足要求时。

(2) 由于工程变更引起资源需求的数量变更和品种变化时，应及时调整资源供应计划。

(3) 当发包人提供的资源供应进度发生变化不能满足施工进度要求时，应敦促发包人执行原计划，并对造成的工期延误及经济损失进行索赔。

二、项目进度计划的检查与调整

对进度计划进行检查与调整应依据进度计划的实施记录。

进度计划检查应按统计周期的规定进行定期检查；应根据需要进行不定期检查。

进度计划的检查应包括下列内容：

(1) 工作量的完成情况。

(2) 工作时间的执行情况。

(3) 资源使用及与进度的匹配情况。

(4) 上次检查提出问题的处理情况。

进度计划检查后应按下列内容编制进度报告：

(1) 进度执行情况的综合描述。

(2) 实际进度与计划进度的对比资料。

(3) 进度计划的实施问题及原因分析。

(4) 进度执行情况对质量、安全和成本等的影响情况。

(5) 采取的措施和对未来计划进度的预测。

(6) 计划调整意见。

进度计划的调整应包括下列内容：

(1) 工作量。

(2) 起止时间。

(3) 工作关系。

(4) 资源供应。

(5) 必要的目标调整。

调整进度计划应采用科学的调整方法，进度计划调整后应编制新的进度计划，并及时与相关单位和部门沟通。

三、实际进度与计划进度的比较方法

1. 横道图比较方法

横道图比较法是一种表示施工进度进展状况的方法，它是将项目施工过程中观测记录到的实际进度用横道线直接绘于原计划的进度上，可将实际进度与计划进度进行直观比较。表 7-2 所表示的是某项目基础工程施工的进度安排。表中粗实线表示原进度计划安排，打斜线部分表示实际进度。从表 7-2 中看到第 7 周末进行检查时，挖土 1 和混凝土 1 两项工作均已完成，即完成 100%；挖土 2 只完成了 4/6，即 67%，而按计划应完成 5/6，即 83%，说明拖期 1/6，在第 8 周有可能该项工作不能完成。通过简单直观比较，可让进度管理人员掌握到施工进度实际状况，以便分析原因，采取措施。

表 7-2 某基础工程施工实际进度与计划进度的比较

工作序号	工作名称	工作周数	进度 (周)															
			1	2	3	4	5	6	7	8	9	10	11	12	13	14	15	16
1	挖土1	2																
2	挖土2	6																
3	混凝土1	3																
4	混凝土2	3																
5	防水处理	6																
6	回填土	2																

▲ 检查日期

2. S 形曲线比较法

S 形曲线比较法与横道图比较法不同，它不是在已编制的横道进度计划上进行实际进度与计划进度比较。它是以横坐标表示进度时间，纵坐标表示累计完成的工作量，而绘制出一条按计划时间累计完成工作量的呈 S 形的曲线，是将施工中各检查时间实际完成的工作量

与S形曲线进行比较的一种方法。如图7-1所示。

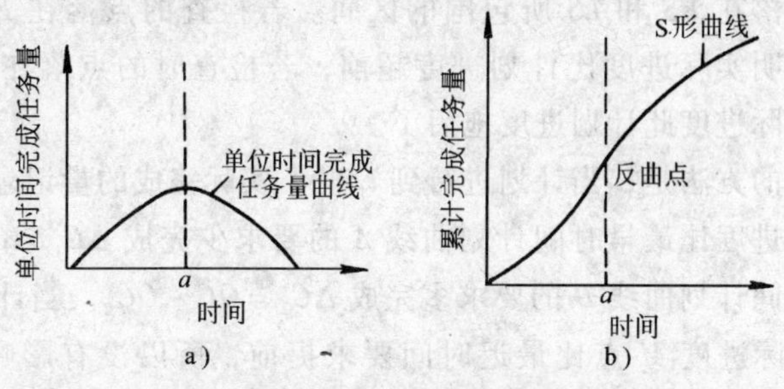

图7-1 S形曲线比较法示意图

3．“香蕉”曲线比较法

“香蕉”曲线实际上是由两条S形曲线组合而成的，图形犹如“香蕉”，故称“香蕉”曲线，图7-2所示。

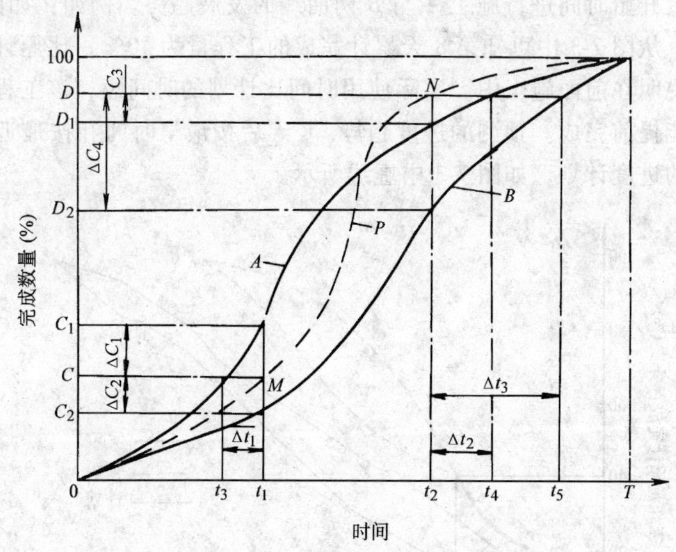

图7-2 “香蕉”曲线比较法示意图

从图7-2中可以看出，组成该“香蕉”曲线的两条曲线（图7-2中A和B）具有同一开始时间和同一结束时间，A是以各工作均按最早开始时间安排进度而绘制的S形曲线，简称ES曲线；B是以各工作最迟开始时间安排进度而绘制的S形曲线，简称LS曲线。在图7-2

中，P 线是施工实际记录的进度线。理想的状况是每次检查时实际进度的点都落在 ES 和 LS 所包围的区间。若检查的点落在 ES 曲线左侧，则说明实际进度比计划进度超前；若检查时的点落在 LS 右侧，则说明实际进度此计划进度拖后了。

检查的方法是，当计划进行到 t_1 时，实际完成的量记录在 M 点。这个施工进度比最早时间计划曲线 A 的要求少完成 $\Delta C_1 = OC_1 - OC$；比最迟时间计划曲线 B 的要求多完成 $\Delta C_2 = OC - OC_2$。当计划进行到 t_1 时，实际进度 M 点比最迟时间要求提前，所以没有影响总工期。只要控制得当，又不出现意外重大干扰事件，有可能提前 $\Delta t_1 = Ot_1 - Ot_3$ 完成全部计划。同理也可计算分析 t_2 时间施工进度状况。

上述分析已经看出，“香蕉”曲线还可以对后期工程施工进行预测。就是说在确定现实施工进度状态下，后面工程若按最早开始时间和最迟开始时间进行施工 A 与 B 两曲线的发展趋势。例如：如图 7-3 所示，从图 7-3 中可知第 8 天累计完成的工程量为 40%，比原计划超前。说明在前面施工中，实际使用时间比计划的时间短，该工程总工期可能提前完成。预测的进度趋势，8 天后按最早时间和按最迟时间安排的进度计划，如图 7-3 中虚线所示。

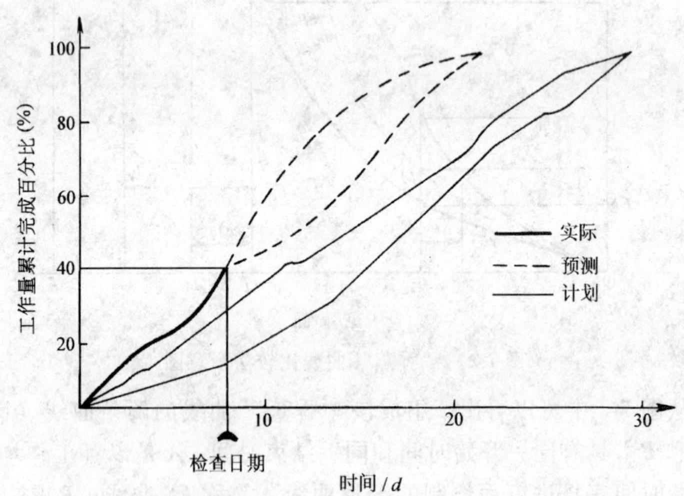

图 7-3 “香蕉”曲线预测示意图

4．实际进度前锋线比较法

（1）实际进度前锋线的概念与画法　实际进度前锋线是指计划执行的某一时刻正在进行的各工作实际进度到达点的连线。如图 7-4 中所示。

实际进度前锋线是画在时间坐标网络图上，从时间坐标轴开始，自上而下依次连接各条线路的实际进度到达点，通常形成一条折线，这条折线就是实际进度前锋线。这条折线很形象地表示出该时刻工程施工的实际进度到达的“前锋”。

（2）实际进度前锋线的画法有两种

1）按工作已完工程量标定　工作的持续时间同工作的实物工程量是正比关系，那么工作的箭标长度与实物工程量也是正比关系。当某时刻某工作的实物工程量完成几分之几时，实际进度的前锋就从箭标起点起，由左至右标到其长度的几分之几。这个实际进度点就找到了。

2）按工作尚需时间标定　有时某些工作难以用实物工作量来确定其持续时间，只好估算，如用三时估算法。当检查施工进度时，仍用三时估算法估算从现在时刻到其完成所需时间，从箭标的箭头反过来自右到左进行标定。

上述方法标定实际进度前锋位置的依据是施工日志、调度日报、项目经理或进度控制人员直接获得的现场信息。

5．用切割线进行实际进度检查比较方法

当采用无时标网络图计划时，可以采用切割线方法。这种方法是先把检查时正在进行的工作名称和已进行天数记录下来，然后列表计算有关参数，把原有总时差和尚有总时差进行比较，判断实际进度与计划进度有无差异状况的方法。如图 7-5 所示，第 10 天检查时的点划称切割线。第 10 天检查时，*D* 工作尚需 1 天完成（方括号内的数），*G* 工作尚需 8 天才能完成，*L* 工作尚需 2 天才能完成。把记录结果填入表 7-3 中，经过其他参数计算，判断实际进度情况。

判断比较会有三种情况：

（1）若工作尚有总时差与原有总时差相等，则说明该项工作的实际进度与计划进度相一致。

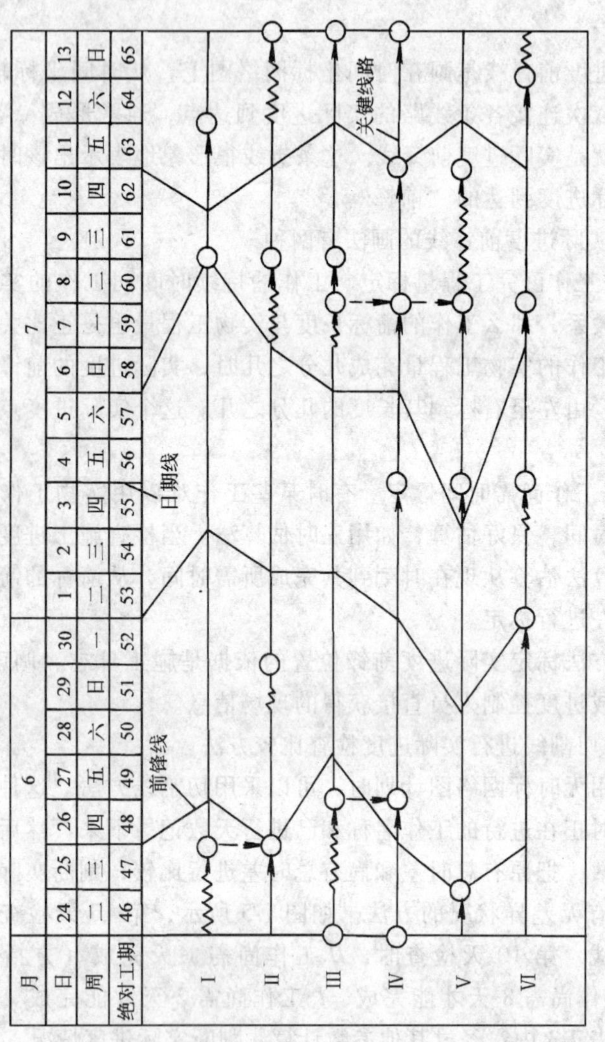

图7-4　实际进度前锋线示意图

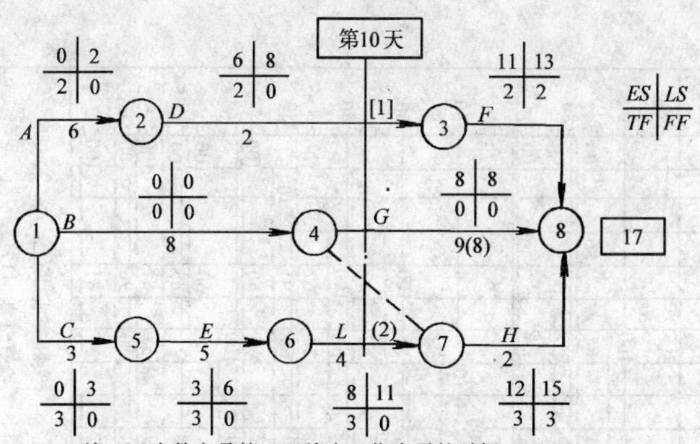

注: [ ]内数字是第10天检查工作尚需的时间

图 7-5　切割线法示意图

表 7-3　网络计划进行到第 10 天的检查结果

工作编号	工作代号	检查时尚需时间	到计划最迟完成前尚有时间	原有总时差	尚有时差	情况判断
2—3	*D*	1	13 − 10 = 3	2	3 − 1 = 2	正常
4—8	*G*	8	17 − 10 = 7	0	7 − 8 = −1	拖期 1 天
6—7	*L*	2	15 − 10 = 5	3	5 − 2 = 3	正常

（2）若工作尚有总时差小于原有总时差，但仍为正值，则说明该项工作的实际进度比计划进度拖后，产生的偏差值为二者之差，但不影响总工期。

（3）若尚有总时差为负值，则说明不正常，影响总工期，应当调整。

分析表 7-3，*D* 和 *L* 工作正常，符合第一种情况；*G* 工作拖后 1 天，影响总工期，必须调整，因为 *G* 工作是关键工作，又符合第三种情况。

四、实际进度与计划进度的比较分析

现在可以利用上面介绍的有关计划与实际进度比较方法，对施工阶段进度实施的实际状况同原施工进度计划进行比较，从中发现问题，分析影响原因，采取措施，使后续施工能按原计划轨道运行。如图 7-6 所示，为某单位工程施工阶段按横道图与“香蕉”曲线综合比较法绘制得到的 11 月检查时实际进度与计划进度的比较结果。在图

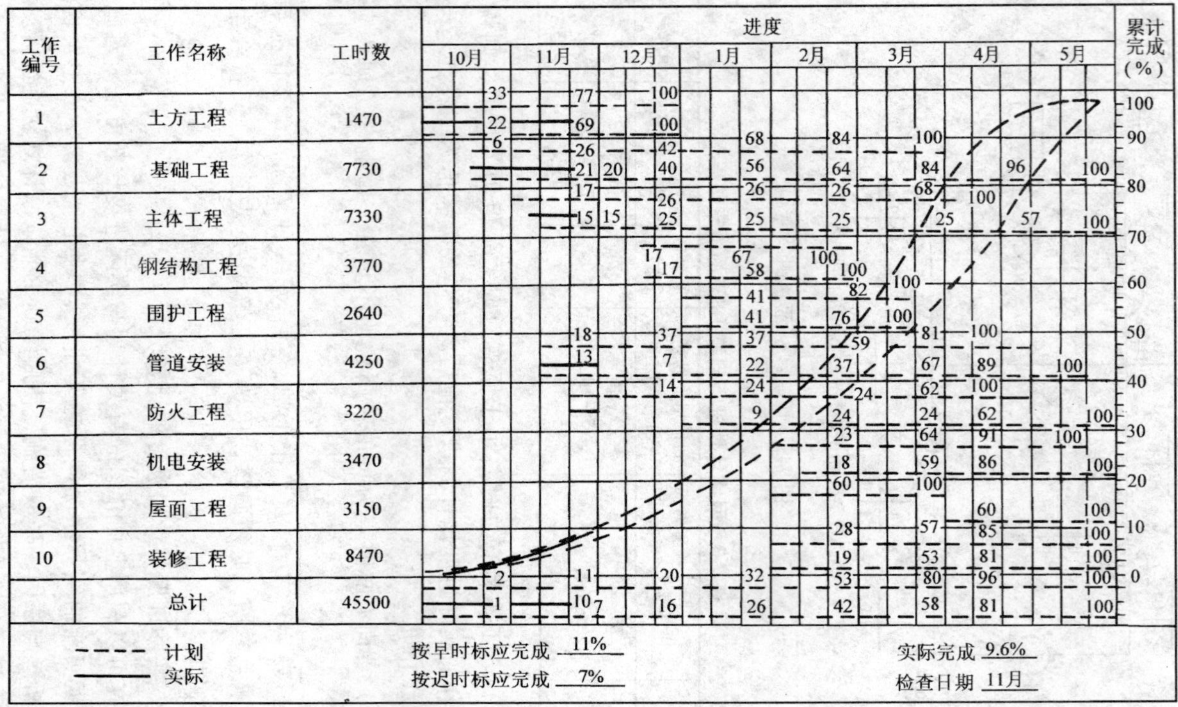

图7-6 实际进度与计划进度的比较图

7-6 中，原施工进度计划用虚线表示，实际进度用实线表示。可以发现此时实际 S 形曲线正在两条虚线包围的范围内，表明施工进展顺利，至于施工的局部工作进展状况，可以从实际横道线直接反映出来。

施工过程检查时，必须对检查结果列表报告。表 7-4，为上述检查工程施工进度报告形式（列出的只是部分分项工程的有关数据），汇总后可得到表 7-5 所示内容。利用表 7-5 中有关数据，可以绘制图 7-6 中实际进度曲线（包括横道线与 S 形曲线）。

表 7-4　某仓库工程施工进度报告

报告日期

工程名称——————　　　　项目编号——————

工作编号	工作名称	报告期工程量完成情况			实际完成百分比（%）$\frac{3}{2}$	计划总工时消耗（工时）	拥有工时消耗（工时）4×5	实际工时消耗（工时）	施工效率（%）6/7	开工时间
		单位	计划完成量	实际完成量						
		1	2	3	4	5	6	7	8	9
1	土方工程									10 月 4 日
1.1	挖方	m^3	15000	15000	100.0	490	490			
1.2	填方	m^3	28000	14000	50.0	810	405			
1.3	工地围墙	m	4800	4800	100.0	170	170			
	共计				(72.4)	1470	1065	936	114	
2.	基础工程									10 月 13 日
3.	共计				(20.8)	7730	1610	1656	97	
6.					(14.5)	7330	1065	952	112	11 月 8 日
7.					(12.9)	4250	547	512	107	11 月 15 日
					(2.5)	3220	80	72	111	11 月 24 日
	总计						4367	4128	106	

填表人——————　　　　填表日期——————

审核人——————　　　　审核日期——————

在表 7-5 中，拥有工时消耗表示的是根据目前施工速度，到报告期为止应完成的工作量，该值与实际完成的工作量的比值就是实际的施工效率。计算公式如下：

某施工过程用的工时消耗 = 计划的工时消耗 × 工程量完成的百分比　(7-1)

$$某施工过程工程 = \frac{实际完成的工程量}{计划完成的工程量} \times 100\% \tag{7-2}$$

$$施工效率 = \frac{拥有工时消耗}{实际工时消耗} \times 100\% \tag{7-3}$$

从表 7-5 中可知，土方工程施工中，施工效率 = 1065/936 × 100% =114%，说明实际施工效率比计划施工效率高 14%。而基础工程施工中，施工实际效率为 97%，比计划施工效率低 3%。

表 7-5 某仓库项目施工进度报告（汇总）

报告日期

项目名称————————　　项目编号————————

工作编号	工作名称	实际完成百分比(%)	计划工时消耗(工时)	拥有工时消耗(工时)	实际工时消耗(工时)	开始时间	结束时间
1	土方工程	72.4	1470	1065	936	10.4	
2	基础工程	20.8	7730	1610	1656	10.3	
3	主体工程	14.5	7330	1065	952	11.8	
4	钢结构工程		3770				
5	围护工程		2640				
6	管道安装	12.9	4250	547	512	11.15	
7	防火设施	2.5	3220	80	72	11.24	
8	机电安装		3470				
9	屋面工程		3150				
10	装修工程		8470				
	总计	(9.6)	45500	4367	4128	106	

填表人____________　　填表日期____________

审核人____________　　审核日期____________

五、施工阶段进度计划的调整

1. 对总工期或后续工作影响的分析

检查施工进度出现偏差时，应认真分析这种偏差对工期或后续工作产生的影响，影响程度大小取决于偏差的大小及偏差所处的位置。分析步骤如下所述：

(1) 判断进度偏差是否处于关键线路上。只要偏差出在关键线路上，无论偏差大小，势必对总工期和后续工作产生影响，必须采取相应措施进行调整。

(2) 进度偏差不是出在关键线路上，要判断进度偏差是否大于总时差。若偏差大于该线路上最高总时差，必然影响总工期和后续工作；若偏差小于或等于该线路上的最高总时差，则说明此偏差不会影响总工期，但对后续工作是否产生影响，那要看偏差值与自由时差的比较。

（3）判断进度偏差是否大于自由时差。若进度偏差大于该工作的自由时差，表明它对后续工作必然会产生影响，需作适当调整；反之，不会产生影响，原计划可不作调整。

2．对施工中进度计划调整的方法。

（1）改变工作间的逻辑关系　一般只能调整组织逻辑关系，不宜调整工艺逻辑关系，除非是原计划有错误，才可能对工艺逻辑关系进行调整，才能缩短工期。这种方法适用于对原计划进行检查时，发现逻辑关系处理不够合理，或实现条件不充分，甚至有错误。

例如，某基础工程采用分别施工方式，计划的网络关系如图 7-7 所示。若对它进行调整，可将该基础工程各施工过程划分三个施工段，各施工过程安排不同班组进行施工，各时间参数见表 7-6，调整后编制的网络图如 7-8 所示。该基础工程的总工期从 61 天缩短到 42 天。

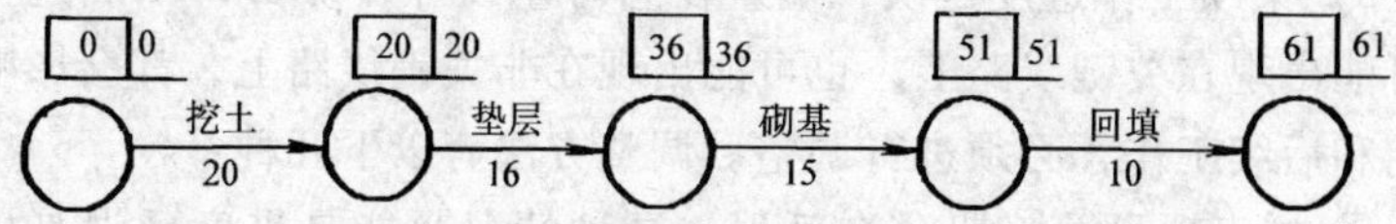

图 7-7　某基础工程的网络图

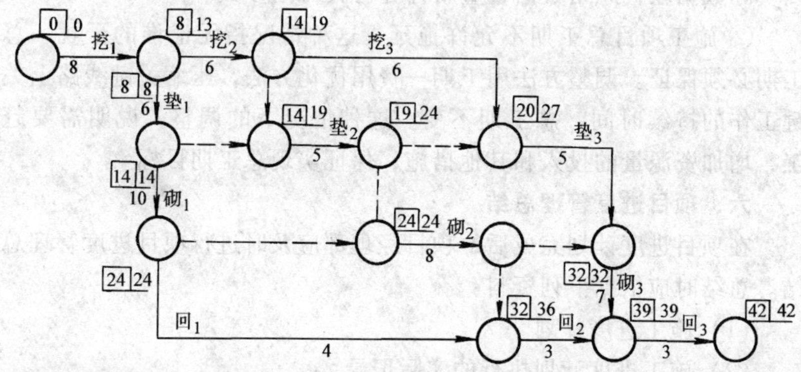

图 7-8　改变工作逻辑关系后的网络图

表 7-6 持续时间表

施工段 / 工作内容	一	二	三
挖土	8	6	6
垫层	6	5	5
砌基	10	8	7
回填	4	3	3

（2）子项目持续时间调整　施工过程中检查时出现进度偏差，要着眼于对关键线路上各工作持续时间的调整，一般情况下工作之间逻辑关系并不发生变化。

1）某项工作进度延误，偏差在总时差范围内，自由时差以外，即 $FF<\Delta<TF$，对后续工作有影响。在分析制定调整方案时，对有影响的后续工作进行分析，若允许延误，把后续工作的最早开工时间调整到检查发现偏差的时间，工作的持续时间不调整。若不允许延误，就要调整后续工作的持续时间，以满足总工期的要求。

2）某项工作进度延误，偏差在总时差以外，即 $\Delta>TF$。这种偏差可能出现在关键线路上，也可能出现在非关键线路上，都会影响总工期和后续工作，必须进行调整。调整方法有以下几种：

① 施工项目总工期允许延误。这种情况只能是进度延误是由于业主原因或不可抗力原因造成，工期可以顺延。这种情况的调整只要以实际数据取代原始数据，重新计算有关时间参数。

② 施工项目总工期不允许拖延。这种情况指无论谁的干扰，总工期必须保证。调整方法用工期一费用优化方法，压缩关键线路上关键工作的持续时间，总工期不变。这种情况下的调整，说明需要赶工，增加资源量的投入和其他措施，保证实现总工期目标。

六、项目进度管理总结

在项目进度计划完成后，项目经理部应及时进行项目进度管理总结。总结时应依据下列资料：

（1）施工进度计划。

（2）施工进度计划执行的实际记录。

（3）施工进度计划检查结果。

（4）施工进度计划的调整资料。

项目进度管理总结应包括下列内容：

（1）合同工期目标及计划工期目标完成情况。

（2）施工进度控制经验。

（3）施工进度控制中存在的问题及分析。

（4）科学的施工进度计划方法的应用情况。

（5）施工进度控制管理的改进意见。

第八章　项目质量管理

第一节　项目质量管理概述

一、项目质量和质量的特点

1. 建设工程项目质量的概念

质量一般可定义为："产品、过程或服务满足规格或潜在要求（或需求）的特征和特性的总和"。建设工程项目质量是建设过程所形成的工程项目，应满足用户进行生产、生活所需的功能和使用价值，符合设计要求和合同规定的质量标准。

建设工程项目质量内涵应包括三个方面的质量。

（1）建设工程项目的实体质量　建设工程项目的实体质量应包含建筑工程施工质量、设备安装工程质量、设备本身质量。按工程项目组成单元看，建筑工程施工质量包含了工序质量、分项工程质量、分部工程质量、单位工程质量、单项工程质量等。其中工序质量是工程项目质量的基础。

工序质量是指工序能够稳定地生产合格产品的能力。

（2）工程项目功能和使用价值质量　由于工程项目的性质不同，业务的需求也存在不同水准，功能和使用价值质量，没有固定或统一标准。应体现在如下几方面：

1）生产项目投产后，体现在所生产的产品质量、该工程的可用性、使用效果和产生效益、运行的安全度和稳定性。

2）工程项目结构设计和施工的安全性和可靠性。

3）建设施工中所使用的材料、设备、工艺的质量及它们对项目的耐久性和寿命的影响。

4）工程项目的外观造型、与环境的协调、项目运行费用的高低、项目的可检查性、项目的可维护性等。

（3）工作质量　工作质量是指参与工程项目建设者，为保证工程项目的质量所从事工作的水平及完善程度。它包括了社会工作质量和工程项目生产过程中的工作质量。

2．工程项目的质量特点

（1）工程项目质量形成过程

1）工程项目可行性研究质量　可行性研究的质量直接影响决策质量和设计质量，因为它是确定质量目标的依据。

2）工程项目决策的决策质量　决策阶段不仅决定项目做还是不做，如果做，还要决定项目应达到的质量目标和水平，体现“做什么”。

3）项目设计阶段的质量　设计阶段是要通过设计把决策的项目质量目标和水平具体化，是要解决如何做的问题。没有高质量的设计，不可能有高质量的工程。

4）项目施工阶段的质量　建筑施工生产形成实体质量，它体现按设计图样的要求把建筑实物产品“做出来”。此阶段业主十分关注施工过程的质量控制。施工质量是建筑施工企业和施工项目监理部的控制重点。

5）竣工验收的质量　包括了施工中的中间验收和竣工后的最后验收。验收是要检查评定施工项目质量能否达到设计和合同规定的质量要求。马虎验收或不经过验收是无法保证项目质量的。

6）使用阶段的质量　用户在使用阶段要按照施工企业关于项目的使用说明运作，不能随意拆改。

（2）工程质量的影响因素　实际统计资料表明，质量问题的主体原因及比重如下所示：

设计的问题：40.1%

施工责任：29.3%

材料问题：14.5%

使用责任：9.0%

其他：7.1%

影响项目施工质量因素还应具体细分，只有细分，才能实施有效控制。

(3) 工程项目的质量特点　项目是一次性的，项目的质量管理与企业的生产管理有很大的区别。因此工程项目的质量管理十分艰难，尽管人们都在努力，但漏洞仍然很多，效果不好。这不能说不与工程项目质量特点有关。

1）影响工程项目质量的因素多　上面介绍的工程项目质量形成过程及影响质量的主体原因已经说明了这个特点，施工阶段影响实体质量的因素更具体、更多。例如，施工各种要素包括，地质、地形、水文、气象等自然条件，施工方案、施工工艺、操作方法、技术措施、管理方案等施工主体的主观条件，政府、监督机关、银行等社会条件，都是直接或间接影响工程质量的因素。

2）施工过程中容易产生质量波动　由于建筑产品的固定性和生产的单件性，不可能像工业生产那样成批量生产，也不存在生产流水线，生产环境也不稳定，故容易产生质量波动。正常波动是在允许偏差之内，异常波动出现在允许偏差之外。

3）施工过程中容易产生系统因素变异　由于影响建筑产品质量的因素较多，无论何种因素干扰的影响，均会引起系统因素的质量变异，造成工程项目的质量事故。

4）容易产生第二判断错误　建筑产品施工生产工序交接多、中间产品多、隐蔽工程多，因此应注重施工过程中的检查验收。若事后只检查表面，容易产生第二判断错误。一是中间合格，表面不合格，判断不合格，损失是承包商的；二是中间不合格，表面合格，判断合格，损失是用户。

5）建筑产品质量检查不能解体和拆卸　建筑产品的固定性和体积庞大决定了它不能解体和拆卸检查。有质量缺陷不能“包换”、“退款”，只能修补和加固。

二、项目质量管理

项目质量管理（Project Quality Management）指为确保工程项目的固有特性达到满足要求的程度而进行的计划、组织、指挥、协调和控制等活动。

建筑施工企业应遵照《建设工程质量管理条例》和《质量管理体系》（GB/T 19000—2000）族标准的要求，建立质量管理体系。在各层次设立专职管理部门或专职人员。项目的质量管理必须按照企业所建立的质量管理体系的要求进行。

项目质量管理应坚持预防为主的原则，按照计划、执行、检查、处理的循环原理，持续改进，为项目增值服务。

项目质量管理应满足工程施工技术标准和发包人的要求。发包人的要求主要体现在合同中，但也有隐含的要求，承包人也应满足。

项目管理组织应通过对人员、机具、设备、材料、方法、环境等要素的质量管理，实现过程和产品的质量目标。

项目质量管理必须实行样板制。施工过程均应按要求进行自检、互检和交接检。隐蔽工程、指定部位和分项工程未经检验或已经检验定为不合格的，严禁转入下道工序。

项目经理部应建立项目质量责任制和考核评价办法。项目经理应对项目质量管理目标负责。过程质量控制应由每一道工序和岗位的责任人负责。

分项工程完成后，必须经监理工程师检验和认可。

承包人应对项目质量和质量保修工作向发包人负责。分包工程的质量应由分包人向承包人负责。承包人应对分包人的工程质量向发包人承担连带责任。分包人应接受承包人的质量管理。

项目质量管理应按下列程序实施：

（1）进行质量规划，确定质量目标。

（2）编制质量计划。

（3）实施质量计划。

（4）总结项目质量管理工作，提出持续改进的要求。

第二节　项目质量计划

项目管理组织应进行质量规划，制定质量目标，规定实施项目质量管理体系的过程和资源，编制针对项目质量的文件。该文件可称为质量计划。

项目质量计划是指确定项目应达到的质量标准和如何达到这些质量标准的工作计划与安排。项目质量管理的基本原则之一是：施工项目质量是通过质量计划的实施所开展的质量保证活动达到的，而不是通过事后的质量检查得到的。项目质量管理是从对项目质量计划安排开始的，是通过对项目质量计划的实施实现的。

为确保项目达到有关质量标准而制定计划，及项目质量系统内系统地加以实施的所有活动，称质量保证。质量保证实质上是对质量规划和质量控制过程的控制。质量保证是所有计划和项目工作实施达到质量管理计划要求的基础。

项目的质量保证在实际工作中体现为质量保证体系的建立和运行。为了达到项目的质量目标，必须制定整个项目实施的质量保证体系，并在项目实施过程中按照质量保证体系进行全面控制。

项目质量计划的编制应符合下列规定：

（1）应由项目经理主持编制项目质量计划。

（2）质量计划应体现从工序、分项工程、分部工程到单位工程的过程控制，且应体现从资源投入到完成工程质量最终检验和试验的全过程控制。

（3）质量计划应成为对外质量保证和对内质量控制的依据。

项目质量计划的编制应依据下列资料：

（1）合同中有关产品的质量要求。

（2）与产品有关的其他要求。

（3）质量管理体系文件。

（4）组织针对项目的其他要求。

项目质量计划应确定下列内容：

（1）质量目标和要求。

（2）质量管理组织和职责。

（3）所需的过程、文件和资源的需求。

（4）产品所要求的验证、确认、监视、检验和试验活动及接收准则。

（5）确定关键工序和特殊过程及作业的指导书。

（6）必要的记录。

（7）所采取的措施。

（8）更改和完善质量计划的程序。

项目质量计划的编制还应处理好与其他项目计划之间的关系，如质量与进度、成本之间的关系，及各计划之间的相互协调。

项目质量计划应由项目经理部编制后，报组织批准，质量计划如需修改，也按相同程序办理。

第三节　项目质量控制

一、项目的质量控制与处置

项目管理组织应依据质量计划的要求，运用动态控制原理进行项目的质量控制，并应建立有关纠正和预防措施的程序，对于不合格进行控制。

1. 项目质量控制程序

项目质量控制程序如图8-1所示。从图8-1中可以看到它的轨迹就是不断地检查，不合格必须重做，或返工，或修补，直到合格。沿上述轨迹检查控制，一是施工单位的直接控制；二是监理和监督单位的间接控制。

2. 项目质量控制方法

项目质量控制方法如图8-2所示。

3. 建立质量体系为质量控制提供组织保证

进行质量控制必须按《质量管理体系》（GB/T 19000—2000）族标准建立质量体系，为有效的质量控制提供组织保证。质量体系是指为实施质量管理的组织结构、职责、程序、过程和资源，如图8-3所示。质量体系对内实施质量管理与控制，对外实施外部质量保证。质量体系的作用在于通过质量策划、质量控制、质

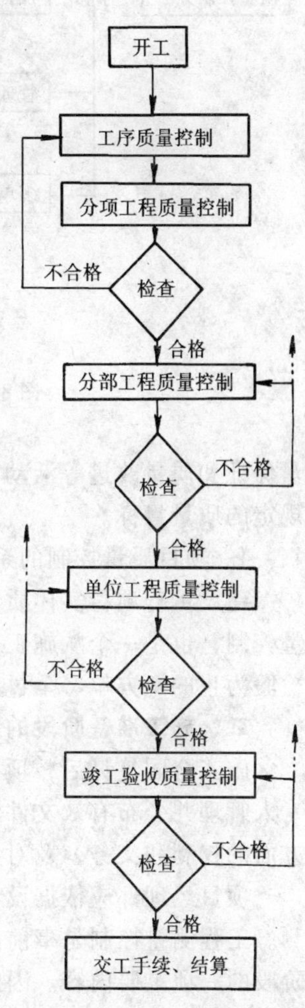

图8-1　项目质量控制程序

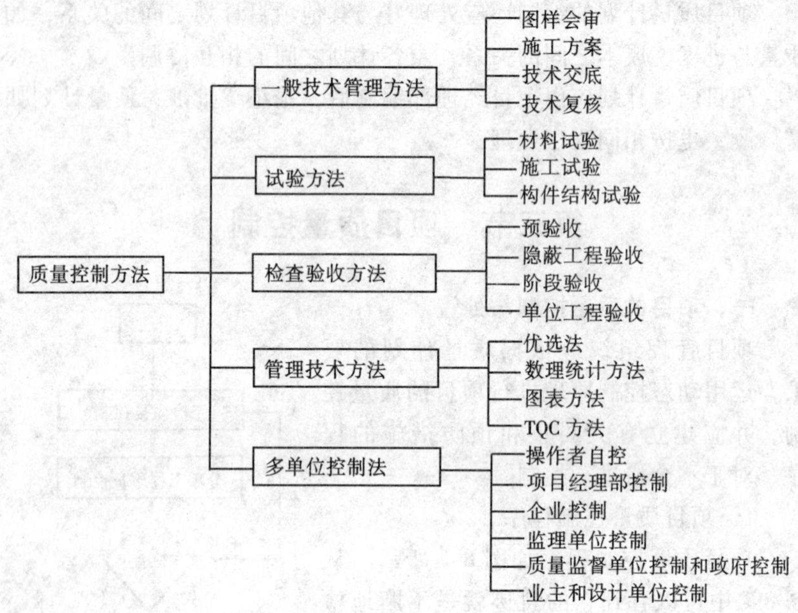

图 8-2　质量控制方法系统图

量保证和质量改进等活动，实施质量管理职能，实现质量方针和合同规定的质量目标。

4. 项目质量控制的系统过程

建设工程项目实体质量的形成是个系统的过程。所以，项目的质量控制，也是一个从施工准备工作质量控制开始，直到完成项目质量检验为止的全方位、全过程的系统控制过程。如图 8-4 所示。

二、施工准备阶段的质量控制

施工合同签订后，项目经理部应索取设计图样和技术资料，指定专人管理并公布有效文件清单。施工合同中规定了承包人在质量控制方面的权利和义务，及对发包人做出的质量承诺。

项目经理部应依据设计文件和设计技术交底的工程控制点进行复测。工程测量控制是事前质量控制的一项基础工作，它也是施工准备阶段的一项重要内容。因此要做好基准点、基准线、标高、施工测量控制网复核、复测工作并记录下来。复核、复测中发现问题应及时与

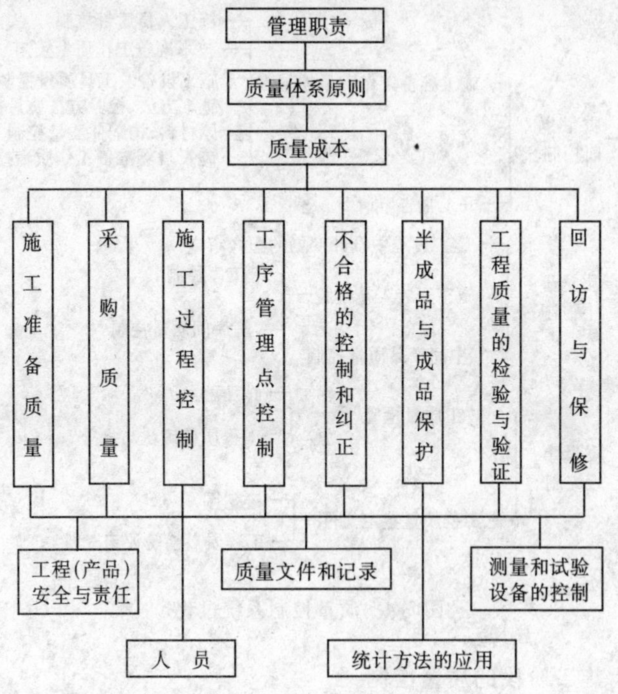

图 8-3　质量体系要素图

设计人协商处理，并应形成记录。

设计图样是施工单位进行质量控制的重要依据。为了在施工前能发现和减少图样的差错，及对图样审读的偏差，项目技术负责人应主持对图样的审核，并应形成会审记录。

为使分包工程和采购工作处于受控状态并有计划地进行，项目经理应按质量计划中工程分包和物资采购的规定，选择并评价分包人和供应人，并应保存评价记录。

人员素质对质量管理体系的有效运行起着极其重要的作用。企业应对全体施工人员进行质量知识培训，并应保存培训记录。项目经理部应制定各类人员的培训计划，加强质量知识、专业知识、管理知识和技能的教育和培训。

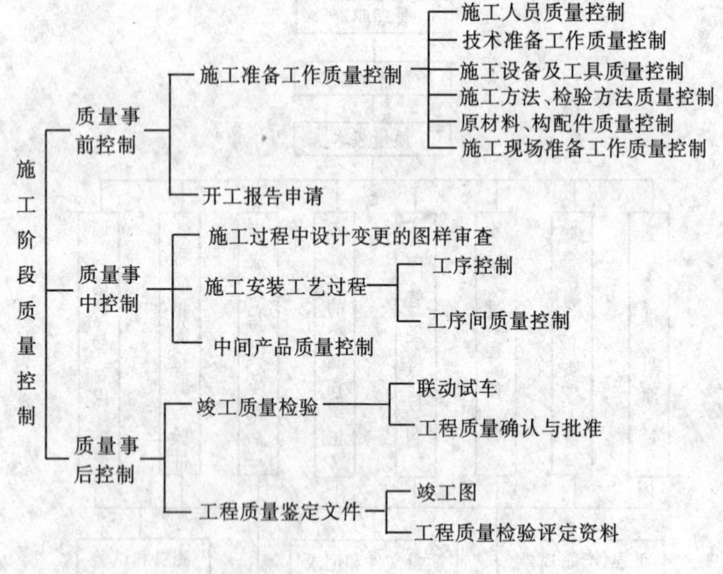

图 8-4　质量控制系统过程

三、施工阶段的质量控制

1．技术交底

施工技术交底必须在图样会审基础上，在单位工程、分部工程和分项工程施工前进行。技术交底应符合下列规定：

（1）单位工程、分部工程和分项工程开工前，项目技术负责人应向承担施工的负责人或分包人进行书面技术交底。技术交底资料应办理签字手续并归档。

（2）在施工过程中，项目技术负责人对发包人或监理工程师提出的有关施工方案、技术措施及设计变更的要求，应在执行前向执行人员进行书面技术交底。

2．工程测量

工程测量质量的好坏制约着施工过程中有关工序的质量。测量点的复测是保证工程质量的重要监控手段。工程测量应符合下列规定：

（1）在项目开工前应编制测量控制方案，经项目技术负责人批准后方可实施，测量记录应归档保存。

（2）在施工过程中应对测量点线妥善保护，严禁擅自移动。

3．材料质量控制

材料控制是提高工程质量的重要保证，创造正常施工的条件，也是实现造价控制和进度控制的前提。材料的质量控制应符合下列规定。

（1）采购材料的质量取决于供应人的质量保证能力及产品的质量标准。项目经理部应在质量计划确定的合格材料供应人名录中按计划招标采购材料、半成品和构配件。

（2）材料的搬运和储存应按搬运储存规定进行，并应建立台账。

（3）项目经理部应对材料、半成品、构配件进行标识，并应标明其来源、加工过程、安装交付后的分布和场所。

（4）未经检验和已经检验为不合格的材料、半成品、构配件和工程设备等，不得投入使用。

（5）对发包人提供的材料、半成品、构配件、工程设备和检验设备等，必须按规定进行检验和验收。承包人的验证不能因此免除发包人的责任，发包人应对其提供的上述产品的质量负责。

（6）监理工程师应对承包人自行采购的物资进行验证。承包人应加强对材料质量的检查验收，严把材料质量关。材料质量抽样和检验的方法，应符合现行《建筑材料质量标准与管理规程》的要求。不能因为监理工程师对承包人采购物资的验证，而免除承包人的责任。

4．机械设备质量控制

机械设备的质量控制应符合下列规定。

（1）在施工准备阶段应根据项目特点及工程量，编制机械设备进场计划。按必要性、可能性和经济性的原则对施工机械设备的采购、租赁或调配进行选择。

（2）根据施工现场条件、结构模式、机械设备性能、施工工艺和方法、施工组织与管理、技术经济等因素，使现场的施工机械合理配备、配套使用，以充分发挥机械的效能，获得较好的经济效益，满足施工的需要。

（3）应对机械设备操作人员的资格进行确认，无证或资格不符合者，严禁上岗。机械设备操作人员应合理使用机械设备，正确进行操作，对机械设备经常进行检查、保养，保证设备运转灵活。

5. 工程计量质量控制

应制定计量器具的使用、保管、维修和检验等规定，工程计量人员应严格按此规定执行，以确保产品所必需的计量器具符合规定要求。

6. 工序质量控制

工序质量是基础，它直接影响施工项目的整体质量。要控制项目施工过程的质量，首先必须控制工序的质量。

工序质量包含的内容是：工序活动条件的质量和工序活动效果的质量。从质量控制的角度看，工序活动条件的质量是基础，是保证；工序活动效果的质量是工序活动的实体质量。从质量控制的重点看，应对每道工序的投入品（即人、设备、材料、方法和环境的质量）的质量控制到位，工序活动效果的质量才容易达到有关质量的标准。

工序控制应符合下列规定。

（1）严格遵守工序施工的工艺规程。任何施工操作人员，必须熟悉本工种的施工工艺和操作规程，并严格认真按施工工艺和操作规程进行施工，不得违犯。施工作业人员应按规定经考核后持证上岗。

（2）主动控制工序活动条件的质量。工序活动条件很多，其中最主要的影响要素有劳动者、材料、施工机械设备、施工方法和施工环境。这五大要素的质量要处于被控制状态，确保工序投入品的合格质量，才能避免系统因素变异的发生，保证工序质量的正常、稳定。

（3）施工管理人员及作业人员应按操作规程、作业指导书和技术交底文件进行施工。

（4）及时检查工序活动效果的质量。工序质量是否符合规定标准，用工序活动成果进行评价。为此必须经常不断地对工序施工过程进行质量检验工作，对工序质量状况进行综合分析与统计，及时掌握工序质量动态。一旦发现变异，应立即进行研究处理，让工序质量自始至终满足规范和标准要求。工序的检验和试验应符合过程检验和试验的规定，对查出的质量缺陷应按不合格控制程序及时处置。

（5）施工管理人员应记录工序施工情况。

7. 特殊过程控制

施工过程中的特殊过程是指该施工过程或工序施工质量不易或不能通过其后的检验和试验而得到充分的验证，或者万一发生质量事故则难以挽救的施工对象。特殊过程是施工质量控制的重点，在这些工序或部位上应设置质量控制点，事先分析影响质量的原因，提出相应的措施，以便进行主动的、预防性的控制。

特殊过程控制应符合下列规定：

(1) 对在项目质量计划中界定的特殊过程，应设置工序质量控制点进行控制。

(2) 对特殊过程的控制，除应执行一般过程控制的规定外，还应由专业技术人员编制专门的作业指导书，经项目技术负责人审批后执行。

(3) 凡列为特殊过程控制的对象，必须在规定的控制点到来之前通知监理工程师派员到现场监督、检查，未经监理工程师认可不能越过该控制点继续活动。

8. 工程变更控制

工程变更可能来自承包人和发包人，也可能来自设计人。工程变更应严格执行工程变更程序，经有关单位批准后方可实施。项目经理部应分析预测工程变更对项目质量的影响，制定或修订质量保证计划，按照预案组织实施。

9. 成品保护

建筑成品或半成品应采取有效措施妥善保护。成品保护主要有“护、包、封、盖”等四种措施。“护”就是针对保护对象的特点采取各种防护措施；“包”就是将被保护物包裹起来，防止损伤或污染；“封”就是采取局部封闭的办法进行保护；“盖”就是用表面覆盖的办法防止堵塞或损伤。

10. 质量事故

施工中发生的质量事故，必须按《建设工程质量管理条例》的有关规定处理。

四、竣工验收阶段的质量控制

单位工程竣工后，必须进行最终检验和试验。施工项目最终检验和试验是指对单位工程质量进行的验证，是对产品质量的最后把关，是全面考核产品的质量是否满足设计要求的重要手段。最终检验和试验提供的资料是产品符合合同要求的证据。

项目技术负责人应组织有关专业技术人员按最终检验和试验规定，根据合同要求进行全面验证。项目技术负责人应按编制竣工资料的要求收集、整理质量记录。评定结束后，送交当地工程建设质量监督部门核定质量等级。质量监督部门根据有关技术标准对工程质量进行监督检查，对单位工程进行质量等级的核定并最后评定。

对查出的施工质量缺陷，应按不合格控制程序进行处理。并且应在处理后再次验证以证实其符合性。当在交付或开始使用后发现项目不合格时，应针对不合格所造成的后果采取适当措施。

项目经理部应组织有关专业技术人员按合同要求编制工程竣工文件，并应做好工程移交准备。工程竣工文件是项目交工验收的重要依据，从施工开始就应完整地积累和保管，编目建档。

在最终检验和试验合格后，应对建筑产品采取防护措施。

工程交工后，项目经理部应编制符合文明施工和环境保护要求的撤场计划。

第四节　质量的持续改进

所谓“持续改进”，即“增强满足要求的能力的循环活动”。项目经理部应定期对项目质量状况进行检查、分析，识别质量持续改进区域，确定改进目标，实施选定的解决办法。

质量持续改进应按全面质量管理的方法进行。质量持续改进应坚持全面质量管理的 PDCA 循环方法。随着质量管理循环的不停进行，原有的问题解决了，新的问题又产生了，问题不断产生又不断被解决，如此循环不止，每一次循环都把质量管理活动推向一个新的高度。另外要坚持“三全”管理：“全过程”质量管理指的就是在产品质量形成全过程中，把可以影响工程质量的环节和因素控制起来；“全员”质量管理就是上至项目经理下至一般员工，全体人员行动起来参加质量管理；“全部”质量管理就是要对项目各方面的工作质量进行管理。这个任务不仅由质量管理部门来承担，而且项目的各部门都要参加。此外，质量持续改进还可以运用先进的管理办法、专业技术和数理统计方法。

1. 检查、验证

检查、验证是质量目标控制的重要过程，是PDCA循环的“A”。验证是通过客观证据对规定要求已得到满足的认定。

项目经理部应对项目质量计划执行情况组织检查、内部审核和考核评价，验证实施效果。

项目经理应依据考核中出现的问题、缺陷或不合格，召开有关专业人员参加的质量分析会，对质量问题或缺陷或不合格，均应找出根源，并制定整改措施。

2. 对不合格的控制

“不合格”即“未满足要求”。控制“不合格”正是为了质量持续改进。项目经理部对不合格控制应符合下列规定：

(1) 应按企业的不合格控制程序，控制不合格物资进入项目施工现场，严禁不合格工序未经处置而转入下道工序。

(2) 对验证中发现的不合格产品和过程，应按规定进行鉴别、记录、评价、隔离和处置。

(3) 应进行不合格评审。

(4) 不合格处置应根据不合格严重程度，按返工、返修或让步接收、降级使用、拒收或报废四种情况进行处理。构成等级质量事故的不合格，应按国家法律、行政法规进行处置。

(5) 对返修或返工后的产品，应按规定重新进行检验和试验，并应保存记录。

(6) 进行不合格让步接收时，项目经理部应向发包人提出书面让步申请，记录不合格程度和返修的情况，双方签字确认让步接收协议和接收标准。

(7) 对影响建筑主体结构安全和使用功能的不合格，应邀请发包人代表或监理工程师、设计人，共同确定处理方案，报建设主管部门批准。

(8) 检验人员必须按规定保存不合格控制的记录。

3. 纠正措施

“纠正措施”是“为消除已发现的不合格或其他不期望情况的原因所采取的措施”。纠正措施的实施有助于持续改进，因为它可以防止再发生。纠正措施应符合下列规定。

（1）对发包人或监理工程师、设计人、质量监督部门提出的质量问题，应分析原因，制定纠正措施。

（2）对已发生或潜在的不合格信息，应分析并记录结果。

（3）对检查发现的工程质量问题或不合格报告提及的问题，应由项目技术负责人组织有关人员判定不合格程度，制定纠正措施。

（4）对严重不合格或重大质量事故，必须实施纠正措施。

（5）实施纠正措施的结果应由项目技术负责人验证并记录；对严重不合格或等级质量事故的纠正措施和实施效果应验证，并报企业管理层。

（6）项目经理部或责任单位应定期评价纠正措施的有效性。

4. 预防措施

“预防措施”是“为消除潜在不合格或其他潜在不期望情况的原因所采取的措施”。一个潜在的不合格可以有若干个原因。采取预防措施是为了防止发生。预防措施应符合下列规定。

（1）项目经理部应定期召开质量分析会，对影响工程质量的潜在原因采取预防措施。

（2）对可能出现的不合格，应制定防止再发生的措施并组织实施。

（3）对质量通病应采取预防措施。

（4）对潜在的严重不合格，应实施预防措施控制程序。

（5）项目经理部应定期评价预防措施的有效性。

第九章　项目安全管理

第一节　项目安全和安全管理

一、项目安全管理制度

施工单位从事建设工程的新建、扩建、改建和拆除等活动，应当具备国家规定的注册资本、专业技术人员、技术装备和安全生产等条件，依法取得相应等级的资质证书，并在其资质等级许可的范围内承揽工程。

国家对建筑施工企业实行安全生产许可制度。

建筑施工企业未取得安全生产许可证的，不得从事建筑施工活动。建筑施工企业从事建筑施工活动前，应当依照《建筑施工企业安全生产许可证管理规定》向省级以上建设主管部门申请领取安全生产许可证。建筑施工企业不得转让、冒用安全生产许可证或者使用伪造的安全生产许可证。

建筑施工企业取得安全生产许可证，应当具备下列安全生产条件。

(1) 建立、健全安全生产责任制，制定完备的安全生产规章制度和操作规程。

(2) 保证本单位安全生产条件所需资金的投入。

(3) 设置安全生产管理机构，按照国家有关规定配备专职安全生产管理人员。

(4) 主要负责人、项目负责人、专职安全生产管理人员经建设主管部门或者其他有关部门考核合格。

(5) 特种作业人员经有关业务主管部门考核合格，取得特种作业操作资格证书。

(6) 管理人员和作业人员每年至少进行一次安全生产教育培训并考核合格。

(7) 依法参加工伤保险，依法为施工现场从事危险作业的人员办理意外伤害保险，为从业人员交纳保险费。

(8) 施工现场的办公、生活区及作业场所和安全防护用具、机械设备、施工机具及配件符合有关安全生产法律、法规、标准和规程的要求。

(9) 有职业危害防治措施，并为作业人员配备符合国家标准或者行业标准的安全防护用具和安全防护服装。

(10) 有对危险性较大的分部分项工程及施工现场易发生重大事故的部位、环节的预防、监控措施和应急预案。

(11) 有生产安全事故应急救援预案、应急救援组织或者应急救援人员，配备必要的应急救援器材、设备。

(12) 法律、法规规定的其他条件。

建筑施工企业取得安全生产许可证后，不得降低安全生产条件，并应当加强日常安全生产管理，接受建设主管部门的监督检查。安全生产许可证颁发管理机关发现企业不再具备安全生产条件的，应当暂扣或者吊销安全生产许可证。

施工单位主要负责人依法对本单位的安全生产工作全面负责。建筑施工企业应遵照《建设工程安全生产管理条例》和《职业健康安全管理体系规范》(GB/T 28001—2001) 标准，考虑有关社会责任的要求，坚持安全第一、预防为主的方针，建立企业职业健康安全管理体系。

施工单位应当建立健全安全生产责任制度和安全生产教育培训制度，制定安全生产规章制度和操作规程，保证本单位安全生产条件所需资金的投入，对所承担的建设工程进行定期和专项安全检查，并做好安全检查记录。

施工单位的项目负责人应当由取得相应执业资格的人员担任，对建设工程项目的安全施工负责，落实安全生产责任制度、安全生产规章制度和操作规程，确保安全生产费用的有效使用，并根据工程的特点组织制定安全施工措施，消除安全事故隐患，及时、如实报告生产安全事故。

根据《建筑施工企业主要负责人、项目负责人和专职安全生产管理人员安全生产考核管理暂行规定》，建筑施工企业管理人员必须经建设行政主管部门或者其他有关部门安全生产考核，考核合格取得安全生产考核合格证书后，方可担任相应职务。

建筑施工企业专职安全生产管理人员，是指在企业专职从事安全生产管理工作的人员，包括企业安全生产管理机构的负责人及其工作人员和施工现场专职安全生产管理人员。

建筑施工企业管理人员应当具备相应文化程度、专业技术职称和一定安全生产工作经历，并经企业年度安全生产教育培训合格后，方可参加建设行政主管部门组织的安全生产考核。

建筑施工企业管理人员安全生产考核内容包括安全生产知识和管理能力。

建筑施工企业三类人员安全生产考核和安全生产许可证核准两项行政许可（以下简称“两项行政许可”），是强化建筑施工安全生产管理的重要手段。

施工单位应当对管理人员和作业人员每年至少进行一次安全生产教育培训，其教育培训情况记入个人工作档案。安全生产教育培训考核不合格的人员，不得上岗。

作业人员进入新的岗位或者新的施工现场前，应当接受安全生产教育培训。未经教育培训或者教育培训考核不合格的人员，不得上岗作业。

施工单位在采用新技术、新工艺、新设备、新材料时，应当对作业人员进行相应的安全生产教育培训。

施工单位对列入建设工程概算的安全作业环境及安全施工措施所需费用，应当用于施工安全防护用具及设施的采购和更新、安全施工措施的落实、安全生产条件的改善，不得挪作他用。

施工单位应当设立安全生产管理机构，配备专职安全生产管理人员。

专职安全生产管理人员负责对安全生产进行现场监督检查。发现安全事故隐患，应当及时向项目负责人和安全生产管理机构报告；对违章指挥、违章操作的，应当立即制止。

专职安全生产管理人员的配备办法由国务院建设行政主管部门会同国务院其他有关部门制定。

建设工程实行施工总承包的，由总承包单位对施工现场的安全生产负总责。

总承包单位应当自行完成建设工程主体结构的施工。

总承包单位依法将建设工程分包给其他单位的，分包合同中应当明确各自的安全生产方面的权利、义务。总承包单位和分包单位对分包工程的安全生产承担连带责任。

分包单位应当服从总承包单位的安全生产管理，分包单位不服从管理导致生产安全事故的，由分包单位承担主要责任。

项目经理部必须为从事危险作业的人员办理人身意外伤害保险。建立意外伤害保险制度，这是《建筑法》等法律规定的。

施工单位应当为施工现场从事危险作业的人员办理意外伤害保险。

意外伤害保险费由施工单位支付。实行施工总承包的，由总承包单位支付意外伤害保险费。意外伤害保险期限自建设工程开工之日起至竣工验收合格止。

施工作业过程中对危及生命安全和人身健康的行为，作业人员有权抵制、检举和控告。必须建立安全检举和控告制度，这是法律赋予职工的权利。

二、项目安全管理

项目安全管理，是指项目经理对施工项目安全生产进行计划、组织、指挥、协调和监控的一系列活动，从而保证施工中的人身安全、设备安全、结构安全、财产安全和适宜的施工环境。

项目经理部应根据项目特点，制定安全施工组织设计或安全技术措施。

项目经理部应根据施工中人的不安全行为，物的不安全状态，作业环境的不安全因素和管理缺陷进行相应的安全控制。

项目安全管理应遵循下列程序：

（1）确定施工安全目标。

（2）编制项目安全保证计划。

（3）项目安全计划实施。

（4）项目安全保证计划验证。

（5）持续改进。

（6）兑现合同承诺。

项目安全管理程序和内容，如图 9-1 所示。

确定项目安全目标
编制项目安全保证计划
项目安全保证计划实施
安全生产责任制
正副项目经理
项目总工程师
项目职能部门
分包商负责人
工程队长
全体员工
安全生产责任制
安全保证体系
成立领导小组
设立专职机构
配置专业人员
保证资金投入
提供必要物资
建立安全信息系统
建立安全管理制度
安全管理要点
安全施工许可证
安全资格许可证
安全培训记录
各类人员持证上岗
安全事故隐患
纠正措施验证
严把七道关口
安全生产培训
安全生产法规
安全知识须知
安全技能操作
安全规程标准
劳动保护教育
典型事例剖析
急救预案
安全技术措施
关键特殊工序
高空作业
洞内作业
水上作业
深基开挖
易燃易爆
防尘防触电
安全技术交底
工程特点
施工方法
施工程序
防范措施
操作规程
注意事项
急救预案
安全检查
规章制度
机械设备
安全设施
培训记录
操作行为
事故隐患
纠正措施
伤亡事故处理
事故报告
保护现场
抢救伤员
事故调查
事故分析
制定措施
调查报告
项目安全保证计划验证
持续改进
兑现合同承诺

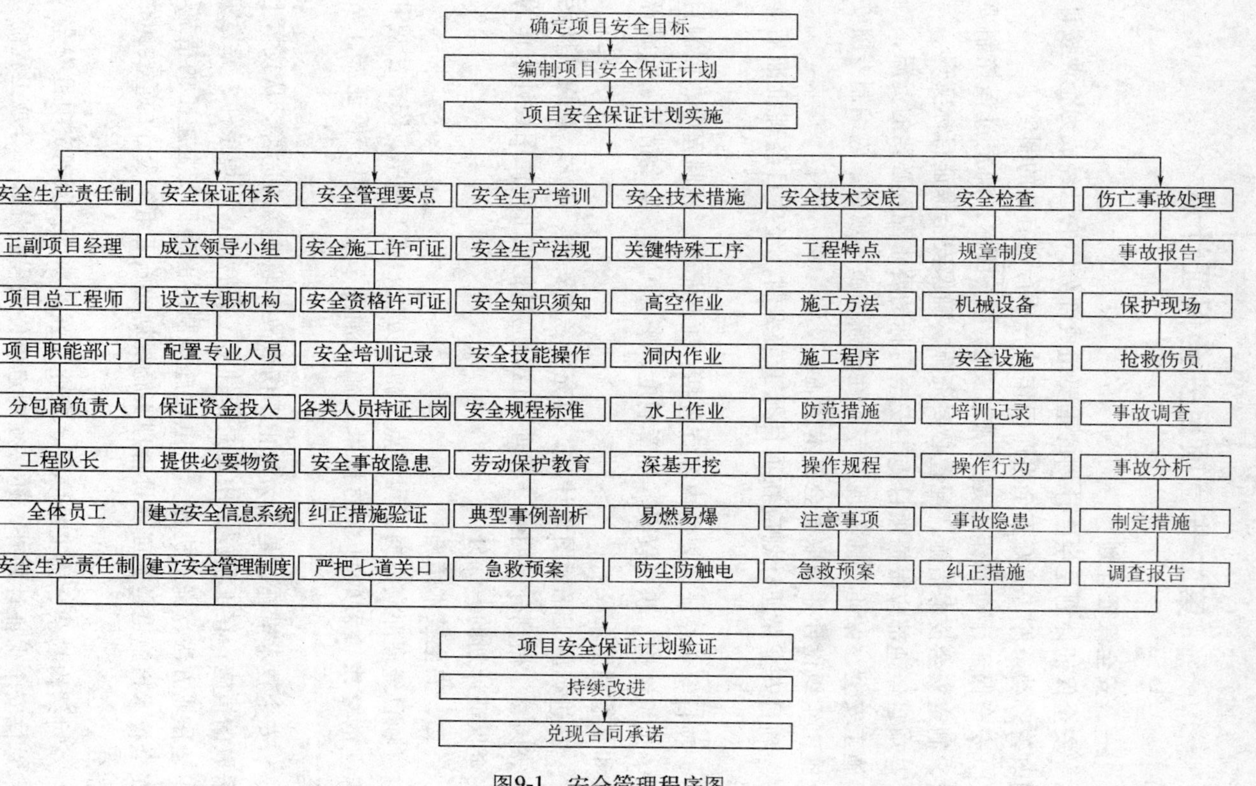

图9-1　安全管理程序图

第二节 项目安全保证计划

一、安全保证计划

安全保证计划是生产计划的重要组成部分，它已经成为企业按计划改善劳动条件，搞好安全生产工作的一项行之有效的制度。

安全保证计划的作用是：规划安全生产目标，确定过程控制要求，制定安全技术措施，配置必要资源，确保安全保证目标实现。

项目经理部应根据项目施工安全目标的要求配置必要的资源，确保施工安全，保证目标实现。专业性较强的施工项目，应编制专项安全施工组织设计并采取安全技术措施。

项目安全保证计划应在项目开工前编制，经项目经理批准后实施。

项目安全保证计划的内容宜包括：工程概况、控制程序、控制目标、组织结构、职责权限、规章制度、资源配置、安全措施、检查评价和奖惩制度。

在进行施工平面图设计时，应充分考虑安全、防火、防爆、防污染等因素，做到分区明确，合理定位。应当把施工平面图设计也作为安全保证计划的一部分。

二、安全技术措施

项目经理部应根据工程特点、施工方法、施工程序、安全法规和标准的要求，采取可靠的技术措施，消除安全隐患，保证施工安全。

安全技术措施，是指为防止工伤事故和职业病的危害，从技术上采取的措施；在工程施工中，是指针对工程特点、环境条件、劳力组织、作业方法、施工机械、供电设施等制定的确保安全施工的措施。安全技术措施也是施工项目管理实施规划或施工组织设计的重要组成部分。

对结构复杂、施工难度大、专业性强的项目，除制定项目安全技术总体安全保证计划外，还必须制定单位工程或分部、分项工程的安全施工措施。

项目经理部应当在施工组织设计中编制安全技术措施和施工现场临时用电方案，对下列达到一定规模的危险性较大的分部分项工程编制专项施工方案，并附有安全验算结果，经施工单位技术负责人、总监理工程师签字后实施，由专职安全生产管理人员进行现场监督。

（1）基坑支护与降水工程。

（2）土方开挖工程。

（3）模板工程。

（4）起重吊装工程。

（5）脚手架工程。

（6）拆除、爆破工程。

（7）国务院建设行政主管部门或者其他有关部门规定的其他危险性较大的工程。

涉及深基坑、地下暗挖工程、高大模板工程的专项施工方案，施工单位还应当组织专家进行论证、审查。

对高空作业、井下作业、水上作业、水下作业、深基础开挖、爆破作业、脚手架上作业、有害有毒作业、特种机械作业等专业性强的施工作业，及从事电器、压力容器、起重机、金属焊接、井下瓦斯检验、机动车和船舶驾驶等特殊工种的作业，应制定单项安全技术方案和措施，并应对管理人员和操作人员的安全作业资格和身体状况进行合格审查。

操作人员的身体状况必须与安全作业要求相适应。危险大或有害的及特殊作业，作业人员要具备安全操作资格，接受身体合格检查。

安全技术措施应包括：防火、防毒、防爆、防洪、防尘、防雷击、防触电、防坍塌、防物体打击、防机械伤害、防溜车、防高空坠落、防交通事故、防寒、防暑、防疫、防环境污染等方面的措施。

第三节　项目安全保证计划的实施

一、安全生产责任制

实施安全保证计划应建立安全生产责任制。安全生产责任制，是指企业对项目经理部各级领导、各个部门、各类人员所规定的在他们各自职责范围内对安全生产负责任的制度。其内容应充分体现责、权、利相统一的原则。建立以安全生产责任制为中心的各项安全管理制度，是保障安全生产的重要手段。

项目经理部应根据安全生产责任制的要求，把安全责任目标分解到岗，落实到人。安全生产责任制必须经项目经理批准后实施。

1. 项目经理安全职责

项目经理安全职责应包括：认真贯彻安全生产方针、政策、法规和各项规章制度，制定和执行安全生产管理办法，严格执行安全考核指标和安全生产奖惩办法，严格执行安全技术措施审批和施工安全技术措施交底制度；定期组织安全生产检查和分析，针对可能产生的安全隐患制定相应的预防措施；当施工过程中发生安全事故时，项目经理必须按安全事故处理的有关规定和程序及时上报和处置，并制定防止同类事故再次发生的措施。

2. 安全员安全职责

安全员安全职责应包括：落实安全设施的设置；对施工全过程的安全进行监督，纠正违章作业，配合有关部门排除安全隐患，组织安全教育和全员安全活动，监督劳保用品质量和正确使用。

3. 作业队长安全职责

作业队长安全职责应包括：向作业人员进行安全技术措施交底，组织实施安全技术措施；对施工现场安全防护装置和设施进行验收；对作业人员进行安全操作规程培训，提高作业人员的安全意识，避免产生安全隐患；当发生重大或恶性工伤事故时，应保护现场，立即上报并参与事故调查处理。

4. 班组长安全职责

班组长安全职责应包括：安排施工生产任务时，向本工种作业人员进行安全措施交底；严格执行本工种安全技术操作规程，拒绝违章指挥；作业前应对本次作业所使用的机具、设备、防护用具及作业环境进行安全检查，消除安全隐患，检查安全标牌是否按规定设置，标识方法和内容是否正确完整；组织班组开展安全活动，召开上岗前安全生产会；每周应进行安全讲评。

5. 操作工人安全职责

操作工人安全职责应包括：认真学习并严格执行安全技术操作规程，不违规作业；自觉遵守安全生产规章制度，执行安全技术交底和有关安全生产的规定；服从安全监督人员的指导，积极参加安全活动；爱护安全设施；正确使用防护用具；对不安全作业提出意见，拒绝违章指挥。

6. 承包人对分包人的安全生产责任

承包人对分包人的安全生产责任应包括：审查分包人的安全施工资格和安全生产保证体系，不应将工程分包给不具备安全生产条件的分包人；在分包合同中应明确分包人安全生产责任和义务；对分包人提出安全要求，并认真监督、检查；对违反规定冒险蛮干的分包人，应令其停工整改；承包人应统计分包人的伤亡事故，按规定上报，并按分包合同约定协助处理分包人的伤亡事故。

7. 分包人安全生产责任

分包人安全生产责任应包括：分包人对本施工现场的安全工作负责，认真履行分包合同规定的安全生产责任；遵守承包人的有关安全生产制度，服从承包人的安全生产管理，及时向承包人报告伤亡事故并参与调查，处理善后事宜。

施工中发生安全事故时，项目经理必须按国务院安全行政主管部门的规定及时报告并协助有关人员进行处理。

二、安全教育

实施安全教育应符合下列规定。

（1）项目经理部的安全教育　项目经理部的安全教育内容应包括：学习安全生产法律、法规、制度和安全纪律，讲解安全事故案例。

（2）作业队的安全教育　作业队安全教育内容应包括：了解所承担施工任务的特点，学习施工安全基本知识、安全生产制度及相关工种的安全技术操作规程；学习机械设备和电器使用、高处作业等安全基本知识；学习防火、防毒、防爆、防洪、防尘、防雷击、防触电、防高空坠落、防坍塌、防物体打击、防机械伤害等知识及紧急安全救护知识；了解安全防护用品发放标准，防护用具、用品使用的基本知识。

(3) 班组的安全教育　班组安全教育内容应包括：了解本班组作业特点，学习安全操作规程、安全生产制度及纪律；学习正确使用安全防护装置（设施）及个人劳动防护用品知识；了解本班组作业中的不安全因素及防范对策、作业环境及所使用的机具安全要求。

项目安全教育和安全宣传可以采用多种多样的方法，特别应针对项目施工作业人员的素质状况，以通俗易懂、又印象强烈的方式来进行。

比如可以将安全教育的内容进行提炼总结，以加深人们的印象。

"安全十大禁令"

一、严禁赤脚、穿拖鞋、高跟鞋及不戴安全帽人员进入施工现场作业。

二、严禁一切人员在提升架、吊机的吊篮上落及要提升架井口或吊物下操作、站立、行走。

三、严禁非专业人员私自开动任何施工机械及驳接，拆除电线、电器。

四、严禁在操作现场（包括在车间、工场）玩耍、吵闹和从高空抛掷材料、工具、砖石及一切物资。

五、严禁土方工程的凿岩取土及不按规定放坡或不加支撑的深基坑开挖施工。

六、严禁在不设栏杆或其他安全措施的高空作业和单表墙、砖墙上面行走。

七、严禁在未设安全措施的同一部位同时进行上下交叉作业。

八、严禁带小孩进入施工现场（包括车间、工场）作业。

九、严禁在高压电源的危险区域进行冒险作业，严禁不穿绝缘鞋进行机械操作，严禁用手直接提拿灯头及电线移动照明。

十、严禁在有危险品、易燃品、木工棚场及现场仓库吸烟、生火。

"十项安全技术措施"

一、按规定使用"三宝"。

二、机械设备防护装置一定要齐全有效。

三、塔吊等起重设备必须有限位装置，不准带病运转，不准超负荷作业，不准在运转中维修保养。

四、架设电线，线路必须符合当地电业局的规定，电气设备全部接地接零。

五、电动机械和电动手持工具要设漏电掉闸装置。

六、脚手架材料及脚手架的搭设必须符合规程要求。

七、各种缆风绳及其设备必须符合规程要求。

八、在建工程的楼梯口、电梯口、预留洞口、通道口必须有防护设施。

九、严禁穿高跟鞋、拖鞋、赤脚进入施工场地。高空作业不准穿硬底和带钉易滑的鞋靴。

十、施工现场的悬崖、陡坎等危险地区应有警戒标志，夜间要红灯示警。

“安全十须知”

一个方针：安全第一，预防为主。

二条守则：岗位职责；操作规程。

三不伤害：不伤害自己；不伤害他人；不被人伤害。

四不放过：事故原因未查清不放过；事故责任者和领导责任未追究不放过；广大职工未得到教育不放过；防范措施未落实不放过。

五个须知：知道本单位安全工作重点部位；知道本单位安全责任体系和管理网络；知道本单位安全操作规程和标准；知道本单位存在的事故隐患和防范措施；知道并掌握事故抢险预案。

六个不变：坚持“安全第一”的思想不变；企业法人代表作为安全生产第一责任人的责任不变；行之有效的安全规章制度不变；从严强化安全生产力度不变；安全生产一票否决的原则不变；充分依靠职工的安全生产管理办法不变。

七个检查：查认识、查机构、查制度、查台账、查设备、查隐患、查措施。

八个结合：建立约束机制与激励机制相结合；突出重点与兼顾全

面结合；职能部门管理与齐抓共管相结合；防微杜渐与突出保障体系相结合；弘扬安全文化与常抓不懈相结合；安全检查与隐患整改相结合；落实责任制度与完善责任追究制相结合；强化安全管理与推行安全生产确认制相结合。

九个到位：领导责任到位；教育培训到位；安管人员到位；规章执行到位；技术技能到位；防范措施到位；检查力度到位；整改处罚到位；全员意识到位。

十大不安全心理因素：侥幸、麻痹、偷懒、逞能、莽撞、心急、烦躁、赌气、自满、好奇。

还可以通过在现场提示提醒的方式警醒人们的安全意识。举例如下：

“三宝”：安全帽、安全带、安全网。

“四口”：楼梯口、电梯井口、预留洞口、通道口。

这些方式不一定规范严整，也不能以这些内容来取代必须的系统的安全教育。但是，运用得当，也会收到较好的实际效果。

三、安全技术交底

1. 安全技术交底的基本要求

安全技术交底的基本要求如下：

(1) 项目经理部必须实行逐级安全技术交底制度，纵向延伸到班组全体作业人员。

(2) 技术交底必须具体、明确，针对性强。

(3) 技术交底的内容应针对分部分项工程施工中给作业人员带来的潜在隐含危险因素和存在问题。

(4) 应优先采用新的安全技术措施。

(5) 应将工程概况、施工方法、施工程序、安全技术措施等向工长、班组长进行详细交底。

(6) 施工单位应当向作业人员提供安全防护用具和安全防护服装，并书面告知危险岗位的操作规程和违章操作的危害。

(7) 定期向由两个以上作业队和多工种进行交叉施工的作业队伍进行书面交底。

(8) 保持书面安全技术交底签字纪录。

2. 安全技术交底的主要内容

安全技术交底主要内容如下：

（1）本施工项目的施工作业特点和危险点。

（2）针对危险点的具体预防措施。

（3）应注意的安全事项。

（4）相应的安全操作规程和标准。

（5）发生事故后应及时采取的避难和急救措施。

3. 安全技术交底的实施

安全技术交底的实施，应符合下列规定：

（1）单位工程开工前，项目经理部的技术负责人必须将工程概况、施工方法、施工工艺、施工程序、安全技术措施，向承担施工的作业队负责人、工长、班组长和相关人员进行交底。

（2）结构复杂的分部分项工程施工前，项目经理部的技术负责人应有针对性地进行全面、详细的安全技术交底。

（3）项目经理部应保存双方签字确认的安全技术交底纪录。

四、项目安全检查

安全检查是指企业安全生产监察部门或项目经理部对企业贯彻国家安全生产法律法规的情况、安全生产情况、劳动条件、事故隐患等所进行的检查。安全检查的目的是验证计划的实施效果。

安全检查的内容包括：安全生产责任制、安全保证计划、安全组织机构、安全保证措施、安全技术交底、安全教育、安全持证上岗、安全设施、安全标识、操作行为、违规管理和安全纪录等。安全检查的重点是违章指挥和违章作业。

项目经理应组织项目经理部定期对安全控制计划的执行情况进行检查、考核和评价。对施工中存在的不安全行为和隐患，项目经理部应分析原因并制定相应整改防范措施。

项目经理部应根据施工过程的特点和安全目标的要求，确定安全检查的内容。

项目经理部安全检查应配备必要的设备或器具，确定检查负责人和检查人员，并明确检查内容及要求。

项目经理部安全检查应采取随机抽样、现场观察、实地检测相结合的方法，并记录检测结果。对现场管理人员的违章指挥和操作人员的违章作业行为应进行纠正。

安全检查人员应对检查结果进行分析，找出安全隐患部位，确定危险程度。

项目经理部应编写安全检查报告。安全检查报告应说明已达标项目、未达标项目、存在问题、原因分析及纠正和预防措施。

第四节　项目安全生产评价

为加强施工企业安全生产的监督管理，科学地评价施工企业安全生产条件、安全生产业绩及相应的安全生产能力，实现施工企业安全生产评价工作的规范化和制度化，促进施工企业安全生产管理水平的提高，建设部制定颁布了《施工企业安全生产评价标准》（JGJ/T 77—2003）。这一标准适用于施工企业及政府主管部门对企业安全生产条件、业绩的评价，及在此基础上对企业安全生产能力的综合评价。此标准是依据《中华人民共和国安全生产法》、《中华人民共和国建筑法》等有关法律法规，结合现行国家标准《职业健康安全管理体系规范》GB/T 28001—2001 的要求制定的。

项目经理部可以参照这一标准对本项目的安全生产状态进行自评，通过评估来促进项目的安全生产能力。

一、评价内容

施工企业安全生产评价的内容应包括安全生产条件单项评价、安全生产业绩单项评价及由以上两项单项评价组合而成的安全生产能力综合评价。

1．安全生产条件单项评价

施工企业安全生产条件单项评价的内容应包括安全生产管理制度，资质、机构与人员管理，安全技术管理和设备与设施管理 4 个分项。评分项目及其评分标准和评分方法应符合《施工企业安全生产评价标准》附录 A 的规定。见表 9-1 ~ 表 9-4。

2．安全生产业绩单项评价

施工企业安全生产业绩单项评价的内容应包括生产安全事故的控

表 9-1　安全生产管理制度分项评分

序号	评分项目	评分标准	评分方法	应得分	扣减分	实得分
1	安全生产责任制度	• 未按规定建立安全生产责任制度或制度不齐全，扣10~25分 • 责任制度中未制定安全管理目标或目标不齐全，扣5~10分 • 承发包合同无安全生产管理职责和指标，扣5~10分 • 有关层次、部门、岗位人员及总分包安全生产责任制未得到确认或未落实，扣5~10分 • 未制定安全生产奖惩考核制度或制度不齐全，扣5~10分 • 未按安全生产奖惩考核制度落实奖罚，扣3~5分	检查管理制度目录、内容，并抽查企业及施工现场相关记录	25		
2	安全生产资金保障制度	• 未按规定建立制度或制度不齐全，扣10~20分 • 未落实安全劳防用品资金，扣5~10分 • 未落实安全教育培训专项资金，扣5~10分 • 未落实保障安全生产的技术措施资金，扣5~10分		20		
3	安全教育培训制度	• 未按规定建立制度，扣20分 • 制度未明确项目经理、安全专职人员、特殊工种、待岗、转岗、换岗职工、新进单位从业人员安全教育培训要求，扣5~15分 • 企业无安全教育培训计划，扣10分 • 未按计划实施教育培训活动或实施记录不齐全，扣5~10分		20		
4	安全检查制度	• 未按规定制定企业和各层次安全检查制度，扣20分 • 制度未明确企业、项目定期及日常、专项、季节性安全检查的时间性和实施要求，扣3~5分 • 制度未规定对隐患整改、处置和复查要求，扣3~5分 • 无检查和隐患处置、复查的记录或隐患整改未如期完成，扣5~10分		20		

（续）

序号	评分项目	评分标准	评分方法	应得分	扣减分	实得分
5	生产安全事故报告处理制度	• 未按规定制定事故报告处理制度或制度不齐全，扣5~10分 • 未按规定实施事故的报告处理，未落实“四不放过”，扣10~15分 • 未建立事故档案，扣5分 • 未按规定办理意外伤害保险，扣10分；意外伤害保险办理率不满100%，扣1~10分 • 未制定事故应急预案，未建立应急救援小组或指定专门紧急救援人员，扣5~10分	检查管理制度目录、内容，并抽查企业及施工现场相关记录	15		
	分项评分			100		

评分员：年　月　日

注：“四不放过”指事故原因未查清不放过；职工和事故责任人未受到教育不放过；事故隐患不整改不放过；事故责任人不处理不放过。

表9-2　资质、机构与人员管理分项评分

序号	评分项目	评分标准	评分方法	应得分	扣减分	实得分
1	企业资质和从业人员资格	• 企业资质与承包生产经营行为不相符，扣30分 • 总分包单位主要负责人、项目经理和安全生产管理人员未经过安全考核合格，不具备相应的安全生产知识和管理能力，扣10~15分 • 其他管理人员、特殊工种人员等其他从业人员未经过安全培训，不具备相应的安全生产知识和管理能力，扣5~10分	查企业资质证书与经营手册，抽查上岗证及教育培训记录，抽查施工现场	30		

（续）

序号	评分项目	评分标准	评分方法	应得分	扣减分	实得分
2	安全生产管理机构	• 企业未按规定设置安全生产管理机构或配备专职安全生产管理人员，扣10~25分 • 无相应安全管理体系，扣10分 • 各级未配备足够的专、兼职安全生产管理人员，扣5~10分	查企业安全管理组织网络图、安全管理人员名册清单等	25		
3	分包单位资质和人员资格管理	• 未制定对分包单位资质资格管理及施工现场控制的要求和规定，扣15分 • 缺乏对分包单位资质和人员资格管理及施工现场控制的证实材料，扣10分 • 分包单位承接的项目不符合相应的安全资质管理要求，扣15分 • 50人以上规模的分包单位未配备专、兼职安全生产管理人员，扣3~5分	查企业对分包单位管理记录，合格分包方名录，抽查施工现场管理资料	25		
4	供应单位管理	• 未制定对安全设施材料、设备及防护用品的供应单位的控制要求和规定，扣20分 • 无安全设施所需材料、设备及防护用品供应单位的生产许可证或行业有关部门规定的证书，每起扣5分 • 安全设施所需材料、设备及防护用品供应单位所持生产许可证或行业有关部门规定的证书与其经营行为不相符，每起扣5分	查企业对分供单位管理记录，合格分供方名录，抽查施工现场管理资料	20		
	分项评分			100		

评分员：年　月　日

注：表中涉及到的大型设备装拆的资质、人员与技术管理，应按表9-4中“大型设备装拆安全控制”规定的评分标准执行。

表 9-3 安全技术管理分项评分

序号	评分项目	评分标准	评分方法	应得分	扣减分	实得分
1	危险源控制	• 未进行危险源识别、评价，未对重大危险源进行控制策略、建档，扣10分 • 对重大危险源不制定有针对性的应急预案，扣10分	查企业及施工现场相关记录	20		
2	施工组织设计（方案）	• 无施工组织设计（方案）编制审批制度，扣20分 • 施工组织设计中未根据危险源编制安全技术措施或安全技术措施无针对性，扣5~10分 • 施工组织设计（方案、包括修改方案）未经技术负责人组织安全等有关部门审核、审批，扣5~10分	查企业技术管理制度，抽查企业备份或施工现场的施工组织设计	20		
3	专项安全技术方案	• 专业性强、危险性大的施工项目，未按要求单独编制专项安全技术方案（包括修改方案）或专项安全技术方案（包括修改方案）无针对性，扣5~15分 • 专项安全技术方案（包括修改方案）未经有关部门和技术负责人审核、审批，扣10~15分 • 方案未按规定进行计算和图示，扣5~10分 • 技术负责人未组织方案编制人员对方案（包括修改方案）的实施进行交底、验收和检查，扣5~10分 • 未安排专业人员对危险性较大的作业进行安全监控管理，扣3~5分	抽查企业备份或施工现场的专项方案	20		
4	安全技术交底	• 未制定各级安全技术交底的相关规定，扣15分 • 未有效落实各级安全技术交底，扣5~15分 • 交底无书面交底记录，交底未履行签字手续，扣3~5分	查企业相关规定、企业备份及施工现场交底资料	15		
5	安全技术标准、规范和操作规程	• 未配备现行有效的、与企业生产经营内容相关的安全技术标准、规范和操作规程，扣15分 • 安全技术标准、规范和操作规程配备有缺陷，扣5~10分	查企业规范目录清单，抽查企业及施工现场的规范、标准、操作规程	15		

（续）

序号	评分项目	评分标准	评分方法	应得分	扣减分	实得分
6	安全设备和工艺的选用	• 选用国家明令淘汰的设备或工艺，扣10分 • 选用国家明令推荐的新设备、新工艺、新材料或有市级以上安全生产技术成果，加5分	抽查施工组织设计和专项方案及其他记录	10		
		分项评分		100		

评分员：年 月 日

注：表中涉及到的大型设备装拆资质、人员与技术管理、应按表9-4中“大型设备装拆安全控制”规定的评分标准执行。

表9-4 设备与设施管理分项评分

序号	评分项目	评分标准	评分方法	应得分	扣减分	实得分
1	设备安全管理	• 未制定设备（包括应急救援器材）安装（拆除）、验收、检测、使用、定期保养维修、改造和报废制度或制度不完善、不齐全，扣10~25分 • 购置的设备，无生产许可证和产品合格证或证书不齐全，扣10~25分 • 设备未按规定安装（拆除）、验收、检测、使用、保养、维修、改造和报废，扣5~10分 • 向不具备相应资质的企业和个人出租或租用设备，扣10~25分 • 设备租赁合同未约定各自安全生产管理职责，扣5~10分	查企业设备安全管理制度，查企业设备清单和管理档案，抽查施工现场设备及管理资料	25		
2	大型设备装拆安全控制	• 装拆由不具备相应资质的单位或不具备相应资质的人员承担，扣25分 • 大型起重设备装拆时，无经审批的专项方案，扣10分 • 装拆未按规定做好监控和管理，扣10分 • 未按规定检测或检测不合格即投入使用，扣10分	抽查企业备份或施工现场方案及实施记录	25		

（续）

序号	评分项目	评分标准	评分方法	应得分	扣减分	实得分
3	安全设施和防护管理	• 企业对施工现场的平面布置和有较大危险因素的场所及有关设施、设备缺乏安全警示统一规定，扣5分 • 安全防护措施和警示、警告标识不符合安全色与安全标志要求，扣5分	查相关规定，抽查施工现场	20		
4	特种设备管理	• 未按规定制定管理要求或无专人管理，扣10分 • 未按规定检测合格后投入使用，扣10分	抽查施工现场	15		
5	安全检查测试工具管理	• 未按有关规定配备相应的安全检测工具，扣5分 • 配备的安全检测工具无生产许可证和产品合格证或证件不齐全，扣5分 • 安全检测工具未按规定进行复检，扣5分	查相关记录，抽查施工现场检测工具	15		
		分项评分		100		

评分员：年　月　日

制、安全生产奖罚、项目施工安全检查和安全生产管理体系推行4个评分项目。评分项目及其评分标准和评分方法应符合《施工企业安全生产评价标准》附录B的规定。见表9-5。

3．安全生产能力综合评价

安全生产条件、安全生产业绩单项评价和安全生产能力综合评价记录，应采用《施工企业安全生产评价标准》附录C的《施工企业安全生产评价汇总表》。见表9-6。

表 9-5　安全生产业绩单项评分

序号	评分项目	评分标准	评分方法	应得分	扣减分	实得分
1	生产安全事故控制	• 安全事故累计死亡人数 2 人，扣 30 分 • 安全事故累计死亡人数 1 人，扣 20 分 • 重伤事故年重伤率大于 0.6‰，扣 15 分 • 一般事故年平均月频率大于 3‰，扣 10 分 瞒报重大事故，扣 30 分	查事故报表和事故档案	30		
2	安全生产奖罚	• 受到降级、暂扣资质证书处罚，扣 25 分 • 各类检查中项目因存在安全隐患被指令停工整改，每起扣 5 ~ 10 分 • 受建设行政主管部门警告处分，每起扣 5 分 • 受建设行政主管部门经济处罚，每起扣 10 分 • 文明工地，国家级每项加 15 分，省级加 8 分，地市级加 5 分，县级加 2 分 • 安全标化工地，省级加 3 分，地市级加 2 分，县级加 1 分 • 安全生产先进单位，省级加 5 分，地市级加 3 分，县级加 2 分	查各级行政主管部门管理信息资料，各类有效证明材料	25		
3	项目施工安全检查	• 按 JGJ159—1999《建设施工安全检查标准》对施工现场进行各级大检查，项目合格率低于 100%，每低 1% 扣 1 分，检查优良率低于 30%，每低 1% 扣 1 分 • 省级及以上通报批评每项扣 3 分，地市级通报批评每项扣 2 分 • 因不文明施工引起投诉，每起扣 2 分 • 未按建设安全主管部门签发的安全隐患整改指令书落实整改，扣 5 ~ 10 分	查各级行政主管部门管理信息资料，各类有效证明材料	25		

（续）

序号	评分项目	评分标准	评分方法	应得分	扣减分	实得分
4	安全生产管理体系推行	• 企业未贯彻安全生产管理体系标准，扣20分 • 施工现场未推行安全生产管理体系，扣5～15分 • 施工现场安全生产管理体系推行率低于100%，每低1%扣1分	查企业相应管理资料	20		
单项评分				100		

评分员：年　月　日

表9-6　施工企业安全生产评价汇总表

企业名称：经济类型：

资质等级：上年度施工产值：在册人数：

<table>
<tr><td colspan="3">安全生产条件单项评价</td><td colspan="2">安全生产业绩单项评价</td></tr>
<tr><td>序号</td><td>评分分项</td><td>实得分
（满分100分）</td><td rowspan="6">单项评分实得分为（满分100分）</td><td rowspan="6"></td></tr>
<tr><td>①</td><td>安全生产管理制度</td><td></td></tr>
<tr><td>②</td><td>资质、机构与人员管理</td><td></td></tr>
<tr><td>③</td><td>安全技术管理</td><td></td></tr>
<tr><td>④</td><td>设备与设施管理</td><td></td></tr>
<tr><td colspan="2">单项评分实得分
①×0.3+②×0.2+③×0.3+④×0.2</td><td></td></tr>
<tr><td colspan="2">分项评分表中的实得分为零的评分项目数（个）</td><td></td><td>分项评分表中的实得分为零的评分项目数（个）</td><td></td></tr>
<tr><td colspan="2">单项评价等级</td><td></td><td colspan="2">单项评价等级</td></tr>
<tr><td colspan="2">安全生产能力综合评价等级</td><td colspan="3"></td></tr>
<tr><td colspan="5">评价意见：</td></tr>
<tr><td>评价负责人（签名）</td><td></td><td>评价人员（签名）</td><td colspan="2"></td></tr>
<tr><td>企业负责人（签名）</td><td></td><td>企业签章</td><td colspan="2"></td></tr>
</table>

二、评分方法

1. 安全生产条件单项评分方法

施工企业安全生产条件单项评分符合下列原则：

(1) 各分项评分满分分值为 100 分，各分项评分的实得分应为相应分项评分表中各评分项目实得分之和。

(2) 分项评分表中的各评分项目的实得分不应采用负值，扣减分数总和不得超过该评分项目应得分分值。

(3) 评分项目有缺项的，其分项评分的实得分应按下式换算：

遇有缺项的分项评分的实得分 = (可评分项目的实得分之和/可评分项目的应得分值之和) ×100

(4) 单项评分实得分应为其 4 个分项实得分的加权平均值。安全生产管理制度，资质、机构与人员管理，安全技术管理和设备与设置管理 4 个分项的权数分别为 0.3、0.2、0.3、0.2。

2. 安全生产业绩单项评分方法

施工企业安全生产业绩单项评分应符合下列原则：

(1) 单项评分满分分值为 100 分，各分项评分的实得分应为相应分项评分项目实得分之和。

(2) 单项评分中的各评分项目的实得分不应采用负值，扣减分数总和不得超过该评分项目的应得分分值，加分总和也不得超过该评分项目的应得分分值。

(3) 单项评分实得分应为各评分项目实得分之和。

(4) 当评分项目涉及到重复奖励或处罚时，其加、扣分数应以该评分项目可加、扣分数的最高分计算，不得重复加分数或扣分。

三、评价等级

施工企业安全生产条件、安全生产业绩的单项评价和安全生产能力综合评价结果均应分为合格、基本合格、不合格三个等级。

施工企业安全生产条件单项评价等级划分应按表 9-7 核定。

表 9-7　施工企业安全生产条件单项评价等级划分

评价等级	评　价　项		
	分项评分表中的实得分为零的评分项目数（个）	各分项评分实得分	单项评分实得分
合　　格	0	≥70	≥75
基本合格	0	≥65	≥70
不 合 格	出现不满足基本合格条件的任意一项时		

施工企业安全生产业绩单项评价等级划分应按表9-8核定。

表9-8 施工企业安全生产业绩单项评价等级划分

评价等级	评价项	
	单项评分表中实得分为零的评分项目数（个）	评分实得分
合　格	0	≥75
基本合格	≤1	≥70
不合格	出现不满足基本合格条件的任意一项或安全事故累计死亡人数3个及以上或安全事故造成直接经济损失累计30万元以上	

施工企业安生生产能力综合评价等级划分应按表9-9核定。

表9-9 施工企业安全生产能力综合评价等级划分

评价等级	评价项	
	施工企业安全条件单项评价等级	施工企业安全生产业绩单项评价等级
合　格	合　格	合　格
基本合格	单项评价等级均为基本合格或一个合格、一个基本合格	
不合格	单项评价等级有不合格	

第五节 项目安全隐患和安全事故处理

一、安全隐患处理

安全隐患是在安全检查及数据分析时发现的。安全隐患处理应符合下列规定：

（1）项目经理部应区别“通病”、“顽症”、首次出现、不可抗力等类型，修订和完善整改措施。

（2）项目经理部应对检查出的隐患立即发出安全隐患整改通知单。受检单位应对安全隐患原因进行分析，制定纠正和预防措施。纠正和预防措施应经检查单位负责人批准后实施。

（3）安全检查人员对检查出的违章指挥和违章作业行为向责任人当场提出，限期纠正。

(4) 安全员对纠正和预防措施的实施过程和实施效果应进行跟踪检查，保存验证纪录。

二、安全事故处理

1. 安全事故

安全事故是人们在进行有目的的活动过程中，发生了违背人们意愿的不幸事件，使其有目的的行动暂时或永久地停止。重大安全事故，系指在施工过程中由于责任过失造成工程倒塌或废弃，机械设备破坏和安全设施失当造成人身伤亡或者重大经济损失的事故。

重大事故分为四个等级：

(1) 具备下列条件之一者为一级重大事故

1) 死亡30人以上。

2) 直接经济损失300万元以上。

(2) 具备下列条件之一者为二级重大事故

1) 死亡10人以上，29人以下。

2) 直接经济损失100万元以上，不满300万元。

(3) 具备下列条件之一者为三级重大事故

1) 死亡3人以上，9人以下。

2) 重伤20人以上。

3) 直接经济损失30万元以上，不满100万元。

(4) 具备下列条件之一者为四级重大事故

1) 死亡2人以下。

2) 重伤3人以上，19人以下。

3) 直接经济损失10万元以上，不满30万元。

2. 安全事故的处理原则

安全事故处理必须坚持“事故原因不清楚不放过，事故责任者和员工没有受到教育不放过，事故责任者没有处理不放过，没有制定防范措施不放过”的原则。

3. 安全事故的处理程序

(1) 报告安全事故　安全事故发生后，受伤者或最先发现事故的人员应立即用最快的传递手段，将发生事故的时间、地点、伤亡人数、事故原因等情况，上报至企业安全主管部门。企业安全主管部门视事故造成的伤亡人数或直接经济损失情况，按规定向政府主管部门报告。

施工单位发生生产安全事故，应当按照国家有关伤亡事故报告和调查处理的规定，及时、如实地向负责安全生产监督管理的部门、建设行政主管部门或者其他有关部门报告；特种设备发生事故的，还应当同时向特种设备安全监督管理部门报告。接到报告的部门应当按照国家有关规定，如实上报。

实行施工总承包的建设工程，由总承包单位负责上报事故。

(2) 事故处理　抢救伤员、排除险情、防止事故蔓延扩大，做好标识，保护好现场。

发生生产安全事故后，施工单位应当采取措施防止事故扩大，保护事故现场。需要移动现场物品时，应当做出标记和书面记录，妥善保管有关证物。

(3) 事故调查　项目经理应指定技术、安全、质量等部门的人员，会同企业工会代表组成调查组，开展调查。

(4) 调查报告　调查组应把事故发生的经过、原因、性质、损失责任、处理意见、纠正和预防措施撰写成调查报告，并经调查组全体人员签字确认后报企业安全主管部门。

建设工程生产安全事故的调查、对事故责任单位和责任人的处罚与处理，应按照有关法律、法规的规定执行。

4. 安全事故的应急救援

施工单位应当制定本单位生产安全事故应急救援预案，建立应急救援组织或者配备应急救援人员，配备必要的应急救援器材、设备，并定期组织演练。

施工单位应当根据建设工程施工的特点、范围，对施工现场易发生重大事故的部位、环节进行监控，制定施工现场生产安全事故应急救援预案。实行施工总承包的，由总承包单位统一组织编制建设工程生产安全事故应急救援预案，工程总承包单位和分包单位按照应急救援预案，各自建立应急救援组织或者配备应急救援人员，配备救援器材、设备，并定期组织演练。

第十章　项目成本管理

第一节　项目成本和成本管理

一、项目成本

1. 成本的概念

成本是一种耗费，是耗费劳动（物化劳动和活劳动）的货币表现形式。更形象地说，成本是各种牺牲的一般形式。可以说是牺牲的同义语。但在工程建设中，并不是所有的牺牲都能在现金流量上直接反映出来。

施工项目成本管理中研究的主要是财务成本（即现金成本），它是以货币或资金的形式表现出来的。非财务成本则是一种不能通过资金形式直接表示的成本。非财务成本虽然耗费了牺牲，它却不能马上表现为现金支出，但是日后也会通过其他途径最终表现在资金形态上，如精神成本、企业形象和企业的声誉。

由于精神不佳而使效率下降产生的成本就是精神成本。如劳动者的心态不佳，重大安全事故使人们情绪低落，都会使施工效率下降。各种耗费照常支出，甚至增加，但效果不佳或增加的程度不大。又如机会成本，施工企业由于投标 A 项目而放弃投标 B 项目时可得的潜在利润，那么这些被放弃的潜在利润就构成了投标 A 项目的机会成本。

应当指出，在经济运行过程中，没有一种单一的成本概念能适用于各种不同的场合，不同研究目的就需要用不同的成本概念。如固定成本和变动成本、预算成本、计划成本和实际成本等。

2. 项目成本费用分类

施工项目成本是项目在施工过程中所发生的费用支出总和。施工项目成本是由许多支出的费用所组成。由于各种费用的性质和特点各异，必须对这些费用进行科学分类。

费用分类方法很多，按照研究目的的不同，有不同的分类。

(1) 按经济性质分　指施工过程中所发生的费用支出，可分为活劳动、劳动对象和劳动手段三大类。为便于成本管理，可具体划分为：工资及附加费、外购材料及动力费、折旧费、其他费等。

(2) 按经济用途分　施工费用按经济用途分可分为人工费、材料费、机械使用费、其他直接费和间接费。

(3) 按计入成本的方法分　这种方法目的是为了便于组织施工项目实际成本的核算。它分为直接费和间接费。直接费是指发生时能确定用于哪些工程，可以直接记入该工程成本的费用；间接费是指发生时不解明确区分用于哪项工程，只能采用分摊费用方法计入的费用。

(4) 按费用与工程量的关系分　施工费用支出的数量与工程量成果有依存关系，按这种关系可把施工费用分为变动费用和固定费用。主要目的是进行成本分析，寻求降低成本的途径。

3. 施工项目成本种类

(1) 预算成本　它是按照建筑安装工程实物量和国家（或部）或地区或企业制定的预算定额及取费标准计算的社会平均成本或企业平均成本，它是以施工图预算为基础进行分析、预测、归集和计算确定的。预算成本包括直接费用和间接费用。

(2) 计划成本　它是在预算成本的基础上确定的标准成本。计划成本确定的根据是施工企业的要求（如内部承包合同的规定），结合施工项目的技术特征、项目管理人员素质、劳动力素质及设备情况等。它是成本管理的目标，也是控制项目成本的标准。

(3) 实际成本　它是项目施工过程中实际发生的可以列入成本支出的费用总和。

上述三种成本计划的关系，实际成本与预算成本比较，反映的是对社会平均成本（或企业平均成本）的超支或节约；计划成本同预算成本比较，差额是计划成本降低额；计划成本同实际成本相比较，差额是实际成本降低额，是项目经理部的经济效益。

二、项目成本管理概述

项目成本管理（Project Cost Management）指为实现项目成本目标所进行的预测、计划、控制、核算、分析和考核等活动。

企业应建立、健全项目全面成本管理责任体系，明确业务分工和职责关系，把管理目标分解到各项技术工作、管理工作中。该体系应包括两个层次：

（1）企业管理层　负责项目全面成本管理的决策，确定项目的合同价格和成本计划，确定项目管理层的成本目标。企业应建立和完善项目管理层作为成本控制中心的功能和机制，并为项目成本控制创造优化配置生产要素、实施动态管理的环境和条件。

（2）项目管理层　负责项目成本的管理，实施成本控制，实现项目管理目标责任书中的成本目标。

项目经理部应对施工过程发生的、在项目经理部管理职责权限内能控制的各种消耗和费用进行成本控制。项目经理部承担的成本责任与风险应在项目管理目标责任书中明确。

作为企业来讲，应将项目经理部作为项目的成本核算中心，作为成本管理的主体。使项目经理部成为项目成本核算的中心是针对企业管理层是追逐利润的中心来说的，指项目经理部应当作为成本管理的主体。其原因如下所述。

1）项目经理部通过接受项目管理目标责任书承担了可控目标成本责任。

2）项目经理部的地位使其有条件独立核算制造成本。

3）企业管理层向项目经理部明确其可控责任成本目标时，也同时明确了自己的服务和监督目标。

4）项目经理部的地位决定它不能核算全部成本，只有企业管理层才具备这个条件。

5）项目经理部关心成本，因为通过降低成本可实现其自身利益。

6）项目经理部不是法人，没有能力追逐利润。追逐利润是企业管理层的任务。

7）项目经理部的降低成本应全部上缴，由法人分配，而以奖励的方式返还项目经理部应得部分。

8）项目经理部通过实现降低成本目标，为企业利润目标的实现作贡献。

项目经理部应建立以项目经理为中心的成本控制体系，按内部各岗位和作业层进行成本目标分解，明确各管理人员和作业层的成本责任、权限及相互关系。

项目经理部的成本管理应是全过程的，包括成本计划、成本控制、成本核算、成本分析和成本考核。

项目成本管理应遵循下列程序：

（1）掌握生产要素的市场价格和变动状态。

（2）确定项目合同价。

（3）编制成本计划，确定成本实施目标。

（4）进行成本动态控制，实现成本实施目标。

（5）进行项目成本核算和工程价款结算，及时收回工程款。

（6）进行项目成本分析。

（7）进行项目成本考核，编制成本报告。

（8）积累项目成本资料。

第二节　项目成本计划

一、责任目标成本

责任目标成本是承包人要求项目经理负责实施和控制的目标成本。企业应按下列程序确定项目经理部的责任目标成本：

（1）在施工合同签订后，由企业根据合同造价、施工图和招标文件中的工程量清单，确定正常情况下的企业管理费、财务费用和制造成本。

（2）将正常情况下的制造成本确定为项目经理的可控成本，形成项目经理的责任目标成本。

（3）项目经理在接受企业法定代表人委托之后，应通过主持编制项目管理实施规划寻求降低成本的途径，组织编制施工预算，确定项目的计划目标成本。

成本计划就是根据责任目标成本和项目经理部确定的计划目标成本，将其分配到各项目活动上去，进而确定测量项目实际执行情况的基准。

项目经理部应按照责任目标成本和项目成本计划编制“目标成本控制措施表”，并将各分部分项工程成本控制目标和要求、各成本要素的控制目标和要求，落实到成本控制的责任者，并应对确定的成本控制措施、方法和时间进行检查和改善。

二、项目成本计划的编制

1. 项目成本计划的编制依据

编制项目成本计划应依据下列文件：

(1) 合同文件。

(2) 项目管理实施规划。

(3) 设计文件。

(4) 市场价格信息。

(5) 企业定额。

(6) 类似项目的成本资料。

2. 项目成本计划的编制要求

(1) 成本计划不应只是被动的按照已确定的技术设计、合同、工期、实施方案和环境来估算工程成本（当然这是最基本的），而是应包括对不同的方案进行技术经济分析，从总体上考虑工期、成本、质量、实施方案等之间的互相影响和平衡，以寻求最优的解决方法。

(2) 不仅要在规划阶段编制周密的成本计划，而且在实施过程中要进行积极的成本控制，不断地按照新的情况（新的设计、新的环境、新的实施状况）调整和修改计划，并不断预测工程结束时的成本状态及工程经济效益，形成一个动态控制过程。即成本计划的编制要能适应进行全过程的成本计划管理的需要。

(3) 成本计划的目标不仅是使项目建设成本实现最小化，它还必须与项目赢利的最大化相统一。如承包商在决定工期方案时不仅应考虑资源投入量和成本的高低，而且应考虑工期拖延的合同违约金或工期提前的奖励，或合同中规定的其他奖励措施，有时还要考虑到企业的信誉和形象。

(4) 在一个工程中如果实施环境没有出现特殊的情况，技术组织方案没有重大的修改，工程范围没有重大的变化，则成本计划中出现大量节约成本或成本大幅度超支都属于不正常的状况。

(5) 成本计划应是有根据的、科学的、理智的、符合实际的、有预见性的，能清楚地表达在项目预定条件下（项目范围、施工环境等）的成本花费。

3．项目成本计划的精度

人们总希望能做出精确的成本计划，但这是很困难的。因为项目是一次性的，以往所积累起来的数据虽然非常有用，但并没有完全的可比性的基础。项目成本计划的精确度主要与如下因素有关：

（1）项目工程范围的确定性、工程技术设计的深度和工程技术标准的精细程度。

（2）项目实施环境，特别是市场情况（如市场价格、通货膨胀、税率等）的信息量和信息的准确度。

（3）施工组织方案、进度计划、技术措施等的确定性。

（4）所掌握的同类工程的成本资料的详细和精确程度。对过去同类工程的资料和经验数据还应检查在本项目条件下的可用性。

因此，成本计划并非单纯是对未来的成本花费的精确估计，而主要是确定未来的成本花费的水平或成本控制的标准。

4．成本计划的内容和表达方式

通常一个完整的项目成本计划包括如下几方面内容：

（1）各个成本对象的计划成本值。

（2）成本—时间表和曲线，即成本的强度计划曲线。它表示在各时间段上工程成本的计划完成情况。

（3）累计成本—时间表和曲线，即S曲线或香蕉图，它又被称为项目的成本模型。

（4）相关的其他计划。例如，资金支付计划、工程款收入计划、现金流量计划、融资计划等。

成本计划应形成相应的计划文件。成本计划文件应根据项目管理的需要采用简单易懂，便于成本控制的表达方式。常用的成本计划的表达方式有如下几种：

（1）表格形式。例如成本项目—时间表和成本分析对比表等。

（2）曲线形式。有两种：

1）直方图形式，例如“成本—时间图”，它表达任一时间段中工程成本的完成量。

2）累计曲线，例如“累计成本—时间曲线”。

（3）其他形式，例如表达各成本要素份额的圆（柱）形图等。

三、项目成本模型

1. 成本模型的概念

通过在网络进度计划分析的基础上将计划成本分解落实到网络上的各项工程活动，并将计划成本在相应的工程活动的持续时间上平均分配，这样可以获得“工期—累计计划成本曲线”，这一曲线就被称为该项目的成本模型。

利用成本模型可以进行不同工期（进度）方案、不同技术方案的对比，同时项目经理可以用它进行实施控制。按实际工程成本和实际工程进度还可以做出项目的实际成本模型，可以进行整个项目“计划—实际”成本及进度的对比。这对把握整个项目工程进度，分析成本进度状况，预测成本趋向十分有用。

2. 绘制方法

(1) 在经过对网络计划分析后，按各个活动的最早开始时间输出横道图（有时也按最迟时间或最早、最迟同时对比），并确定相应项目单元的工程成本。

(2) 假设工程成本在相应工程活动的持续时间内平均分配，即在各活动上计划成本—时间关系是直线，则可得到各活动的计划成本强度。

(3) 按项目总工期将各期（如每月、每周）的各活动的计划成本进行汇集，得到各时间段的成本强度。

(4) 做成本—工期表（图）。

(5) 计算各期期末的计划成本累计值，并作曲线。

3. 示例

截取某项目的部分工程活动，确定各工程活动的计划成本见表10-1。

表10-1 各工程活动的计划成本表

工程活动	A	B	C	D	E	F	G	H	I	J	合计
持续时间/周	4	10	6	10	4	2	10	6	2	2	32
计划成本/万元	8	40	60	60	24	18	40	18	10	6	284
单位时间计划成本/（万元/周）	2	4	10	6	6	9	4	3	5	3	8.88（平均）

在经过对网络计划分析后即可得到各时间段上项目的成本强度，它是在横道图上做出的，为一直方图，如图10-1所示。同时求各期

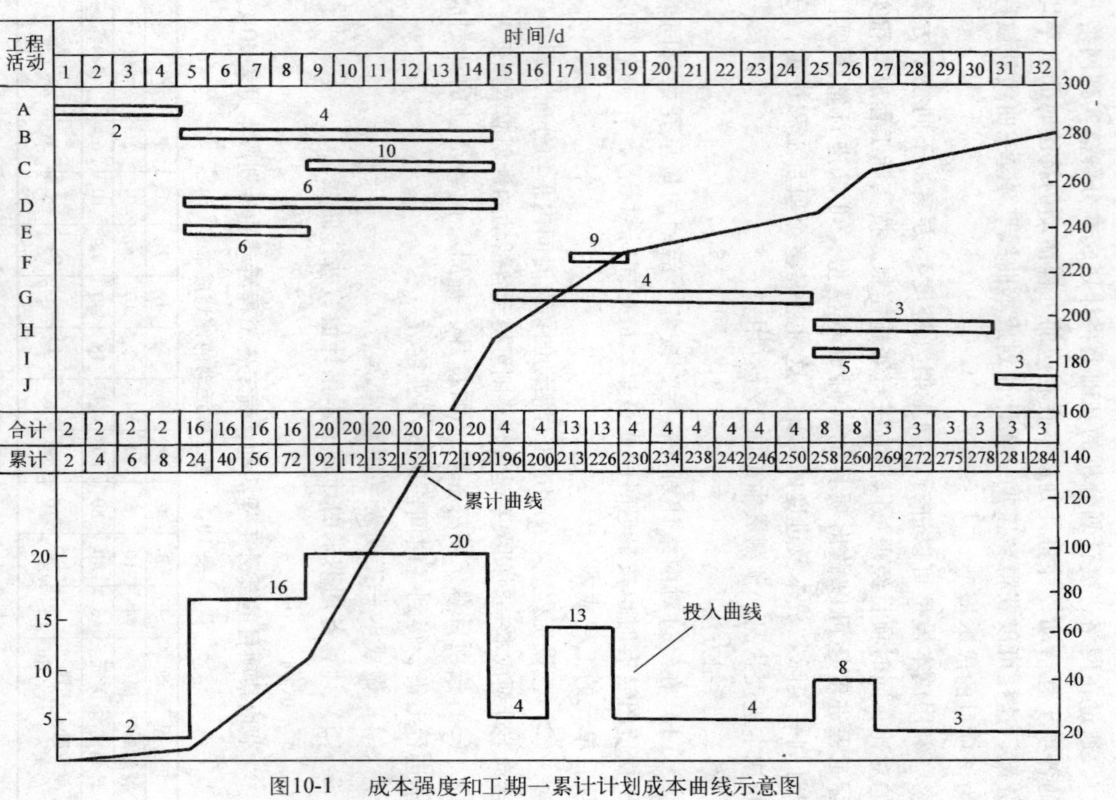

图10-1 成本强度和工期—累计计划成本曲线示意图

末项目计划成本累计值，则可得到累计曲线。

项目的成本模型理想化的图形如图 10-2 所示，被称作 S 形曲线，一般它是按工程活动的最早开始时间绘制的。它从成本方面反映工程进度。有时为了便于对比和实施控制，将最早时间和最迟时间的曲线图做于同一张图上则可得到如图 10-3 所示的模型。人们形象地称为香蕉图。

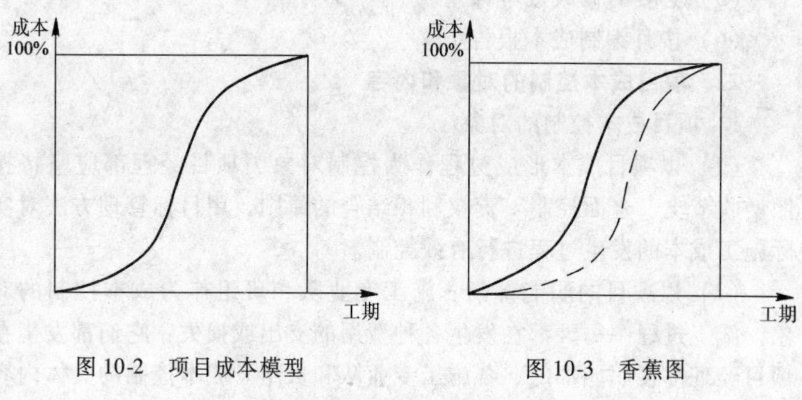

图 10-2　项目成本模型　　　图 10-3　香蕉图

第三节　项目成本控制

项目成本控制是指在满足合同规定的条件下依据施工项目的成本计划，对施工过程中所发生的各种费用支出，进行指导、监督、调节，及时控制和纠正即将发生和已经发生的偏差，保证项目成本目标实现。

一、项目成本控制的依据和程序

1. 项目成本控制的依据

进行成本控制应依据下列资料：

(1) 合同文件。

(2) 成本计划。

(3) 进度报告。

(4) 工程变更与索赔资料。

2. 项目成本控制的程序

进行成本控制应遵循下列程序：

(1) 收集实际成本数据。

(2) 实际成本数据与成本计划目标进行比较。

(3) 分析成本偏差及原因。

(4) 采取措施纠正偏差。

(5) 必要时修改成本计划。

(6) 按月编制成本报告。

二、项目成本控制的对象和内容

1. 项目成本控制的对象

(1) 以项目成本形成过程作为控制对象　项目经理部应坚持按照增收节支、全面控制、责权利相结合的原则，用目标管理方法对实际施工成本的发生过程进行有效控制。

(2) 以项目的职能部门、施工专业队和班组作为成本控制的对象　施工过程中每天都在发生各种费用的支出或损失，它们都发生在项目经理部各职能部门、各施工专业队和班组。成本控制的具体内容就是日常发生的各种费用或损失，故成本控制应该把这些部门、队、组（实质上是人）作为成本控制对象。

(3) 以分部分项工程作为成本控制对象　微观控制才能真正理解各目标的实际完成情况与产生的偏差，施工项目必须把分部分项工程作为成本控制对象。对每个分部分项工程，都要编制施工预算，分解成本计划，分别计算人工、材料、设备的数量和单价，以此作为成本控制标准，通过施工任务书分别下达，对分部分项工程进行细致、扎实的成本控制。

2. 项目成本控制的内容

施工项目成本受到影响的因素很多，如技术、工艺、方案、质量、进度、各类材料、设备、自然条件、人、制度、政策等，但最基本的因素是人，是参与施工和管理的实际操作者。从这个理念出发，施工项目成本控制必须由项目全员参加，根据各自的责任成本对自己分工内容负责成本控制。

项目经理部应根据计划目标成本的控制要求，做好施工采购规划，通过生产要素的优化配置、合理使用、动态管理，有效控制实际成本。

项目经理部应加强施工定额管理和施工任务单管理，控制活劳动和物化劳动的消耗。

项目经理部应加强施工调度，避免因施工计划不周和盲目调度造成窝工损失、机械利用率降低、物料积压等而使施工成本增加。

科学的计划管理和施工调度应重点做到以下几点：

（1）周密地进行施工部署，使各专业工种连续均衡施工。

（2）随时掌握施工作业进度变化及时差利用情况，健全施工例会，及时加强调度，搞好施工协调。

（3）合理配备主辅施工机械，明确划分使用范围和作业任务，提高其利用率和使用效率。

（4）合理确定劳动力和机械设备的进场和退场时间，减少盲目调集而造成的窝工损失。

项目施工中，合同发生变更是屡见不鲜的事。所以，出现合同变更后，应正确做好合同变更部分的估价，准确确定费用的承担者，合理组织变更部分的施工，这对双方都是有益的。

项目经理部应加强施工合同管理和施工索赔管理，正确运用施工合同条件和有关法规，及时进行索赔。

三、项目成本控制的技术方法

1. 价值工程方法

价值工程是一套系统的科学管理方法，从成本控制角度看，它多用于事前控制。用于设计阶段的效果很好，用于施工阶段较困难，效果不十分理想。

施工阶段利用价值工程可在制定技术先进、经济合理的施工方案过程中运用。例如现在已常用的混凝土添加剂可降低材料消耗费用，是一种对配合比的改变，通过材料代用而获得同样功能的方法。还可以在采购方案的确定、运输方案的确定、库料设置、机械设备配套组合与选择等方面采用。

2. 时间、进度、费用法

施工过程从时间上看可分三个阶段：施工开始阶段、全面施工阶段、收尾阶段。每个阶段费用支出各有特点，单位时间耗用费用和单位时间完成的工程量同时间的关系呈线性关系。若把单位时间费用支出用累计数表示，它与时间关系如图 10-4 所示。可以用 S 形曲线原理，结合施工进度对成本进行控制。

3. 赢得值法

赢得值（Earned Value）为已完工作的预算费用，用以度量项目进展完成状态的尺度。赢得值具有反映进度和费用的双重特性。赢得值也被翻译为净值。

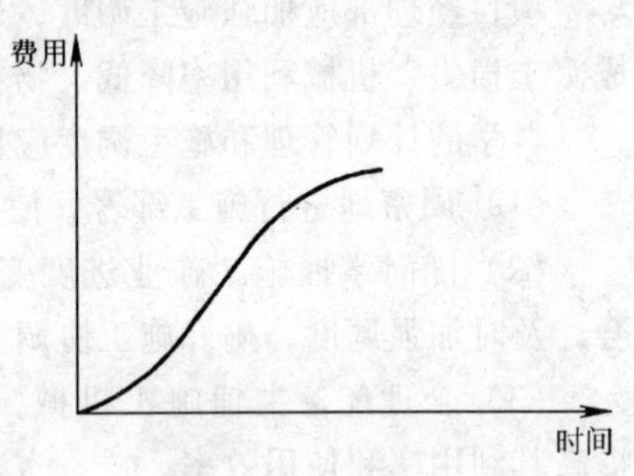

图 10-4 单位时间费用支出累计曲线

用赢得值管理技术进行费用、进度综合控制，基本参数有三项：

(1) 计划工作的预算费用（Budgeted Cost for Work Scheduled, BCWS）。

(2) 已完工作的预算费用（Budgeted Cost for Work Performed, BCWP）。

(3) 已完工作的实际费用（Actual Cost for Work Performed, ACWP）。

其中，BCWP 即所谓赢得值。

在项目的费用、进度综合控制中引入赢得值管理技术，可以克服过去进度、费用分开控制的缺点，即当发现费用超支时，很难立即知道是由于费用超出预算，还是由于进度提前。相反，当发现费用消耗低于预算时，也很难立即知道是由于费用节省，还是由于进度拖延。而引入赢得值管理技术即可定量地判断进度、费用的执行效果。

在项目实施过程中，以上三个参数可以形成三条曲线，即 BCWS、BCWP、ACWP 曲线，如图 10-5 所示。

在图 10-5 中，$CV = BCWP - ACWP$，由于两项参数均以已完工作为计算基准，所以两项参数之差，反映项目进展的费用偏差。

$CV = 0$，表示实际消耗费用与预算费用相符（No Budget）。

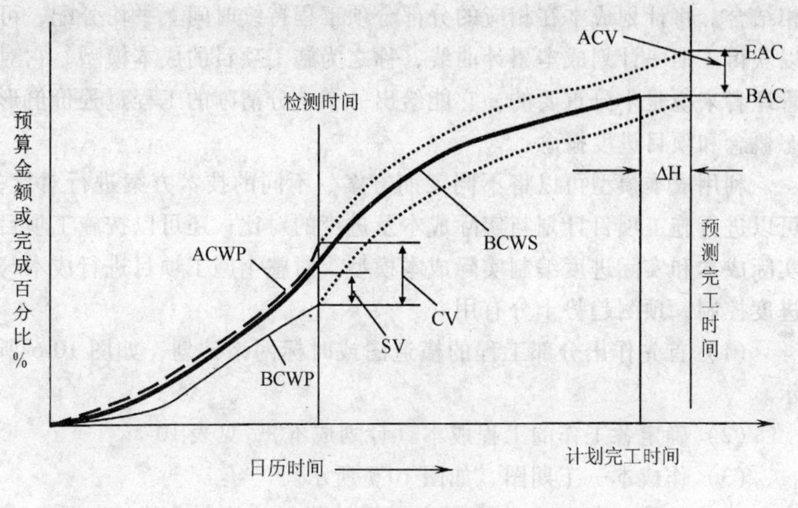

图 10-5　赢得值曲线图

CV>0，表示实际消耗费用低于预算费用（Under Budget）。

CV<0，表示实际消耗费用高于预算费用，即超预算（Over Budget）。

SV=*BCWP*-*BCWS*，由于两项参数均以预算值作为计算基准，所以两者之差，反映项目进展的进度偏差。

SV=0，表示实际进度符合计划进度（No Schedule）。

SV>0，表示实际进度比计划进度提前（Ahead）。

SV<0，表示实际进度比计划进度拖后（Behind）。

采用赢得值管理技术进行费用、进度综合控制，还可以根据当前的进度、费用偏差情况，通过原因分析，对趋势进行预测，预测项目结束时的进度、费用情况。在图 10-5 中：

BAC（Budget At Completion）为项目完工预算。

EAC（Estimate At Completion）为预测的项目完工估算。

ACV（At Completion Variance）为预测项目完工时的费用偏差。

ACV=*BAC*-*EAC*。

4. 横道图法——成本模型

成本计划可与网络图相结合，对分部分项工程还可同时与横道图相结合。将计划成本在相应的分部分项工程持续时间上平均分配，可以获得工期—计划成本累计曲线，称之为施工项目的成本模型。它对管理者来说是十分重要的，它能给出一个十分清晰的工程过程价值形态概念和项目进度概念。

利用成本模型可以将不同工期方案、不同的技术方案进行对比；可以进行施工项目计划与实际成本及进度的对比；还可以按施工项目实际成本和实际进度编制实际成本模型，对整个施工项目进行成本与进度控制，预测趋势十分有用。

（1）首先作出分部工程的横道图或时标网络计划，如图 10-6 所示。

（2）确定各工作的工程成本（计划成本），见表 10-2。

（3）作成本—工期图，如图 10-7 所示。

（4）计算各期期末的计划成本累计值，并绘制曲线，如图 10-7 所示。

5．成本计划评审法

成本计划评审法是指在施工项目的网络图上标出各工作的计划成本和工期，箭线下方数字为工期，箭线上方 C 后的数字为成本费用，如图 10-8 所示（费用单位为千元、工期单位为周）。

在计划开始实施后，将实际进度和费用的开支（主要是直接费）累计算出，并定期与计划相比较，若出现偏差，及时分析原因，采取措施加以纠正。图 10-9 所表示的是图 10-8 所表示的网络计划实施 4 周后的检查情况。方框中的数值为实际值。

由图 10-9 可以看到，在计划实施 4 周后检查时，工作①→③是按计划完成，费用正好与计划值相等；工作①→②是非关键工作，工作延误一周，虽然未影响工期，但按单位时间计算的费用都超支了。通过计算超支 5000 元。

$$\left(\frac{30 \times 1000}{6} \times 3 - 20 \times 1000\right) \text{元} = -5000\ \text{元}$$

对工作①→②的费用超支，应及时查明原因，若有异常，应设法予以纠正。

6．成本控制的财务方法——成本分析表法

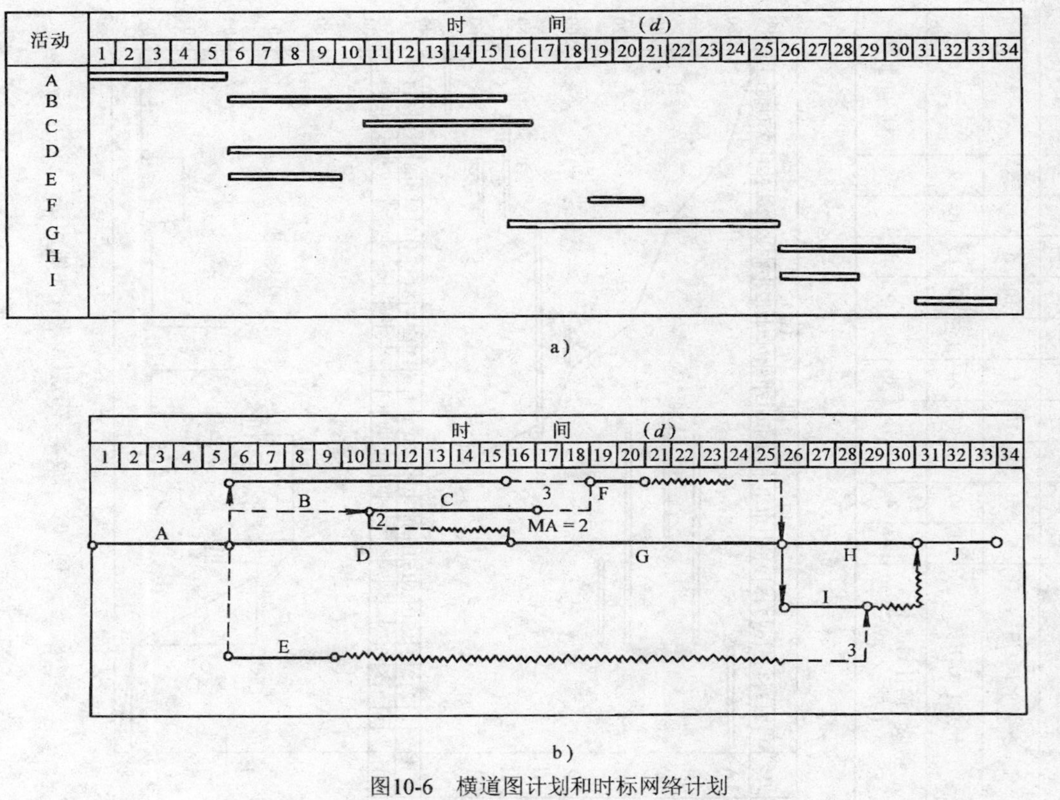

图10-6　横道图计划和时标网络计划

表 10-2 工程成本（计划成本）表

工程活动	A	B	C	D	E	F	G	H	I	J	合计
持续时间/周	5	10	6	10	4	2	10	5	3	3	33
计划成本/万元	10	40	60	60	24	18	40	15	15	9	291
单位时间计划成本/（万元/周）	2	4	10	6	6	9	4	3	5	3	8.82（平均）

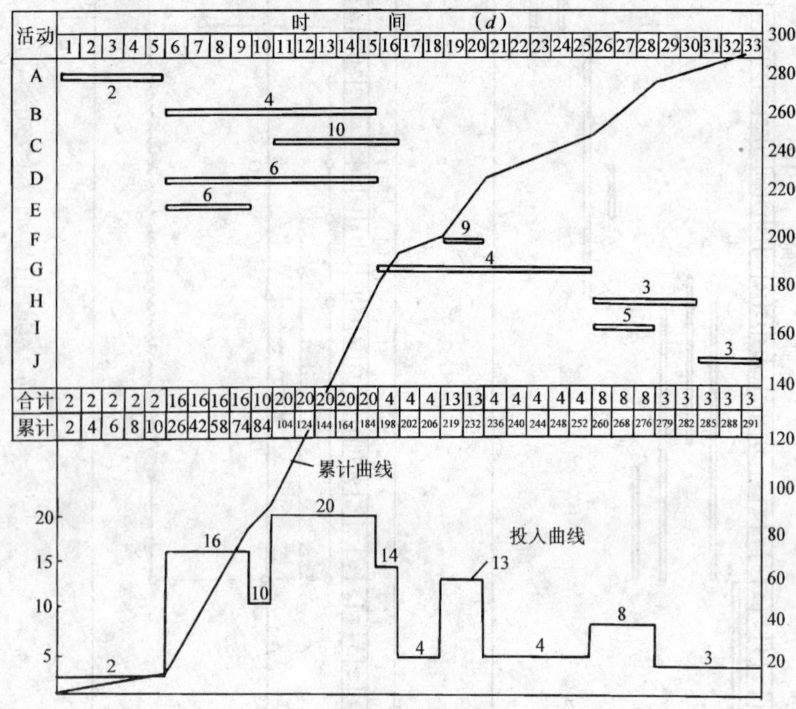

图 10-7 成本—工期和累计曲线

成本分析表法是施工项目成本控制的一种财务方法，它包括成本日报表、周报表、月报表、分析表和成本预测报告等。这种方法用得较多，但它要求准确、及时和简单明了。表的填制可以每日、每周或每月一次，根据实际需要而定。

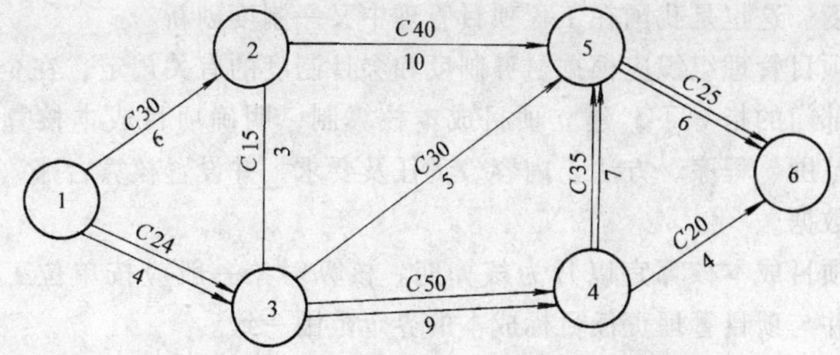

图 10-8　进度与成本同步跟踪的网络图

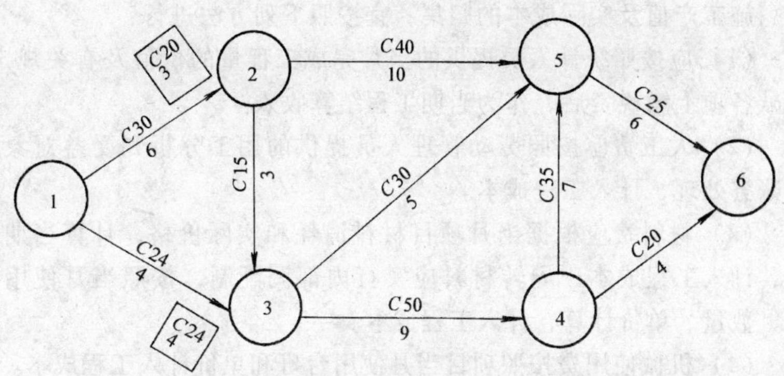

图 10-9　成本计划评审法示例图

第四节　项目成本核算

成本核算是对施工过程中的劳动消耗、资金占用和效果进行记录、计算、分析和控制。其目的在于用比较少的劳动消耗和资金占用，生产出更多的符合用户需要的建筑产品，保证施工企业获取盈利。实际成本核算是反映施工项目的实际支付，对施工企业中项目成本宏观控制是十分有用的。

施工项目成本核算制度是在《建设工程项目管理规范》总则中确定的施工项目管理的一项基本制度，它是指在施工项目管理中，有关项目成本核算的原则、范围、程序、方法、内容、责任及要求的管理制度。这也是我国在工程项目管理中又一制度创新。

项目管理组织应根据财务制度和会计制度的有关规定，在企业的职能部门的指导下，建立项目成本核算制，明确项目成本核算的原则、范围、程序、方法、内容、责任及要求，并设置核算台账，记录原始数据。

项目成本核算宜以月为核算期。核算对象一般应按单位工程划分，并与项目管理责任目标成本的界定范围一致。

项目成本核算应坚持施工形象进度、施工产值统计、实际成本归集三同步的原则。

施工产值及实际成本的归集，宜按照下列方法进行：

(1) 应按照统计人员提供的当月完成工程量的价值及有关规定，扣减各项上缴税费后，作为当期工程结算收入。

(2) 人工费应按照劳动管理人员提供的用工分析和受益对象进行账务处理，计入工程成本。

(3) 材料费应根据当月项目材料消耗和实际价格，计算当期消耗，计入工程成本；周转材料应实行内部调配制，按照当月使用时间、数量、单价计算，计入工程成本。

(4) 机械使用费按照项目当月使用台班和单价计入工程成本。

(5) 其他直接费应根据有关核算资料进行账务处理，计入工程成本。

(6) 间接成本应根据现场发生的间接成本项目的有关资料进行账务处理，计入工程成本。

实际核算时，各种分摊费用的核算及经济指标的选取受人的主观因素影响较大，容易影响成本核算的准确性和成本评价的公正性。对总部管理费、工地管理费、周转材料，分摊在分项工程成本或工程总成本上，一般应尽量采用直接核算办法，或尽可能减少分摊费用值和分摊范围。

项目成本核算应采取会计核算、统计核算和业务核算相结合的方法，并应进行下述比较分析：

(1) 实际成本与责任目标成本的比较分析。

(2) 实际成本与计划目标成本的比较分析。

项目经理部对项目成本核算的比较分析，应能找出具体核算对象成本节约或超支的数额和原因，以便及时采取对策，防止偏差累计而导致总成本目标失控。

项目经理部应在跟踪核算分析的基础上，编制月度项目成本报告，上报企业成本主管部门进行指导检查和考核。

项目经理部应在每月分部分项成本的累计偏差和相应的计划目标成本余额的基础上，预测后期成本的变化趋势和状况；根据偏差原因制定改善成本控制的措施，控制下月施工任务的成本，有的放矢地进行循环控制。

第五节　项目成本分析与考核

一、项目成本分析

成本分析应依据会计核算、统计核算和业务核算的资料进行。

成本分析宜采用比较法、因素分析法、差额分析法和比率法等基本方法；也可采用分部分项成本分析、年季月度成本分析、竣工成本分析等综合成本分析方法。项目经理部对项目成本分析方法的选择，应能使分析结果揭示量差和价差的单因素影响情况及其综合影响的效果，以便为成本控制提供明确的方向和依据。

项目经理部进行成本分析可采用下列方法：

(1) 按照量价分离的原则，用比较法分析影响成本节约或超支的主要因素。包括：实际工程量与预算工程量的对比分析，实际消耗量与计划消耗量的对比分析，实际采用价格与计划价格的对比分析，各种费用实际发生额与计划支出额的对比分析。

(2) 在确定施工项目成本各因素对计划成本影响的程度时，可采用连环替代法或差额分析法进行成本分析。

项目经理部应将成本分析的结果形成文件，为成本偏差的纠正与预防、成本控制方法的改进，制定降低成本措施、改进成本控制体系等提供依据。

项目施工过程的成本分析目的在于指导后续施工的成本管理和控制。项目经理部应及时组织项目管理人员研究成本分析文件资料，沟通成本信息，增强成本意识，并群策群力寻求改善成本的对策与途径。

二、项目成本考核

项目成本考核是贯彻项目成本责任制的重要手段，也是项目管理激励机制的体现。项目管理组织应建立和健全项目成本考核制度，对考核的目的、时间、范围、对象、方式、依据、指标、组织领导、评价与奖惩原则等做出规定。公平、公正、真实、准确地评价项目经理部及管理人员的工作业绩和问题。

项目成本考核应分层进行：企业对项目经理部进行成本管理考核;项目经理部对项目内部各岗位及各作业队进行成本管理考核。

项目管理组织应以项目成本降低额和项目成本降低率作为成本考核的主要指标。项目经理部应设置成本降低额和成本降低率等考核指标。

项目成本考核内容应包括：计划目标成本完成情况考核，成本管理工作业绩考核。

项目成本考核应按照下列要求进行：

(1) 企业对施工项目经理部进行考核时，应以确定的责任目标成本为依据。

(2) 项目经理部应以控制过程的考核为重点，控制过程的考核应与竣工考核相结合。

(3) 各级成本考核应与进度、质量、安全等指标的完成情况相联系。

(4) 项目成本考核的结果应形成文件，为奖罚责任人提供依据。

第六节 项目质量成本控制

一、项目质量成本

质量成本指“为了确保和保证满意的质量而发生的费用及没有达到满意的质量所造成的损失”。可以理解为保证质量费用与没有达到质量损失费用之和。

质量成本占产品总成本的比重是不尽相同的，最少的仅占1%～2%，最高的可达10%左右。由于质量成本占的比重有限，要通过降低质量成本较大地影响总成本而取得更大的利润，其作用是有限的。但它的重要意义在于，通过开展质量成本统计核算工作，可以看到施工质量及管理问题存在的薄弱环节，提醒管理者采取措施，所提高的经济效益是可观的。

二、项目质量成本的内容

1. 质量成本的内容

（1）控制成本　指的是产品质量的保证费用。

1）预防成本　预防质量故障所消耗的费用。其中包括质量管理工作费用、质量情报费用、质量管理人员培训费用、质量保证宣传费用、质量管理活动费用等。

2）鉴定成本　评定产品能否达到规定标准的质量而进行的试验、检验和检查的费用。其中包括材料检验试验费、工序监测和计量服务费、质量评审活动费等。

（2）故障成本　未达到质量标准造成的损失费用。

1）内部故障成本　施工项目未交工前，因产品质量未达到规定标准所造成的损失费用。其中包括返工损失费、返修损失费、停工损失费、质量过剩损失费、技术超前支出费、事故分析处理费等。

2）外部故障成本　施工项目交工之后，因产品质量未能达到规定标准所造成的损失。其中包括保修、赔偿费、担保费、诉讼费及其他违规罚款等。

2. 质量水平与质量成本关系

质量水平与控制成本成正比关系，工程质量水平越高，消耗的预防成本和鉴定成本就越大。

质量水平与故障成本成反比关系，工程质量水平越高，故障成本（内部和外部）就越小。

根据质量水平与质量成本的关系，可以找到质量成本最佳区和质量成本最佳值，如图10-10所示。

三、质量成本计划

质量成本计划是指为了达到合同规定的质量标准，而对适宜的质

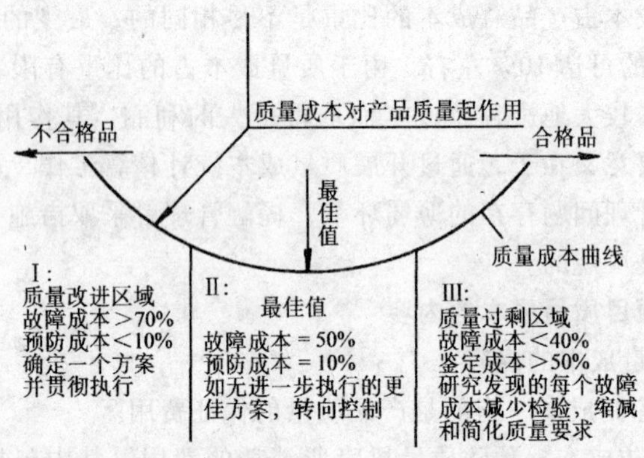

图 10-10　质量水平与控制成本和故障成本之间的关系

量成本的策划与安排。它是质量成本控制的标准。

质量成本计划编制的依据，理论上应该是故障成本和预防成本之和最低时的值，即成本最佳值；还应考虑本企业或本项目的实际管理能力、生产能力和管理水平，考虑本企业质量管理与质量成本管理的历史资料，综合编制，计划就有可能更接近实际。

质量成本计划编制程序：

(1) 收集资料进行预测预控，确定目标成本。

(2) 确定质量成本控制总额。

(3) 按质量成本率将目标成本分解到具体目标上。

(4) 编制质量成本计划。

(5) 把目标成本和改进措施落实分解到各部门、各单位、各班组。

第十一章　项目资源及采购管理

第一节　项目资源管理

项目资源管理（Project Resources Management）指对项目所需人力、材料、机具、设备、技术和资金所进行的计划、组织、指挥、协调和控制等活动。

企业应建立和完善项目资源管理体系，建立资源管理制度、确定资源管理的责任分配和管理程序的建立，并做到管理的持续改进。

资源管理包括人力资源管理、材料管理、机械设备管理、技术管理和资金管理。

企业应建立和完善项目资源配置机制，适应施工项目管理需要。

施工项目的资源配置既有直接面向市场的一面，也有使用企业内部资源的一面。无论通过什么渠道和方式，都应按照资源配置的自身经济规律和价值规律办事，才能充分发挥资源的效能，降低工程成本。因此，企业要通过内部管理体制的改革，改变以往运用行政手段为施工调拨资源的做法，建立适应市场经济要求的资源配置制度和管理机制，其中最重要的就是坚持资源的有偿占用，经济核算和责任考核。

项目资源管理应实现资源的优化配置、动态控制和降低成本。

优化配置和动态控制是资源管理的两个方面，其目的都是为了降低工程成本。前者是资源管理目标的计划预控，包括资源的选择，资源的配置数量，资源的组合，资源需求时间的确定，资源的周转重复利用方法等，通过项目管理实施规划或施工组织设计予以实现。后者是资源管理目标的过程控制，包括对资源利用率和效率的监督、闲置资源的清退、资源随施工任务的增减变化及时间调度等，通过管理活动予以实现。

项目资源管理另一需要关注的问题是要防范风险。项目资源的供应涉及市场、经济、社会、政治、国际等大环境，当然风险较大；而在使用中，也受技术因素和非技术因素的制约，风险在所难免。所以，项目资源管理的一个重要问题就是防范风险。对资源的供应应加强计划管理，在计划中充分考虑风险因素，制定防范措施。要采用科学方法进行风险预测、分析、识别、度量，制定应对方案，回避、自留和转移风险。要充分利用法律、合同、担保、保险、索赔等手段防范风险。目前还要特别防范资金风险，注意发包方的资金动态，对发包方的资金不足要采取对策。

项目资源管理的全过程应包括项目资源的计划、配置、控制和处置。

项目资源管理应遵循下列程序：

(1) 按合同要求，编制资源配置计划，确定投入资源的数量与时间。

(2) 根据资源配置计划，做好各种资源的供应工作。

(3) 根据各种资源的特性，采取科学的措施，进行有效组合，合理投入，动态调控。

(4) 对资源投入和使用情况定期分析，找出问题，总结经验并持续改进。

第二节　项目资源管理计划

一、资源及资源计划

1. 项目资源的种类

资源作为工程项目实施的基本要素，它通常包括：劳动力，原材料和设备，周转材料、施工用工器具及施工设备的备件、配件等，项目施工所需的施工设备、临时设施和必需的后勤供应。此外，还可能包括计算机软件、信息系统、服务、专利技术等。有时人们将资金也作为一种资源。项目资源在施工项目管理当中也被称为项目生产要素。

2. 资源计划

资源计划涉及决定什么样的资源及多少资源将用于项目的每一工作的执行过程之中，将项目实施所需要的资源按正确的时间、正确的数量供应到正确的地点，并降低资源成本消耗（如采购费用、仓库保管费用等）。因此，资源计划主要包含两个方面的内容，资源的使用计划和资源的供应计划。资源计划的结果还包括反映各种资源种类的需求及供应的分项计划，如劳动力计划、材料和设备供应计划等。项目资源管理尤其侧重于项目资源需求的测定和项目资源计划的编制、执行和控制。

3. 对资源计划的要求

在现代项目管理中，对资源计划有如下要求：

(1) 资源计划必须纳入到项目进度管理中，如编制网络进度计划时不顾及资源供应条件的限制，则网络进度计划是不可执行的。

(2) 资源计划必须纳入到项目成本管理中，如作为降低成本的重要措施。

(3) 在制定实施方案及技术管理和质量控制中必须包括资源管理的内容。

二、资源计划的过程

资源计划应纳入项目的整体计划和组织系统中，资源计划包括如下过程。

(1) 在工程技术设计和施工方案的基础上确定资源的种类、质量、用量。这可由工程量表和资源消耗定额标准得到。

(2) 资源供应情况调查和询价。

(3) 确定各种资源使用的约束条件，包括总量限制、单位时间用量限制、供应条件和过程的限制。

(4) 在进度计划的基础上，确定资源使用计划，确定各资源的使用时间和地点。进度计划的制定和资源计划的制定往往需要结合在一起共同考虑。

(5) 确定各项资源的供应方案、各个供应环节，并确定它们的时间安排。

(6) 确定项目的后勤保障体系，如按上述计划确定现场的仓库、工棚、汽车的数量及平面布置等。

在资源计划的过程中还必须考虑项目实施组织有关人员的招聘，物资的采购方案及设备租赁和购买的方针策略等。

三、资源计划的优化

资源的合理组合、供应、使用，对项目实施的经济效果有很大的影响。

在项目实施过程中资源的获得、供应、使用、安排的方案很多，会有许多种选择，可以在这些选择中进行优化组合，以实现项目的利益目标。

1．资源的优先级

资源的种类繁多，管理者对资源的管理应是区别对待的。在实际工作中常用定义优先级的办法确定资源计划中各资源的重要程度。这样在管理过程中就可以抓住主要矛盾，在资源优化及计划、供应、仓储等过程中首先保证优先级高的资源。优先级的定义通常对不同的工程项目有不同的标准。一般可利用资源的数量和价值量、对项目的影响性等来进行优先级的定义。

2．资源的平衡及限制

由于工程项目的建设过程是一个不均衡的生产过程，它对资源种类、资源用量的需求常常会有大的变化。在预定工期条件下削减资源使用的峰值，使资源曲线趋于平缓，是资源计划优化的重要内容之一。一般仅对优先级高的一些重要资源进行，其方法很多，如调整非关键工序的起止时间等。

3．资源在采购、运输、储存、使用上的技术经济分析

在资源的计划过程中经常有许多种可供选择方案，可以利用一些技术经济分析手段，如仓储论，确定最经济的存储量等，对其进行技术经济分析。在保证目标完全实现的前提下，选择最合理的或收益最大的方案。

4．多项目的资源优化

项目资源计划的制定一般不仅仅是项目管理组织的事情，需要其所在建筑施工企业统筹考虑、通盘规划。

在多项目的情况下，人力和资源等的分配问题是很复杂和困难

的。因为多项目需要同一种资源，而各项目又有自己的目标。如果资源没有限制，则可以将各项目的各种资源简单地按时间取和。如果资源有限制，则资源管理协调部门在资源优化时存在双重限制：

（1）必须最大限度地满足每个项目的需求。

（2）部门的资源使用量特别是劳动力必须平衡、稳定。

一般先在各项目中进行个别优化，如果实在无法保证供应，则可以按项目的重要程度定义优先级。

这里可采用各种优化方法，如决策树、价值工程、边际分析法等。

四、资源管理计划

资源管理计划应包括建立资源管理制度，编制资源使用计划、供应计划和处置计划，并规定控制程序和责任体系。

资源管理计划应依据资源供应条件、现场条件和项目管理实施规划编制。

人力资源管理计划应包括人力资源需求计划、人力资源配置计划和人力资源培训计划。

材料管理计划应包括材料需求计划、材料使用计划和分阶段材料计划。

机械管理计划应包括机械需求计划、机械使用计划、机械保养计划。

技术管理计划应包括技术开发计划、设计技术计划和工艺技术计划。

资金管理计划应包括项目资金流动计划和财务用款计划，具体可编制年、季、月度资金管理计划。

第三节　项目资源管理控制

项目资源管理控制应包括按资源管理计划进行资源的选择、资源的组织和进场后的管理等内容。

一、项目人力资源管理

项目经理部应根据施工进度计划和作业特点优化配置人力资源，

制定劳动方需求计划，报企业劳动管理部门批准。

施工项目中人力资源的高效率使用，关键在于制定合理的人力资源使用计划。管理部门应审核项目经理部的进度计划和人力资源需求计划，做好以下工作：

(1) 要在人力资源需用量计划基础上再编制工种需要计划，防止漏配。必要时根据实际情况对人力资源计划进行调整。

(2) 如果现有的人力资源能满足需求，配置时应贯彻节约原则；如果现有人力资源不能满足要求，项目经理应向企业申请加配。

(3) 人力资源配置应积极可靠，让班组有超额完成指标的可能，以获得奖励，激发工人的劳动积极性。

(4) 尽量使施工项目使用的人力资源组织上保持稳定，防止频繁调动。

(5) 为保证作业需要，工种组合、技术工人与壮工比例必须配套。

(6) 应使人力资源均衡配置以便于管理，达到节约的目的。

施工项目所使用的人力资源无论是来自企业内部的施工队伍，还是企业外部的施工劳务分包公司，均应通过劳务分包合同进行管理。

根据人力资源需用量计划及工种需要计划等，企业劳动管理部门与劳务分包公司签订劳务分包合同。远离企业本部的项目经理部，可在企业法定代表人授权下与劳务分包公司签订劳务分包合同。

劳务分包合同的内容应包括：作业任务、应提供的劳动力人数；进度要求及进场、退场时间；双方的管理责任；劳务费计取及结算方式；奖励与处罚条款。

项目经理部应对劳动力进行动态管理。劳动力动态管理应包括下列内容：

(1) 对施工现场的劳动力进行跟踪平衡，进行劳动力补充与减员，向企业劳动管理部门提出申请计划。

(2) 向进入施工现场的作业班组下达施工任务书，进行考核并兑现费用支付和奖惩。

项目经理部应加强对人力资源的教育培训和思想管理；加强对劳务人员作业质量和效率的检查。

二、项目材料管理

施工项目材料管理的目的是贯穿节约原则，降低工程成本。由于材料费用在成本中所占比重较大，因此，加强材料管理是提高企业经济效益的最主要途径。

施工项目所需的主要材料和大宗材料（A类材料）应由企业物资部门订货或市场采购，按计划供应给项目经理部。

材料管理的关键环节在于材料的采购，材料采购权主要由企业掌握。

企业物资部门应制定采购计划，审定供应人，建立合格供应人目录，对供应方进行考核，签订供货合同，确保供应工作质量和材料质量。项目经理部应及时向企业物资部门提供材料需要计划。远离企业本部的项目经理部，可在法定代表人授权下就地采购。

施工项目所需的特殊材料和零星材料（B类和C类材料）应按承包人授权由项目经理部采购。企业应赋予项目经理部一定的材料采购权。项目经理部应编制采购计划，报企业物资部门批准，按计划采购。特殊材料和零星材料的品种，在“项目管理目标责任书”中约定。

项目经理部的材料管理应满足下列要求。

（1）按计划保质、保量、及时供应材料。

（2）材料需要量计划应包括材料需要量总计划、年计划、季计划、月计划、日计划。

（3）材料仓库的选址应有利于材料的进出和存放，符合防火、防雨、防盗、防风、防变质的要求。

（4）进场的材料应进行数量验收和质量认证，做好相应的验收记录和标识。不合格的材料应更换、退货或让步接收（降级使用），严禁使用不合格的材料。

（5）材料的计量设备必须经具有资格的机构定期检验，确保计量所需要的精确度。检验不合格的设备不允许使用。

（6）进入现场的材料应有生产厂家的材质证明（包括厂名、品种、出厂日期、出厂编号、试验数据）和出厂合格证。要求复检的材料要有取样送检证明报告。新材料未经试验鉴定，不得用于工程中。现场配制的材料应经试配，使用前应经认证。

(7) 材料储存应满足下列要求：

1) 入库的材料应按型号、品种分区堆放，并分别编号、标识。

2) 易燃、易爆的材料应专门存放、专人负责保管，并有严格的防火、防爆措施。

3) 有防湿、防潮要求的材料，应采取防湿、防潮措施，并做好标识。

4) 有保质期的库存材料应定期检查，防止过期，并做好标识。

5) 易损坏的材料应保护好外包装，防止损坏。

(8) 应建立材料使用限额领料制度。超限额的用料，用料前应办理手续，填写领料单，注明超耗原因，经项目经理部材料管理人员审批。

(9) 建立材料使用台账，记录使用和节约和超支状况。

(10) 应实施材料使用监督制度。材料管理人员应对材料使用情况进行监督；做到工完、料净、场清；建立监督记录；对存在的问题应及时分析和处理。

(11) 班组应办理剩余材料退料手续。设施用料、包装物及容器应回收，并建立回收台账。

(12) 制定周转材料保管、使用制度。

三、项目机械设备管理

项目机械设备由企业供应。项目所需机械设备可从企业自有机械设备调配，或租赁，或购买，提供给项目经理部使用。远离公司本部的项目经理部，可由企业法定代表人授权，就地解决机械设备来源。

项目经理部的主要任务是使用机械设备，在使用过程中应做好设备的维护，合理使用。

项目经理部应编制机械设备使用计划报企业审批。对进场的机械设备必须进行安装验收，并做到资料齐全准确。进入现场的机械设备在使用中应做好维护和管理。

项目经理部应采取技术、经济、组织、合同措施保证施工机械设备合理使用，提高施工机械设备的使用效率，用养结合，降低项目的机械使用成本。

机械设备操作人员应持证上岗，实行岗位责任制，严格按照操作规范作业，搞好班组核算，加强考核和激励。

四、项目技术管理

项目经理部应根据项目规模设项目技术负责人。项目技术负责人根据项目的规模和复杂程度确定，可以是总工程师、主任工程师、工程师或技术员。

项目经理部必须在企业总工程师和技术管理部门的指导下，建立技术管理体系。具体工作包括：技术管理岗位与职责的明确、技术管理制度的制定、技术组织措施的制定和实施、施工组织设计编制及实施、技术资料和技术信息管理。

项目经理部的技术管理应执行国家技术政策和企业的技术管理制度。项目经理部可自行制定特殊的技术管理制度，并报企业总工程师审批。

项目经理部的技术管理工作应包括下列内容：

(1) 技术管理基础性工作。包括：实行技术责任制，执行技术标准与规程，制定技术管理制度，开展科学研究，强化技术文件管理。

(2) 施工过程的技术管理工作。包括：施工工艺管理，材料试验与检验，计量工具与设备的技术核定，质量检查与验收，技术处理等。

(3) 技术开发管理工作。包括：新技术、新工艺、新材料、新设备的采用，提出合理化建议，技术攻关等。

(4) 技术经济分析与评价。

项目技术负责人应履行下列职责：

(1) 主持项目的技术管理。

(2) 主持制定项目技术管理工作计划。

(3) 组织有关人员熟悉与审查图样，主持编制项目管理实施规划的施工方案并组织落实。

(4) 负责技术交底。

(5) 组织做好测量及其核定。

(6) 指导质量检验和试验。

(7) 审定技术措施计划并组织实施。

(8) 参加工程验收，处理质量事故。

(9) 组织各项技术资料的签证、收集、整理和归档。

(10) 领导技术学习，交流技术经验。

(11) 组织专家进行技术攻关。

项目经理部的技术工作应符合下列要求：

(1) 项目经理部在接到工程图样后，按过程控制程序文件要求进行内部审查，并汇总意见。

(2) 项目技术负责人应参与发包人组织的设计会审，提出设计变更意见，进行一次性设计变更洽商。

(3) 在施工过程中，如发现设计图样中存在问题，或因施工条件变化必须补充设计，或需要材料代用，可向设计人提出工程变更洽商书面资料。工程变更洽商应由项目技术负责人签字。

(4) 编制施工方案。

(5) 技术交底必须贯彻施工验收规范、技术规程、工艺标准、质量检验评定标准等要求。书面资料应由签发人和审核人签字，使用后归入技术资料档案。

(6) 项目经理部应将分包人的技术管理纳入技术管理体系，并对其施工方案的制定、技术交底、施工试验、材料试验、分项工程预检和隐检、竣工验收等进行系统的过程控制。

(7) 对后续工序质量有决定作用的测量与放线、模板、翻样、预制构件吊装、设备基础、各种基层、预留孔、预埋件、施工缝等应进行施工预验收并做好记录。

(8) 各类隐蔽工程应进行隐验、做好隐验记录、办理隐验手续，参与各方责任人应确认、签字。

(9) 项目经理部应按项目管理实施规划和企业的技术措施纲要实施技术措施计划。

(10) 项目经理部应设技术资料管理人员，做好技术资料的收集、整理和归档工作，并建立技术资料台账

五、项目资金管理

项目资金管理应保证收入、节约支出、防范风险和提高经济

效益。

项目资金收入渠道主要有预收工程款、已完施工价款结算、银行贷款、企业自有资金。“保证收入”是指项目经理部应及时向发包人收取工程预付备料款，做好分期核算、预算增减账、竣工结算等工作。

“节约支出”是指用资金支出过程控制方法对人工费、材料费、施工机械使用费、措施费、管理费等各项支出进行严格监控，坚持节约原则，保证支出的合理性。

“防范风险”主要是指项目经理部对项目资金的收入和支出做出合理的预测，对各种影响因素进行正确评估，最大限度地避免资金的收入和支出风险。

为了保证项目资金使用的独立性，财务部门应设立项目专用账号由财务部门直接对外，所有资金的收支均按财会制度的要求由财务部门对外运作，资金进入财务部门后，按照承包人的资金使用制度分流到项目，项目经理部作为项目资金的直接使用者进行责任范围内的资金管理。

项目经理部应根据施工合同、承包造价、施工进度计划、施工项目成本计划、物资供应计划等编制年、季、月度资金收支计划，上报企业财务部门审批后实施。

项目经理部应按企业授权配合企业财务部门及时进行资金计收。资金计收应符合下列要求：

(1) 新开工项目按工程施工合同收取预付款或开办费。

(2) 根据月度统计报表编制“工程进度款结算单”，在规定日期内报监理工程师审批、结算。如发包人不能按期支付工程进度款且超过合同支付的最后限期，项目经理部应向发包人出具付款违约通知书，并按银行的同期贷款利率计息。

(3) 根据工程变更记录和证明发包人违约的材料，及时计算索赔金额，列入工程进度款结算单。

(4) 发包人委托代购的工程设备或材料，必须签订代购合同，收取设备订货预付款或代购款。

(5) 工程材料价差应按规定计算，发包人应及时确认，并与进度款一起收取。

(6) 工期奖、质量奖、措施奖、不可预见费及索赔款应根据施工合同规定与工程进度款同时收取。

(7) 工程尾款应根据发包人认可的工程结算金额及时回收。

项目经理部应按企业下达的用款计划控制资金使用，以收定支，节约开支；应按会计制度规定设立财务台账记录资金支出情况，加强财务核算，及时盘点盈亏。

项目经理部应坚持做好项目的资金分析，进行计划收支与实际收支对比，找出差异，分析原因，改进资金管理。

第四节　项目资源管理考核

资源管理考核是通过对资源投入、使用、调整及计划与实际的对比分析，找出管理中存在的问题，并对其进行评价的管理活动。通过考核能及时反馈信息，提高资金使用价值，持续改进。

人力资源管理考核应以劳务分包合同等为依据，对人力资源管理方法、组织规划、制度建设、团队建设、使用效率和成本管理等进行分析和评价。

材料管理考核工作应对材料计划、使用、回收及相关制度进行效果评价。材料管理考核应坚持计划管理、跟踪检查、总量控制、节约和超支奖罚的原则。

机械设备管理考核应对项目机械设备的配置、使用、维护及技术安全措施、设备使用效率和使用成本等进行分析和评价。

项目技术管理考核应包括对技术管理工作计划的执行、施工方案的实施、技术措施的实施、技术问题的处置，技术资料收集、整理和归档及技术开发、新技术和新工艺应用等情况进行的分析和评价。

资金管理考核应通过对资金分析工作，计划收支与实际收支对比，找出差异，分析原因，改进资金管理。在项目竣工后，应结合成本核算与分析工作进行资金收支情况和经济效益分析，并上报企业财务主管部门备案。组织应根据资金管理效果对有关部门或项目经理部进行奖惩。

第五节 项目采购管理

一、项目采购管理和管理程序

1. 项目采购管理

项目采购管理（Project Procurement Management）通常指对项目的勘察、设计、施工、资源供应、咨询服务等采购工作进行的计划、组织、指挥、协调和控制等活动。这里所讨论的项目采购管理主要是围绕施工项目的物资采购工作进行的计划、组织、指挥、协调和控制等活动。

企业应设置采购部门，制定采购管理制度、工作程序和采购计划。

项目采购工作应符合有关合同、设计文件所规定的数量、技术要求和质量标准，符合工期、安全、环境和成本管理等要求。

产品供应和服务单位必须通过合格评定。采购过程中应按规定对产品或服务进行检验，对不符合或不合格品必须按规定处置。

采购资料必须真实、有效、完整，具有可追溯性。

2. 项目采购管理程序

项目采购管理应遵循下列程序：

（1）明确采购产品或服务的基本要求、采购分工及有关责任。

（2）进行采购策划，编制采购计划。

（3）进行市场调查，选择合格的产品供应或服务单位，建立名录。

（4）通过招标或协商等方式，确定供应或服务单位，并通过评审。

（5）签订采购合同。

（6）运输、验收、移交采购产品或服务。

（7）处置不合格产品或不符合要求的服务。

（8）采购资料归档。

二、项目采购计划

项目管理组织应依据项目合同、设计文件、项目管理实施规划和有关采购管理制度编制采购计划。

采购计划应包括下列内容：

(1) 采购工作范围、内容及管理要求。

(2) 采购信息，包括产品或服务的数量、技术标准和质量要求。

(3) 检验方式和标准。

(4) 采购控制目标及措施。

三、项目采购控制

采购工作应采用招标或协商等方式。

采购部门应对采购报价，进行有关技术和商务的综合评审。应制定选择、评定和重新评定的准则。评定记录应予保存。

项目管理组织应对特殊产品（特种设备、材料、制造周期长的大型设备、有毒有害产品）的供应单位进行实地考察，并采取有效措施进行重点监控。

承压产品、有毒有害产品、重要机械设备等特殊产品的采购，应要求供应商具备安全资质、生产许可证及其他特殊要求的资格。

检验产品使用的计量器具和产品的取样、抽验必须符合规范要求。

进口产品应按国家政策和相关法规办理报关和商检等手续。

采购产品在检验、运输、移交和保管等过程中，应按照职业健康安全和环境管理要求，避免对安全、环境造成影响。

第十二章　项目现场管理

第一节　项目现场管理概述

一、项目现场管理的含义

建设工程施工现场，是指进行工业和民用项目的房屋建筑、土木工程、设备安装、管线敷设等施工活动，经批准占用的施工场地。建设工程施工应当在批准的施工场地内组织进行。需要临时征用施工场地或者临时占用道路的，应当依法办理有关批准手续。

项目现场管理（Site Management for Construction Project）是对施工现场内的活动及空间使用所进行的管理，也被称为地盘管理。

项目经理全面负责施工过程中的现场管理，并根据工程规模、技术复杂程度和施工现场的具体情况，建立施工现场管理责任制，并组织实施。

建设工程实行总包和分包的，由总包单位负责施工现场的统一管理，监督检查分包单位的施工现场活动。分包单位应当在总包单位的统一管理下，在其分包范围内建立施工现场管理责任制，并组织实施。

总包单位可以受建设单位的委托，负责协调该施工现场内由建设单位直接发包的其他单位的施工现场活动。即使项目采取平行承发包模式，建设单位也宜指定一承包单位为主承建商，由主承建商担负地盘管理的责任。其他承包主体应接受主承建商对地盘的统一管理和调度。

搞好施工项目现场管理是建设法律法规对承包人提出的要求。因此项目经理部必须遵守其相关的规定。主要文件有：

《建设工程施工现场管理规定》（建设部令第15号）；《文物保护法》；《环境保护法》；《环境噪声污染防治法》；《消防法》、《消防条例》;《环境管理体系要求及使用指南》(GB/T 24001—2004)等。另外,现场管理还应遵守各地方相关的法规和建设部有关的规范性文件,如《建设工程施工合同(示范文本)》(建建［1999］313号)和《建设工程施工现场综合考评试行办法》(建监［1995］407号)等。

项目经理部应认真搞好施工现场管理,做到文明施工,安全有序,整洁卫生,不扰民,不损害公共利益。项目经理应把施工现场管理列入经常性的巡视检查内容,并与日常管理有机结合,认真听取邻近单位、社会公众的意见,及时搞好整改。全部工程验收合格后,施工单位方可解除施工现场的全部管理责任。

为加强建设工程施工现场管理,提高施工现场的管理水平,实现文明施工,确保工程质量和施工安全,根据《建设工程施工现场管理规定》,建设部制定了《建设工程施工现场综合考评试行办法》。

建设工程施工现场综合考评,是指对工程建设参与各方(业主、监理、设计、施工、材料及设备供应单位等)在施工现场中各种行为的评价。

建设工程施工现场综合考评的内容,分为建筑业企业的施工组织管理、工程质量管理、施工安全管理、文明施工管理和业主、监理单位的现场管理等五个方面。综合考评满分为100分。

其中,文明施工管理考评,满分为10分。考评的主要内容是场容场貌、料具管理、环境保护、社会治巡情况等。

有下列情况之一的,该项考评得分为零分:

(1)用电线路架设、用电设施安装不符合施工组织设计,安全没有保证的。

(2)临时设施、大宗材料堆放不符合施工总平面图要求,侵占场道和危及安全防护的。

(3)现场成品保护存在严重问题的。

(4)尘埃及噪声严重超标,造成扰民的。

(5)现场人员扰乱社会治安,受到拘留处理的。

从《建设工程施工现场综合考评试行办法》中可以看出,项目现场管理涉及项目管理的很多方面。由于项目施工阶段的施工作业和活动大部分都要在施工现场进行，项目有关人员之间的诸多工作活动和责任界定的接合部也都是在项目施工现场，项目与远外层的很多关系也都和施工现场的组织和管理有关。因此，项目现场也就成为了项目管理组织和管理活动的集合空间。广义的项目现场管理实际上指的是项目的现场活动管理。而狭义的项目现场管理为了避开与其他项目管理领域和范围的重叠，往往指的是实施施工作业和进行管理活动的地盘空间管理。为施工作业的顺利进行和各项项目管理活动有序开展，创造和维护一个良好的空间环境。因而，也有用项目环境管理来代替项目现场管理的概念。本章所论述的项目现场管理主要是指后者。

二、项目环境管理

项目环境管理（Project Environment Management）是指为合理使用现场、保护现场及周边环境，而进行的计划、组织、指挥、协调和控制等活动。

建筑施工企业应遵照《环境管理体系要求及使用指南》（GB/T 24001—2004）标准的要求，建立环境管理体系。

建筑施工企业应根据批准的建设项目环境影响报告及环境因素的识别和评估，确定管理目标及主要指标，进行项目环境管理策划，确定环境保护所需的技术措施、资源及投资估算，并在各个阶段贯彻实施。

项目的环境管理应遵循下列程序：

（1）确定环境管理目标。

（2）进行项目环境管理策划。

（3）实施项目环境管理策划。

（4）验证并持续改进。

项目经理负责现场环境管理工作的总体策划和部署，建立现场环境管理组织机构，制定相应制度和措施，组织培训，使各级人员明确环境保护的意义和责任。

项目经理部应按照分区划块原则，搞好现场的环境管理，进行定期检查，加强协调，及时解决发现的问题，实施纠正和预防措施，保持现场良好的作业环境、卫生条件和工作秩序，并进行持续改进。

项目经理部应对环境因素进行控制，制定应急措施，并保证信息通畅，预防可能出现非预期的损害。

项目经理部应保存有关环境管理的工作记录。

项目经理部应进行现场节能管理，有条件时应规定能源使用指标。

项目环境管理与狭义的项目现场管理基本相似。项目环境管理从环境保护法的要求出发，提出了建设项目实施阶段由于项目建设实施给环境带来的影响和破坏，应进行环境治理和环境保护。并从遵守国家有关法律和法规的角度，提出了施工现场节能、节水等项管理要求。但是，为施工作业的顺利进行和各项项目管理活动有序开展，创造和维护一个良好的空间环境，依然是项目环境管理的主导目标。

第二节　项目现场管理的主要内容

一、项目文明施工

项目经理部应当贯彻文明施工的要求，推行现代管理方法，科学组织施工，做好施工现场的各项管理工作。文明施工应包括下列工作：

（1）进行现场文化建设。

（2）规范场容，保持作业环境整洁卫生。

（3）创造有序生产的条件。

（4）减少对居民和环境的不利影响。

项目经理部应在施工前了解经过施工现场的地下管线，标出位置，加以保护。施工时发现文物、古迹、爆炸物、电缆等，应当停止施工，保护现场，及时向有关部门报告，按照规定处理后继续施工。

施工中需要停水、停电、封路而影响环境时，必须经有关部门批准，事先告示。在行人、车辆通过的地方施工，应当设置沟、井、坎、覆盖物和标志。

企业应通过培训教育，提高现场人员的文明意识和素质，并通过建设现场文化，使现场成为企业对外宣传的窗口，树立良好的企业形象。

项目经理部应按照文明施工标准，定期进行评定、考核和总结。

施工现场发生的工程建设重大事故的处理，依照《工程建设重大事故报告和调查程序规定》执行。

二、环境管理

施工单位应当遵守国家有关环境保护的法律规定，采取措施控制施工现场的各种粉尘、废气、废水、固体废弃物及噪声、振动对环境的污染和危害。项目经理部应根据《环境管理体系要求及使用指南》（GB/T 24001—2004）建立项目环境监控体系，不断反馈监控信息，采取整改措施。

施工单位应当采取下列防止环境污染的措施：

（1）施工现场泥浆和污水未经处理不得直接排入城市排水设施和河流、湖泊、池塘。

（2）除设有符合规定的装置外，不得在施工现场熔融沥青或者焚烧油毡、油漆及其他会产生有毒、有害烟尘和恶臭气体的物质。

（3）建筑垃圾、渣土应在指定地点堆放，每日进行清理。使用密封式的圈筒或者采取其他措施处理高空废弃物。

（4）施工现场应根据需要设置机动车辆冲洗设施，冲洗污水应进行处理。

（5）采取有效措施控制施工过程中的扬尘；装载建筑材料、垃圾或渣土的运输机械，应采取防止尘土飞扬、洒落或流溢的有效措施。

（6）应按规定有效地处理有毒、有害物质。禁止将有毒、有害废弃物现场回填。

（7）在居民和单位密集区域进行爆破、打桩等施工工作业前，项目经理部应按规定申请批准，还应将作业计划，影响范围、程度及有关措施等情况，向受影响范围的居民和单位通报说明，取得协作和配合；对施工机械的噪声与振动扰民，应采取相应措施予以控制。

建设工程施工由于受技术、经济条件限制，对环境的污染不能控制在规定范围内的，建设单位应当会同施工单位事先报请当地人民政府建设行政主管部门和环境行政主管部门批准。

温暖季节宜对施工现场进行绿化布置。

三、规范场容

施工现场场容规范应建立在施工平面图设计的科学合理化和物料器具定位管理标准化的基础上。

要充分发挥施工平面图在施工现场管理中的重要作用。施工平面图是施工项目管理规划的重要内容，它在现场管理中的重大作用，表现在以下方面：

(1) 如何进行现场管理是用施工平面图策划的。

(2) 现场入口处要有施工平面图，提醒员工时刻不忘坚持按施工平面图布置现场，按施工平面图进行管理。

(3) 场容规范化建立在施工平面图设计的科学合理化基础上。规范场容的依据就是施工平面图。

(4) 施工平面图与环境保护、防火、安全、卫生、防疫、降低成本、施工进度、工程质量、现场考评等，均有密切关系。

(5) 施工平面管理涉及企业的形象和市容环境的面貌。

项目经理部必须结合施工条件，按照施工方案和施工进度计划的要求，认真进行施工平面图的规划、设计、布置、使用和管理。

(1) 施工平面图宜按指定的施工用地范围和布置的内容，分别进行布置和管理。

(2) 单位工程施工平面图宜根据不同施工阶段的需要，分别设计成阶段性施工平面图，并在阶段性进度目标开始实施前，通过施工协调会议确认后实施。

现场的主要机械设备、脚手架、密封式安全网和围挡、模具、施工临时道路和水、电、气管线、施工材料制品堆场及仓库、土方及建筑垃圾堆放区、变配电间、消火栓、警卫室、现场的办公、生产和生活临时设施等的布置，均应符合施工平面图的要求。

项目经理部应严格按照审批的施工总平面图或相关的单位工程施工平面图划定的位置，布置施工项目的主要机械设备，脚手架，密封式安全网和围挡，模具，施工临时道路，供水、供电、供气管道或线路，施工材料制品堆场及仓库，土方及建筑垃圾，变配电间，消火栓，警卫室，现场的办公、生产和生活临时设施等。

施工物料器具除应按施工平面图指定位置就位布置外，尚应根据不同特点和性质，规范布置方式与要求，并执行码放整齐、限宽限高、上架入箱、规格分类、挂牌标识等管理标准。

现场门头应设置承包人的标志。承包人项目经理部应负责施工现场场容文明形象管理的总体策划和部署。

项目经理部应在现场入口的醒目位置，公示下列内容：

（1）工程概况牌，包括：工程规模、性质、用途，发包人、设计人、承包人和监理单位的名称，施工起止年月等。

（2）安全纪律牌。

（3）防火须知牌。

（4）安全无重大事故计时牌。

（5）安全生产，文明施工牌。

（6）施工总平面图。

（7）项目经理部组织架构及主要管理人员名单图。

施工现场周边应按当地有关要求设置围挡。在施工现场周边应设置临时围护设施，工地的周边围护设施高度不应低于1.8m。临街脚手架、临近高压电缆及起重机臂杆的回转半径达到街道上空的，均应按要求设置安全隔离设施。危险品仓库附近应有明显标志及围挡设施。

施工现场应设置畅通的排水沟渠系统，保持场地道路的干燥坚实。施工现场的泥浆和污水未经处理不得直接外排。地面宜做硬化处理。有条件时，可对施工现场进行绿化布置。

四、消防保安

施工现场应设立门禁制度，根据需要设置警卫，负责施工现场保卫工作，并采取必要的防盗措施。

施工现场的主要管理人员在施工现场应当佩戴证明其身份的证卡，其他现场施工人员宜有标识。有条件时可对进出场人员使用磁卡管理。非施工人员不得擅自进入施工现场。

承包人企业必须严格按照《消防法》的规定，建立消防管理体系，制定企业消防管理制度。项目经理部必须按照企业消防管理制度严格执行。

现场必须有满足消防车出入和行驶的道路，并设置符合要求的防火报警器和固定式灭火系统，消防设施应保持完好的备用状态。

在火灾易发地区施工或储存使用易燃、易爆器材时，承包人应当采取特殊的消防安全措施。

施工现场严禁吸烟。必要时可设吸烟室。

施工现场的通道、消防出入口、紧急疏散楼道等必须符合消防要求，设置明显标志。有通行高度限制的地点应设限高标志。

施工现场应有动火管理制度。

建设工程施工中需要进行爆破作业的，必须经上级主管部门审查同意，并持说明使用爆破器材的地点、品名、数量、用途、四邻距离的文件和安全操作规程，向所在地县、市公安局申请《爆破物品使用许可证》，方可使用。进行爆破作业时，必须遵守爆破安全规程。由具备爆破资质的专业队伍按有关规定进行施工。

建设工程施工中需要架设临时电网、移动电缆等，施工单位应当向有关主管部门提出申请，经批准后在有关专业技术人员指导下进行。

施工现场的用电线路、用电设施的安装和使用必须符合安装规范和安全操作规程，并按照施工组织设计进行架设，严禁任意拉线接电。施工现场必须设有保证施工安全要求的夜间照明；危险潮湿场所的照明及手持照明灯具，必须采用符合安全要求的电压。

施工机械应当按照施工总平面布置图规定的位置和线路设置，不得任意侵占场内道路。施工机械进场时须经过安全检查，经检查合格的方能使用。施工机械操作人员必须建立机组责任制，并依照有关规定持证上岗，禁止无证人员操作。

五、卫生防疫及其他事项

施工现场应将施工区与生活、办公区分离。施工现场不宜设置职工宿舍，必须设置时应尽量和施工场地分开。

施工现场应配备紧急处理医疗设施。在办公室的显著位置，应张贴急救车和有关医院的电话号码。

施工现场应当设置各类必要的职工生活设施，并符合卫生、通风、照明等要求。职工的膳食、饮水供应等应当符合卫生要求。

施工现场的生活设施必须符合卫生防疫标准要求，采取防暑、降温、取暖、消毒、防毒等措施。

承包人应明确施工保险及第三者责任险的投保人和投保范围。

项目经理部应对现场管理进行考评，考评办法应由企业按有关规定制定。

项目经理部应进行现场节能和节水管理。有条件的现场应下达能源使用指标和节水指标。

第十三章　项目协调和沟通管理

第一节　项目协调管理概述

一、项目的协调

协调是管理的重要职能。法约尔给“协调”下的定义是：协调就是联结、联合、调和所有的活动及力量。这个定义全面深刻地表述了协调的内容（所有的活动和力量）和方法（联结、联合、调和）。

协调管理在美国项目管理中又称为“界面管理”。界面的意思指物体和物体之间的接触面。在系统方法中被定义为相互作用的子系统之间的间隔。在我国工程领域有一个非常接近的概念，叫做接合部。项目具有众多的接合部。界面管理是指协调相互作用的子系统之间的能量、物质、信息交换以实现系统目标的活动。除了组织上、管理上、技术上的协调之外，还要协调各系统界面的相互关系。

项目组织是由各类人员组成的工作班子。由于每个人的性格、习惯、能力、岗位、任务、作用，即使只有两个人在一起工作，也有潜在的人员矛盾或危机。这种人和人之间的间隔，就是所谓的“人员/人员界面”。

项目组织是由若干个项目组构成的完整体系，项目组即子系统。由于各子系统的功能不同，目标不同，容易产生各自为政的趋势和相互推诿的现象。这种子系统和子系统之间的间隔，就是所谓的“系统/系统界面”。

项目组织是一个典型的开放系统。它具有环境适应性，能主动地向外界取得必需的能量、物质和信息。在取得过程中，不可能没有障碍和阻力。这种系统和环境之间的间隔，就是所谓的“系统/环境界面”。

项目协调管理就是在“人员/人员界面”、“系统/系统界面”、

“系统/环境界面”之间，对所有的“活动及力量”进行“联结、结合、调和”的工作。

通过项目管理的协调职能和形成项目管理组织协调管理能力，当环境发生变化时，当一些外部影响因素对项目产生影响时，就能及时地做出有利于项目发展的对项目内部事务和内部组织的调整和创新，实现项目控制目标。

当然，项目协调管理的意义及重要性不仅仅只在于对外部环境变化的反应，它是项目管理的一个重要方面。所谓，一个成功的项目经理，应是一个善于通过别人的工作把事情做好的管理者。

二、项目组织协调

项目组织协调指以一定的组织形式、手段和方法，对项目管理中产生的关系进行疏通，对产生的干扰和障碍予以排除的过程。

项目组织协调是项目管理的一项重要内容，是为了保证目标控制顺利进行而从事的排除干扰、疏通关系、创造条件的组织工作。它的活动活跃、头绪繁杂、突发性多、时效性强，故要求管理者具有强组织力、强应变力和强协调力，是项目目标管理中最具必要性的管理过程。

项目组织协调从系统方法的角度看，可以分为对系统内部的协调和对系统外部的协调。从项目组织与外部世界的联系程度看，项目外部协调管理又可分为近外层协调和远外层协调。因此，项目组织协调应分为内部关系的协调、近外层关系的协调和远外层关系的协调。

内部关系指企业内部（含项目经理部）的各种关系；近外层关系指企业与同发包人签有合同（就同一项目）的单位的关系；远外层关系是指与企业及项目管理有关但无合同约束的单位的关系。

组织协调的内容或对象主要包括人际关系、组织关系、供求关系、协作关系和约束关系。

(1) 人际关系协调　人际关系应包括施工项目组织内部的人际关系，施工项目组织与关联单位的人际关系。协调对象应是相关工作接合部中人与人之间在管理工作中的联系和矛盾。

内部人际关系是指项目经理部各成员之间、项目经理部成员与班组之间、班组相互之间的人员工作关系的总称。

施工项目组织与关联单位的人际关系是指项目组织成员与企业管理人员和职能部门成员、近外层关系单位工作人员、远外层关系单位工作人员之间的工作关系的总称。

（2）组织关系协调　组织关系是指施工项目组织内部各部门之间、项目经理部与企业及劳务作业层之间的关系，具体指合理分工和有效协作。分工和协作同等重要，合理的分工能保证任务之间的平衡匹配，有效协作既避免了相互之间利益分割，又提高了工作效率。

（3）供求关系协调　供求关系主要是保证项目实施过程中所发生的人力、材料、机械设备、技术、资金等生产要素供应的优质、优价和适时、适量，避免相互之间的矛盾、保证项目目标的实现。供求关系协调应包括协调企业物资供应部门与项目经理部及生产要素供需单位之间的关系。

（4）协作配合关系协调　协作配合关系主要是指与近外层关系的协作配合协调和与内部各部门、各层次之间协作关系的协调。

（5）约束关系协调　法律、法规的约束关系主要是通过提示、教育等手段提高关系双方的法律、法规意识，避免产生矛盾，及时、有效地解决矛盾。合同约束关系主要通过过程监督和实施检查及教育等手段主动杜绝冲突和矛盾，或者依照合同及时、有效地解决矛盾。

组织协调应坚持动态工作原则。在施工项目实施过程中，随着运行阶段的不同，所存在的关系和问题都有所不同，比如项目进行的初期主要是供求关系的协调，项目进行的后期主要是合同和法律、法规约束关系的协调。组织协调的内容应根据在施工项目运行的不同阶段中出现的主要矛盾做动态调整。

第二节　内部关系的组织协调

内部人际关系的协调应依据各项规章制度，通过做好思想工作，加强教育培训，提高人员素质等方法实现。

项目经理部与企业管理层关系的协调应依靠严格执行“项目管理目标责任书”；项目经理部与劳务作业层关系的协调应依靠履行劳务合同及执行“施工项目管理实施规划”。

项目经理部进行内部供求关系的协调应做好下列工作：

（1）做好供需计划的编制、平衡，并认真执行计划。内部供求关系涉及面广，关系比较复杂，协调工作量相对较大，而且存在很大的随意性。这就要求组织内部首先制定明确、具体的资源需求计划，并对照计划提前部署，严格执行。在实施过程中应充分加强调度工作，做到资源分配的平衡。

（2）充分发挥调度系统和调度人员的作用，加强调度工作。

第三节 近外层关系和远外层关系的组织协调

项目经理部处理近外层关系和远外层关系均属对法人的关系。因此，项目经理部进行近外层关系和远外层关系的组织协调必须在企业法定代表人的授权范围内实施。否则项目经理无权对外。

一、项目经理部与发包人之间的关系协调

项目经理部与发包人之间的关系协调应贯穿于施工项目管理的全过程。协调的目的是搞好协作，协调的方法是执行合同，协调的重点是资金问题、质量问题和进度问题。

通过详细界定发包人和承包人各自的责任和义务，特别是在合同履行过程中较易引起争执和误解的环节，事前就充分地达成一致，是做好协调管理工作的重要前提。

项目经理部在施工准备阶段应要求发包人，按规定的时间履行合同约定的责任，保证工程顺利开工。项目经理部应在规定时间内承担合同约定的责任，为开工后连续施工创造条件。

在施工准备阶段，发包人应做好的工作包括如下内容。

（1）取得政府主管部门对该项建设任务的批准文件。

（2）取得地质勘探资料及施工许可证。

（3）取得施工用地范围及施工用地许可证。

（4）取得施工现场附近的铁路支线可供使用的许可证。

（5）取得施工区域内地上、地下原有建筑物及管线资料。

（6）取得在施工区域内进行爆破的许可证。

（7）施工区域内征地、青苗补偿及居民迁移工作。

(8) 施工区域内地面、地下原有建筑物及管线、坟墓、树木、杂物等障碍的拆迁、清理、平整工作。

(9) 将水源、电源、道路接通至施工区域，电源一般由业主委托供电企业将规定的高压电送到施工区域，包括架设变压器（变压器由发包人提供）。

(10) 向所在地区市容办公室申请办理施工用地临时占道手续，负责缴纳应由发包人承担的费用。

(11) 确定建筑物标高和坐标控制点及道路、管线的定位标桩。

(12) 对国外提供的设计图样，应组织相关人员按本地区的施工图标准及使用习惯进行翻译、放样及绘制。

(13) 向项目经理部交送全部施工图样及有关技术资料，并组织有关单位进行施工图交底。

(14) 向项目经理部提供应由发包人供应的设备、材料、成品、半成品加工订货单，包括品种、规格、数量、供应时间及有关情况的说明。

(15) 会审、签认项目经理部提出的“施工项目管理实施规划”(或施工组织设计)。

(16) 向银行提交开户、拨款所需文件。

(17) 指派工地代表并明确负责人，书面通知项目经理部。

(18) 负责将双方签订的施工准备合同交送合同管理机关签证。

在施工准备阶段，项目经理部应在规定时间内做好以下各项工作。

(1) 编制项目管理实施规划。

(2) 根据施工平面图的设计，搭建施工用临时设施。

(3) 组织有关人员学习、会审施工图样和有关技术文件，参加发包人组织的施工图交底与会审。

(4) 根据出图情况，组织有关人员及时编制施工预算。

(5) 向发包人提交应由发包人采购、加工、供应的材料、设备、成品、半成品的数量、规格清单，并明确进场时间。

(6) 负责办理属于项目经理部供应的材料、设备、成品、半成品的加工订货手续。

(7) 如遇工程特殊（如结构复杂、需用异型钢模多、一次性投入的施工准备费用大等），须由发包人在开工前预拨资金和钢材指标时，应将钢材规格、数量、金额、预拨时间、抵扣办法等，在合同中加以明确。

承包人和发包人各应向对方提供的技术资料包括如下内容。

(1) 项目经理部应及时向发包人或监理机构提供有关的生产计划、统计资料、工程事故报告等。

(2) 发包人应按规定向承包人提供下列技术资料：

1）单位工程施工图样。如遇外资工程，全部施工图样不能一次交给项目经理时，在不影响项目经理部施工准备工作和开工前签订合同的前提下，经项目经理部同意，可分期交付，但应列出分期交付时间明细表，作为合同的附件。

2）设备的技术文件。

3）承担外商设计的工程应提供外文原文图样及有关技术资料。

4）如要求按外商设计规范施工时，发包人应向项目经理部提供翻译成中文的国外施工规范。

5）与项目有关的生产计划、统计资料、工程事故报告等。

通过详细界定发包人和承包人各自的责任和义务，特别是在合同履行过程中较易引起争执和误解的环节，事前就充分地达成一致，是进行协调管理的重点。

二、项目经理部与其他近外层关系的协调

1. 项目经理部与监理工程师之间的关系协调

项目经理部应按现行《建设工程监理规范》的规定和施工合同的要求，接受监理单位的监督和管理，搞好协作配合。

处理与监理工程师之间的关系应坚持相互信任、相互支持、相互尊重、共同负责的原则，以施工合同为准，确保项目实施质量。

2. 项目经理部与设计单位之间的关系协调

项目经理部应在设计交底、图样会审、设计洽商变更、地基处理、隐蔽工程验收和交工验收等环节中与设计单位密切配合，同时接受发包人和监理工程师对双方的协调。项目的实施必须取得设计人的理解和支持，尽量避免冲突和矛盾。

3. 项目经理部与材料供应人之间的关系协调

项目经理部与材料供应人应依据供应合同，充分运用价格机制、竞争机制和供求机制搞好协作配合。项目经理部与供应人之间关系的协调分合同供应与市场供应，前者要充分利用合同，后者要充分利用市场机制。

4. 项目经理部与公用部门之间的关系协调

项目经理部与公用部门有关单位的关系应通过加强计划性和通过发包人或监理工程师进行协调。所谓公用部门是指与项目施工有直接关系的社会公用性单位，如供水、供电、供气等单位。

5. 项目经理部与分包人之间的关系协调

项目经理部与分包人关系的协调应按分包合同执行，正确处理技术关系、经济关系，正确处理项目进度控制、项目质量控制、项目安全控制、项目成本控制、项目生产要素管理和现场管理中的协作关系。项目经理部还应对分包单位的工作进行监督和支持。

由于项目经理部与分包人之间是执行合同的关系，故双方应以总分包合同为依据处理相互之间的关系。

三、项目经理部与远外层关系的协调

处理远外层关系必须严格守法，遵守公共道德，并充分利用中介组织和社会管理机构的力量。

项目经理部与远外层的关系协调应按下列要求办理。

(1) 项目经理部应要求作业队伍到建设行政主管部门办理分包队伍施工许可证；到劳动管理部门办理劳务人员就业证。

(2) 隶属于项目经理部的安全监察部门应办理企业安全资格许可证、安全施工许可证、项目经理安全生产资格证等手续。

(3) 隶属于项目经理部的安全保卫部门应办理施工现场消防安全资格认可证；到交通管理部门办理通行证。

(4) 项目经理部应到当地户籍管理部门办理劳务人员暂住手续。

(5) 项目经理部应到当地城市管理部门办理街道临建审批手续。

(6) 项目经理部应到当地质量监督管理部门办理建设工程质量监督手续。

(7) 项目经理部应到市容监察部门审批运输不遗洒、污水不外流、垃圾清运、场容与场貌达标的保证措施方案和通行路线图。

(8) 项目经理部应配合环保部门做好施工现场的噪声监测工作，及时报送有关厕所、化粪池、道路等的现场平面布置图、管理措施及方案。

(9) 项目经理部因建设需要砍伐树木时必须提出申请，报市园林主管部门审批。

(10) 现有城市公共绿地和城市总体规划中确定的城市绿地及道路两侧的绿化带，如特殊原因确需临时占用时，须经城市园林部门、城市规划管理部门及公安部门同意并报当地政府批准。

(11) 大型项目施工或者在文物较密集地区进行施工，项目经理部应事先与省市文物部门联系，在开工范围内有可能埋藏文物的地方进行文物调查或者勘探工作，若发现文物，应共同商定处理办法。在开挖基坑、管沟或其他挖掘中，如果发现古墓葬、古遗址和其他文物，应立即停止作业，保护好现场，并立即报告当地政府文物管理机关。

(12) 项目经理持建设项目批准文件、地形图、建筑总平面图、用电量资料等到城市供电管理部门办理施工用电报装手续。委托供电部门进行方案设计的应办理书面委托手续。

(13) 供电方案经城市规划管理部门批准后即可进行供电施工设计。外部供电图一般由供电部门设计，内部供电设计主要指变配电室和开闭间的设计，既可由供电部门设计，也可由有资格的设计人设计，并报供电管理部门审批。

(14) 项目经理部在建设地点确定并对项目的用水量进行计算后，即应委托自来水管理部门进行供水方案设计，同时应提供项目批准文件、标明建筑红线和建筑物位置的地形图、建设地点自来水管网情况、建设项目的用水量等资料。

(15) 自来水供水方案经城市规划管理部门审查通过后，应在自来水管理部门办理报装手续，并委托其进行相关的施工图设计。同时应准备建设用地许可证、地形图、总平面图、钉桩坐标成果通知单、施工许可证、供水方案批准文件等资料。由其他设计人员进行的自来水工程施工图设计，应送自来水管理部门审查批准。

以上事项是当前项目建设和施工活动中一般会遇到或需要处理的工作环节。如果不认真执行其规定和运作程式，就可能出现问题，影响项目的顺利进行，甚至使项目遭受损失，如行政管理部门的罚款。在项目实施过程当中，在每一阶段和每一环节，事先调查清楚需要办理的工作和要求事项，并按规定主动严格地进行办理，不仅不会成为项目实施的障碍，反而有利于项目的规范化运作，顺利推进项目的运行，保证项目目标的实现。

第四节　项目沟通管理

一、组织协调、信息管理、沟通管理的关系

项目沟通管理（Project Communication Management）是对项目内、外部关系的协调及信息交流所进行的策划、组织和控制等活动。

建筑施工企业和项目经理部应建立项目沟通管理体系，健全管理制度，采用适当的方法和手段与相关各方进行有效沟通。

项目沟通的对象应是项目所涉及的内部和外部有关组织及个人。

“项目组织协调”、“项目信息管理”和“项目沟通管理”这三者有密切关系。

沟通是借助信息系统进行信息发布、接收的信息交换行为，管理者所做的每一件事都包含沟通。信息只有通过沟通才能得到。只有做好项目的沟通管理才能保证其他管理顺利实现，其中包括组织协调。

组织协调是以疏通关系、排除障碍为目的。疏通关系靠信息获得其对象，所以信息是组织协调的手段。疏通关系就是沟通。也可以说，沟通是组织协调的一种表现形式或沟通是为组织协调服务的。

从管理的范畴讲，组织协调是管理的职能之一，沟通是管理的手段，信息是联系管理者和被管理者的信号，三者相互依存，同是管理的基本要素。

之所以把信息管理作为独立一章，目的是为信息的获得、积累、处理、储存、传递、使用和计算机的应用提供规范化的依据，以便强化信息管理的作用。这样做既规范了沟通管理，又强化了组织协调。

二、项目沟通程序和内容

建筑施工企业和项目经理部应根据项目的实际需要，预见可能出现的矛盾和问题，制定沟通计划，明确沟通的原则、内容、对象、方式、途径、手段和所要达到的目标。

建筑施工企业和项目经理部应针对不同阶段出现的矛盾和问题，调整沟通计划。

建筑施工企业和项目经理部应运用计算机信息处理技术，进行项目信息收集、汇总、处理、传输与应用，进行信息沟通，形成档案资料。

沟通的内容应涉及与项目实施有关的信息，包括项目各相关方共享的核心信息、项目内部和项目相关组织产生的有关信息。

1. 项目沟通计划

项目沟通计划应由项目经理部主持编制。

编制项目沟通计划应依据下列资料：

（1）合同文件。

（2）项目各相关组织的信息需求。

（3）项目的实际情况。

（4）项目的组织结构。

（5）沟通方案的约束条件、假设及适用的沟通技术。

项目沟通计划应与项目管理的其他各类计划相协调。

项目沟通计划应包括信息沟通方式和途径，信息收集归档格式，信息的发布与使用权限，沟通管理计划的调整及约束条件和假设等内容。

组织应定期对项目沟通计划进行检查、评价和调整。

2. 项目沟通依据与沟通

项目内部沟通应包括项目经理部与企业管理层、项目经理部内部的各部门和主要成员之间的沟通。内部沟通应依据项目沟通计划、规章制度、项目管理目标责任书、控制目标等进行。

内部沟通可采用授权、会议、培训、检查、项目进展报告、思想教育、考核与激励等方式。

项目外部沟通应包括组织与发包人、承包人、分包人、供应人等之间的沟通。外部沟通应依据项目沟通计划、有关合同和合同变更资料、相关法律法规、社会公德和项目具体情况等进行。

外部沟通可采用召开会议、联合检查、宣传媒体和项目进展报告等方式。

项目经理部应编写项目进展报告。项目进展报告包括项目的进展情况，项目实施过程中存在的主要问题及解决的情况，计划采取的措施，项目的变更及项目进展预期目标等内容。

3. 项目沟通障碍与冲突管理

项目沟通应减少干扰、消除障碍、处理冲突、保持沟通途径畅通、信息真实。消除沟通障碍可采用下列方法：

(1) 选择适宜的沟通途径。

(2) 充分利用反馈。

(3) 组织沟通检查。

(4) 灵活运用各种沟通方式。

组织应做好冲突的预测工作，了解冲突的性质，寻找解决冲突的途径。解决冲突可采用下列方法：

(1) 协商、让步、缓和、强制和退出等。

(2) 使项目的相关方了解项目计划，明确项目目标。

(3) 搞好变更管理。

第十四章　项目信息管理及数字化

第一节　项目信息管理与实施

一、项目中的信息和信息流

1. 项目中的信息

当今的时代是个信息时代，现代社会信息量增长的速度惊人。随着一个工程项目的进展，其有关的信息量也将极快地增加，一个稍大的项目结束后，作为信息载体的资料就会繁如翰海、难计其数，许多项目管理人员整天就是与纸张及电子文件打交道。项目中的信息大致有如下几种：

（1）项目基本状况的信息。

（2）现场实际工作信息。

（3）各种指令、决策方面的信息。

（4）项目当事人彼此之间传递的信息。

（5）其他信息，如外部进入项目的环境信息。

项目管理过程中的信息不仅数量大，而且形式与要求多样。如信息载体就有纸张、磁盘、照片、录像带及电子文档等。有的信息有使用时效，有的则没有；有的信息用于服务决策，有的信息则主要起着某种证明的作用，如表示质量、工期、成本实际情况的各种信息；有的信息需要保密、集中管理、长期保存，有的则是公开的、分散保管的、非长期保存的。

2. 项目中的信息流

工程项目的实施过程不断产生大量信息，这些信息伴随着工作流、物流、资金流等的流动过程，按一定的规律产生、转换、变化和被使用，并被传送到相关部门（单位），即形成项目实施过程中的信息流。只有信息流通畅、有效率，才会有顺利的、有效率的项目实施过程。

项目中的信息流包括两个最主要的信息交换过程：

(1) 项目与外界的信息交换。项目作为一个开放系统，它与外界有大量的信息交换。既有诸如项目状况的报告、请示、要求等向外界输出的信息，也有如环境信息、市场状况信息及给项目的指令、对项目的干扰等由外界输入的信息。

(2) 项目内部的信息交换，即项目实施过程中项目管理组织因进行沟通而产生的大量的信息。项目内部的信息交换主要包括以下内容。

1) 正式的信息渠道。信息通常在组织机构内按组织程序流通。一般有三种信息流：

① 自上而下的信息流，如决策、指令、通知、计划等，是由上向下传递的。但这个传递过程不是一般的翻版，而是进行逐渐细化、具体化，直到成为可执行的操作指令。

② 由下而上的信息流，如各种实际工程状况的反映信息，由下逐渐向上传递。这个传递过程应避免成为“订书机”，即不加整理、汇总，仅仅是将下级送来的信息资料装订在一起就往上报。这样，上级领导一则没有较多时间去阅读过于详细的信息，二则也没有时间自行整理数量庞大的信息。由下而上的信息应通过归纳整理，使有效的信息处理逐级浓缩化。但还要保证信息的浓缩不会失真，不致产生曲解。

③ 横向或网络状信息流。按照项目管理工作分解结构设置的各组织单元之间存在的大量的信息交换。在矩阵式组织中及在现代高科技状态下，人们已越来越多地通过横向和网络状的沟通渠道获得信息。

2) 非正式的信息渠道，如通过闲谈、小道消息等非组织渠道了解情况，属于非正式的沟通产生的信息交换。

二、项目信息管理

项目信息管理（Project Information Management）指对项目信息进行的收集、整理、分析、处置、储存和使用等活动。

1. 项目信息管理的意义

项目管理过程总是伴随着信息处理过程。信息是各级管理人员决策、计划和进行过程控制的依据。一个项目的相关信息量非常巨大，项目信息管理的效率和成本直接影响其他项目管理工作的效率、质量和成本。因此，如何有效、有序、有组织地对项目全过程的信息资源进行管理，是现代项目管理的重要环节。信息管理水平的高低，对项目，特别是大型项目的管理是至关重要的。

在当代，随着因特网、多媒体数据库及电子商务等以计算机和通信技术为核心的现代信息管理科技的迅猛发展，为大型项目信息管理系统的规划、设计和实施提供了全新的信息管理理念、技术支撑平台和全面解决方案。

项目信息管理应适应项目管理的需要，为预测未来和正确决策提供依据，提高管理水平。

2. 项目信息管理的特点

项目的特点决定了项目信息管理与企业信息管理相比有如下特点：

(1) 项目信息源的多样性。

(2) 项目信息获取的艰难性。

(3) 信息的及时性要求高。

(4) 由于项目具有一次性的特点，因此对信息的准确性提出了更高的要求。

(5) 项目信息管理的困难性和复杂性更大。

3. 项目信息管理的要求

建筑施工企业应建立信息管理体系，及时、准确地获得信息，高效、安全、可靠地使用所需的信息。项目经理部应建立项目信息管理系统，优化信息结构，实现项目管理信息化。

项目信息管理应满足下列要求：

(1) 有时效性和针对性。

(2) 有必要的精度。

(3) 综合考虑信息成本及信息收益，实现信息效益最大化。

项目经理部应及时收集信息，并将信息准确、完整地传递给使用单位和人员。

项目信息应包括项目经理部在项目管理过程中形成的各种数据、表格、图样、文字、音像资料等。

项目经理部应根据实际需要，配备熟悉工程管理业务、经过培训的人员担任信息管理工作。

项目经理部应负责收集、整理、管理本项目范围内的信息。实行总分包的项目，项目分包人应负责分包范围的信息收集整理，承包人负责汇总、整理各分包人的全部信息。

项目信息收集应随工程的进展进行，保证真实、准确，并按照项目信息管理的要求及时整理。

4．项目信息管理的组织规划与资金来源

对于建筑施工项目管理组织来说，进行项目信息管理的组织规划与资金来源应该在其所属的整个建筑施工企业里统筹考虑。仅由个别的项目经理部做这一项工作，不仅成本花费太高，而且成果的共享价值低。在企业内部，应设立信息管理机构，并使其能有效地服务于各项目和各项目管理组织的需要。企业必须要有经常性的资金用于构建信息管理系统，要能够把个别项目的花费转化为企业在信息系统建设上的有效积累。如同企业购置施工机具一样，信息系统应成为企业的一项重要资产。

三、项目信息管理计划与实施

项目信息管理计划的制定应以项目管理实施规划中的有关内容为依据。在项目执行过程中，应定期检查其实施效果并根据需要进行计划调整。

信息管理计划应包括信息需求分析，信息编码系统，信息流程，信息管理制度及信息的来源、内容、标准、时间要求、传递途径、反馈的范围、人员及其职责和工作程序等内容。

信息需求分析应明确实施项目所必需的信息，包括信息的类型、格式、传递要求及复杂性等，并应进行信息价值分析。

项目信息编码系统应有助于提高信息的结构化程度，方便使用，并且应与企业信息编码保持一致。

信息流程应反映企业内部信息流和有关的外部信息流及各有关单位、部门和人员之间的关系，并有利于保持信息畅通。

信息过程管理应包括信息的收集、加工、传输、存储、检索、输出和反馈等内容，宜使用计算机进行信息过程管理。

在信息计划的实施中，应定期检查信息的有效性和信息成本，不断改进信息管理工作。

四、项目信息的内容

项目经理部应收集并整理下列信息：

(1) 法律、法规与部门规章信息。

(2) 市场信息。

(3) 自然条件信息。

项目经理部应收集并整理下列工程概况信息：

(1) 工程实体概况。

(2) 场地与环境概况。

(3) 参与建设的各单位概况。

(4) 施工合同。

(5) 工程造价计算书。

项目经理部应收集并整理下列施工信息：

(1) 施工记录信息。

(2) 施工技术资料信息。

项目经理部应收集并整理下列项目管理信息：

(1) 项目管理规划大纲信息和项目管理实施规划信息。

(2) 项目进度控制信息。

(3) 项目质量控制信息。

(4) 项目安全控制信息。

(5) 项目成本控制信息。

(6) 项目现场管理信息。

(7) 项目合同管理信息。

(8) 项目材料管理信息、构配件管理信息和工、器具管理信息。

(9) 项目人力资源管理信息。

(10) 项目机械设备管理信息。

(11) 项目资金管理信息。

(12) 项目技术管理信息。

(13) 项目组织协调信息。

(14) 项目竣工验收信息。

(15) 项目考核评价信息。

项目信息的内容和信息结构如图 14-1 所示。

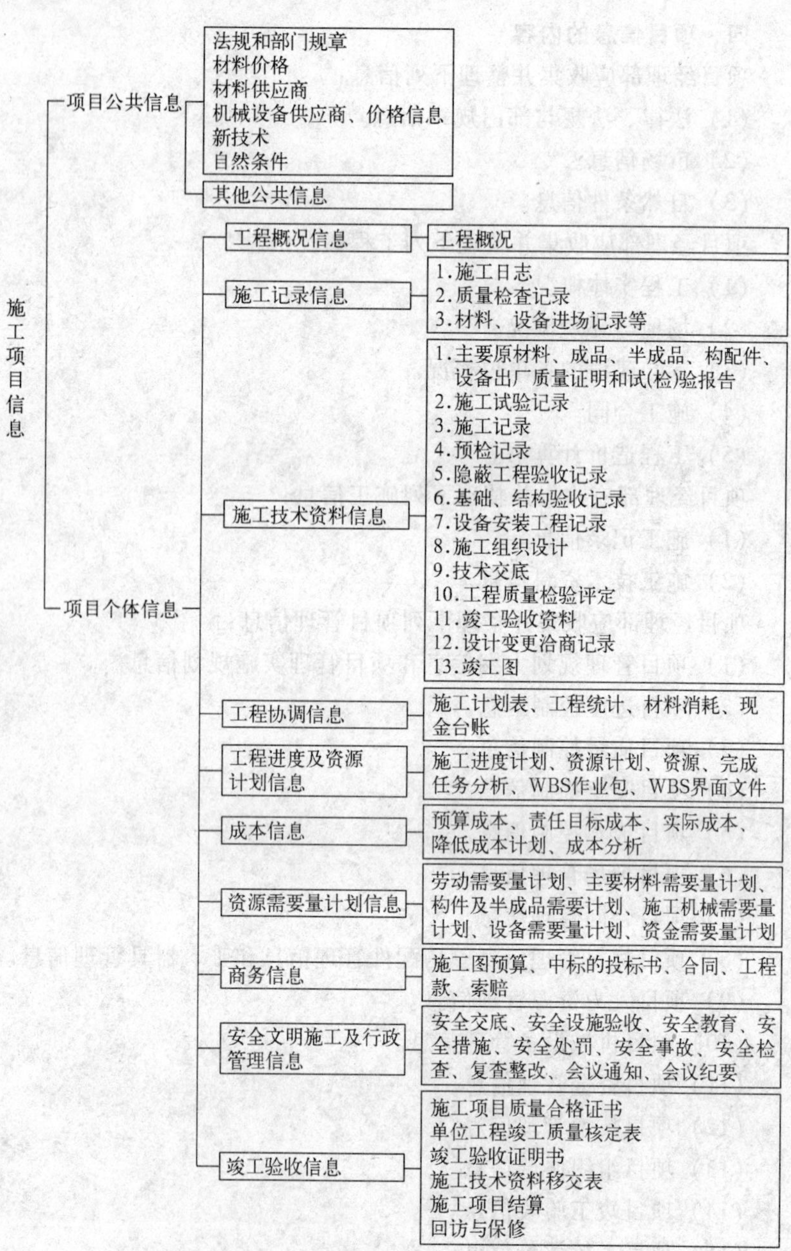

图 14-1　施工项目信息结构

第二节　项目管理信息系统与项目管理支持系统

一、项目管理信息系统

（一）建筑工程项目管理信息系统的含义

1. 相关系统概念的介绍

为了解释建筑工程项目管理信息系统的含义，先简要地介绍何谓目标系统、说明系统、信息系统、企业信息系统和管理信息系统。

（1）目标系统　一个系统就是人们对某物（实在的或抽象的）的一定的观察方式。这个被看作是系统的“某物”称为目标系统。如果把一个车间看作是系统，则该车间为目标系统；而如果把一个企业看作是系统，则该企业为目标系统；如果把一个工程项目看作是系统，则该工程项目为目标系统。

（2）说明系统　一个目标系统的图像也是一个系统，它可以作为一个想象的结构存在于观察者的头脑中，也可以文件的形式出现。目标系统的图像称为说明系统。

（3）信息系统　关于信息系统的定义尚不统一，以下列出几个供参考：

1）输入的是资料，经过处理，输出是信息的系统就是信息系统。

2）信息系统的主要组成部分是电子计算机，主要特点是计算机内储存了一套有组织的处理信息的程序，对输入数据，运行这些程序，便可得到所需要的信息。

3）一个信息系统是由若干生产和（或）使用信息并通过通信关系相互联系起来的人和机器所组成的。

4）对信息进行收集、评价、存储、检索和传输的系统称为信息系统。

（4）企业信息系统　一个企业的信息系统就是对目标系统为企业的一个说明系统，它用来反映工作过程及企业内和企业与其环境间的交换关系。

（5）管理信息系统　以下介绍几种有关管理信息系统的解释。

1）管理信息系统是一个计算机辅助的信息系统，它主要的用途是帮助管理人员（指各级领导人员）做出决策，因而具有面向计划与检查的特点。

2）管理信息系统通常是以计算机为基础，帮助管理决策的信息系统。

3）管理信息系统是收集、存储及分析数据，供组织或企业的管理人员使用的数据处理系统。这种系统的特点在于面向管理工作，提供管理所需要的各种信息。管理信息系统一般都是以电子计算机为基础的（这是由现代化管理工作的复杂性决定的）。

2．建筑工程项目管理信息系统的含义

在项目管理中，信息、信息流和信息处理各方面的总和称为项目管理信息系统（Project Management Information System，PMIS）。管理信息系统是将各种管理职能和管理组织沟通起来并协调一致的神经系统。建筑工程项目管理信息系统是以建筑工程项目为目标系统的管理信息系统，它的主要功能主要是收集、存储及分析数据，供项目管理人员规划、决策和检查使用。

3．建筑工程项目管理信息系统的特征

项目管理信息系统有一般信息系统所具有的特性。它的总体模式如图14-2所示。

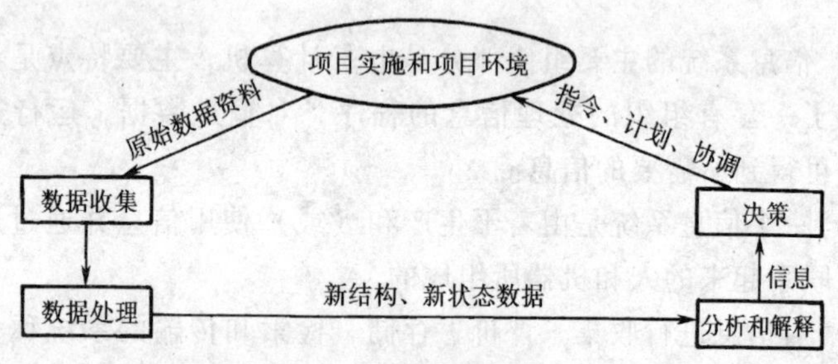

图14-2　项目管理信息系统总体模式

4．建立项目管理信息系统的必要性

建立项目管理信息系统并使它顺利运行，是项目管理者的责任，也是其完成项目管理任务的前提。管理现代化是在管理科学化和民主化的基础上实现管理方法、管理技术和管理手段的现代化。建立项目管理信息系统是项目管理现代化的重要组成部分。建立项目管理信息系统（PMIS）的必要性体现在以下方面：

（1）建立 PMIS 是项目信息管理智能化的需要。

（2）建立 PMIS 是现代大型项目管理实践的客观要求。

（3）建立 PMIS 是实行综合控制必备手段。

（4）PMIS 是项目管理现代化的重要标志。

（5）PMIS 是现代管理方法发挥作用的必要保证。

（6）建立 PMIS 是参与国际竞争的需要。

5. 对项目管理信息系统的要求

项目管理信息系统应满足下列要求：

（1）应方便项目信息输入、整理与存储。

（2）应有利于用户提取信息。

（3）应能及时调整数据、表格与文档。

（4）应能灵活补充、修改与删除数据。

（5）信息种类与数量应能满足项目管理的全部需要。

（6）应能使设计信息、施工准备阶段的管理信息、施工过程项目管理各专业的信息、项目结算信息、项目统计信息等有良好的接口。

项目信息管理系统应能连接项目经理部各职能部门、项目经理与各职能部门、项目经理部与劳务作业层、项目经理部与企业各职能部门、项目经理与企业法定代表人、项目经理部与发包人和分包人、项目经理部与监理机构等；应能使项目管理层与企业管理层及劳务作业层信息收集渠道畅通、信息资源共享。

（二）项目管理信息系统的基本架构

项目管理信息系统是在项目管理组织、项目工作流程和项目管理工作流程基础上设计的，并全面反映它们之中的信息和信息流。所以对项目管理组织、项目工作流程和项目管理工作流程的研究是建立项目管理信息系统的前提，而信息标准化、工作程序化、规范化是它的基础。

1. 项目管理信息系统的范围与外部信息流通规划

正确规划项目管理信息系统的外部结构与功能，首先必须正确建立项目信息源的总体结构与处理流程。

在信息系统中，每个项目当事人或有关人员都为信息系统网络上的一个节点，他们都负责具体信息的收集、传递和信息处理工作。这些信息的内容、结构、传递时间、精确程度和其他要求，需要在整个建设项目范围里共同地进行具体的规划设计。每个项目当事人或有关人员由于其在项目生命周期中所处的阶段与工作不同，相应的项目管理信息系统的结构和功能会有所不同。作为项目当事人之一往往不能根据自身的个别需要去决定它。

因此，项目管理信息系统的性能、效率和作用首先不取决于系统的内部结构与功能，而取决于系统的外部接口结构与环境，这是项目管理信息系统区别于企业管理信息系统的特点和规律。

2．项目管理信息系统的内部基本结构与信息流通规划

项目管理信息系统的范围与外部的信息处理流程实质上是项目生命周期在信息管理过程中的逻辑展开，项目管理信息系统的内部基本结构与信息处理流程是项目管理职能在信息处理过程中的客观反映。

（1）项目管理信息系统的内部结构　项目管理系统是由许多子系统构成的，可以建立各个项目管理信息子系统。一个大型建筑工程项目管理信息系统从内部功能上一般包括项目进度信息管理系统、项目成本信息管理系统、项目质量信息管理系统、项目安全信息管理系统、项目合同信息管理系统、项目财务信息管理系统、项目物资信息管理系统、项目图样文档信息管理系统、项目办公与决策信息管理系统等。它们是为专门的职能工作服务的，用来解决专门信息的流通问题。它们共同构成项目管理信息系统。

（2）项目管理信息系统的过程信息流通规划　项目过程中的工作程序既可表示项目的工作流，又可以从一个侧面表示项目的信息流。例如成本计划可用图 14-3 表示。

图 14-3 中，每个节点不仅表示各个项目管理工作职能，而且代表着一定的信息处理过程，每一个箭头不仅表示管理职能工作顺序，而且表示一定的信息流通过程。

因此，应设计在各工作阶段的信息输入、输出和处理过程及信息的内容、结构、要求、负责人等。

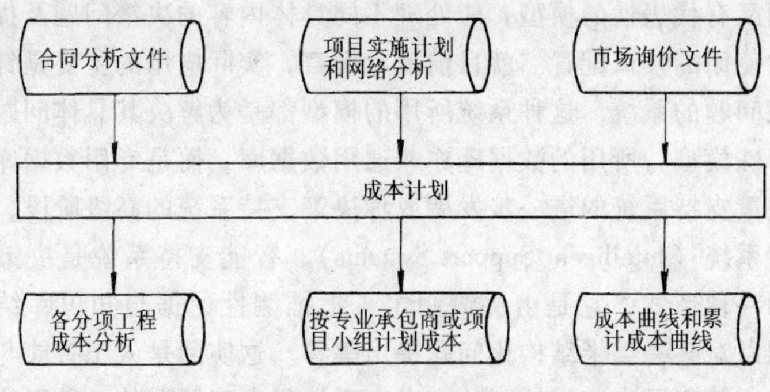

图 14-3　成本计划信息流程

二、项目管理支持系统

(一) 决策支持系统

就当前大多数决策支持系统（Decision Support System，DSS）而言，其特征是：以半结构化问题为主；系统本身具有灵活性；多数为联机对话式的；分析与设计是围绕着以决策人为行动主体进行的；是决策支持而非代替决策。

决策支持系统是面向中、高层管理人员所面临的半结构化问题。所谓半结构化决策问题就是介于结构化与非结构化的决策问题之间。半结构化问题的解决既要靠自动化数据处理，又要靠主管人员的直观判断，它对人们技能的要求与传统的数据处理应用的要求不一样，管理信息系统中处理结构化的决策过程时，人并不起主导作用，决策全靠计算机系统自动做出。半结构化的决策问题的解决则以人为主体，因而不能全部委托计算机来完成，而是要依靠有用的模型和数据库来辅助决策。分析与设计一个决策支持系统，首先要考虑到主管人员在这种系统中的主导作用。

决策支持系统在性能上应能使非计算机专业人员很方便地以对话方式使用，并包括有绘图功能，以便从图中可以看出趋势和规律性。同时系统应具有灵活性与适应性。以便随着环境的变迁或决策者的决策方式的改变，系统能作相应的改变。

随着需求的不断扩展，决策支持系统更具有通用性，即具备有从内部及外部不同来源获得的多种数据，能把各种决策情况都制定出既准确而又有代表性的模型，能处理不同具体内容的决策问题及提供便于用户使用的接口配置。就目前现状而言，实际应用的主要是针对某一决策问题的系统。这种系统所用的模型都是为解决其具体问题而制定的特殊模型，所用的数据库亦非通用数据库，而是专用数据库。

决策支持系统的进一步发展或称决策支持系统的高级阶段，是智能支持系统（Intelligent Support Systems）。智能支持系统是决策支持系统的一种形式，它是由决策制定人把推测性论据与知识库结合起来，用以对某一类半结构化问题提出解答。这实际是人工智能与专家系统在决策问题中应用的开始。专家系统是人工智能的一种形式，它是把某一领域专家的专门知识提炼出来，建成一个知识库，其中包括各种关系及解决问题与做出决定的各项规则，用以解决有关的问题和进行决策。

（二）项目管理支持系统

1. 项目管理支持系统的含义和作用

项目管理支持系统（Project Management Support System，PMSS）实际上是决策支持系统技术在项目管理中的具体应用。或者说是项目管理中的决策支持系统。

建立项目管理支持系统（PMSS）是全面推进项目管理现代化的必由之路，是实现项目管理现代化的强有力手段和基本设施。

PMSS旨在为项目经理（项目管理人员）提供一种管理工具，以支持他们的决策过程，从而经济有效地完成其项目。

PMSS至少具有如下作用：

（1）它是一个完整的信息系统，可用于各种目标硬件系统。

（2）它可以具有以下功能。

1）综合、界定及规范项目管理的职能性责任及范围。

2）形成各种管理活动和技术活动所产生的工程项目备选方案和影响。

3）评估对工程项目职责范围的影响。

4）利用其他决策支持方法。

（3）作为教学手段，供项目管理机构的教育部门研习项目管理职能，提高项目管理的专业技能。

总之，建立项目管理支持系统对于项目管理是非常必要的。

2. 项目管理支持系统的目标

建立项目管理支持系统（PMSS）的目标是：管理者能够借助于系统广泛全面的信息支持和先进适用的决策模型，对结构化的决策问题轻松自如地做出正确的决策，而对于半结构化和某些非结构化决策问题能方便、快捷提供多个可行方案供决策者们参考，最大程度地保证项目成功，使项目管理达到科学性与艺术性的完美统一。

3. 建立项目管理支持系统的原则

建设 PMSS 应遵循以下原则：

（1）整体性原则　PMSS 是为项目管理服务的，是项目的组成部分，因此 PMSS 的建设要服从项目整体利益，要把 PMSS 作为项目的一个子系统更为恰当。

（2）实用性原则　一个 PMSS 对应一个项目，因此首先要实用，不要脱离项目实际。比如：项目的规模、项目管理人员的素质、项目所处环境的复杂性、项目数据获取的难易程度、项目的重要性等都将决定 PMSS 的规模和功能结构等。

（3）开放性原则　考虑到与其他环境进行数据交换问题，在系统设计时还应考虑到系统的可扩充性。

（4）标准化原则　应十分注意规范化，它关系到系统的实用性、可扩充性、开放性、可维护性，关系到系统的生命力。

（5）安全性原则　PMSS 必须做到安全可靠。PMSS 用到的数据量大，有些数据是不能丢失或外泄的，必须从技术上、管理上保证系统安全可靠。

（6）时效性原则　项目的一次性特点决定了 PMSS 生命的有限性，其研制时间也受到限制。

4. 项目管理支持系统的基本结构

作为一个决策支持系统，PMSS 的一个可能的实现结构是把系统分成几个组成部分或子系统：数据库、模型库、知识库、推理规则、情景显示及用户接口子系统。而每个子系统均有各自独立的管理系统。

这种结构应注重把人作为决策主体，亦即把决策人视为系统组成的一部分，因此在设计人机接口时要根据项目管理的特点与决策人认识上的倾向性，使系统便于和易于使用。

图 14-4 为项目管理支持系统的基本结构图。图 14-4 中列出的模型库管理系统是以服务于建设单位为主体的模型结构，只要将其更换为建筑施工企业和项目经理部的系统需求，即变成建筑施工项目管理支持系统的基本结构。

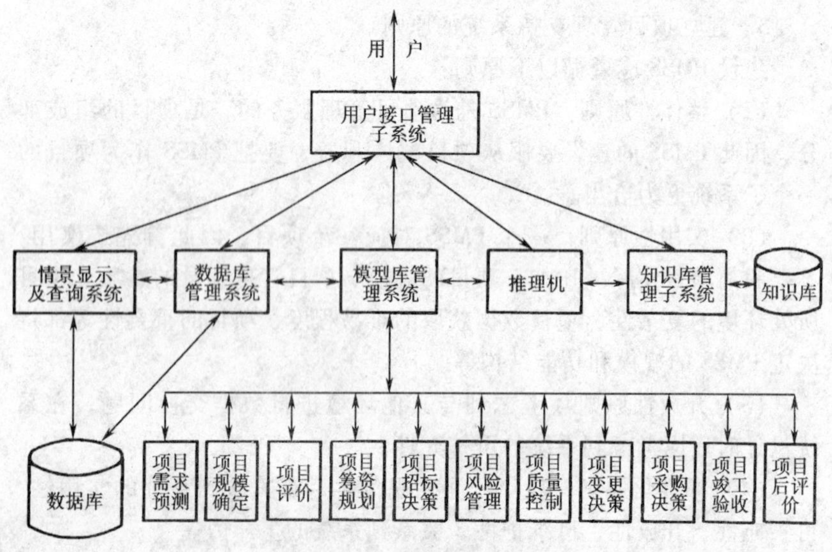

图 14-4　PMSS 基本结构图

第三节　项目管理的数字化和项目管理软件

一、项目管理的数字化

项目信息管理如果最初只是侧重于对信息的流通、处理、加工、存储等方面的管理，往后的发展就是解决各种决策问题，支持决策，支持项目的规划、实施和管理活动。

项目的信息和信息管理在没有出现计算机和现代通信技术的时代就已经存在了。如信息的口头传播、纸介质的传播，依靠人脑实现对信息的处理、加工和存储等。但在当今的信息时代里，还习惯于用手工的方式进行信息处理已难以满足科学化管理的要求。

从信息的传递、处理、加工和存储，到支持项目决策，都需要项目管理工作能够适应这种项目信息系统化管理的需要，即只有在项目管理过程中全面数字化的基础上才能够满足科学化管理的要求。

项目管理的数字化就是在项目管理活动中广泛地运用计算机技术、网络技术和现代通信技术，使项目的信息流数字化，信息的处理、加工和存储数字化，项目决策数字化。不仅是信息管理部门的数字化，或信息管理工作的数字化，而且是整个项目管理组织的管理工作和管理活动的全面数字化。只有在项目管理数字化的基础上，所建立的项目管理信息系统、项目管理支持系统等，才能充分发挥其功能与作用，实现项目管理的目的与要求。

特别需要指出的是，在项目管理当中除了对计算机的普遍使用之外，近些年发展迅猛的网络科技也应在项目管理当中得到充分的利用。如建立项目管理局域网，会极大地提高配置计算机的使用效能；在一个建筑施工企业里，通过因特网来实现信息流传输，可能会使现有的信息管理系统发生深刻的变革；一些项目信息门户网站也有可能作为项目管理信息系统的重要组成。

国内一些建设项目已经开始这方面的尝试，如数字轨道交通项目、数字地铁建设项目等。不管其程度如何，但都有一个共同的显著特点，那就是借助于宽带形成高速的信息网络，适应网络社会给生活、管理、工作带来的变革。

项目管理的数字化某种程度上也是基于宽带网络的项目管理系统的重新整合。

二、项目管理软件

1. 项目管理软件集成

软件集成就是解决异构软件相互接口的问题。如何利用大量现成的项目管理软件为项目管理系统服务，对于项目管理来说具有重要意义，这种集成比开发一个全新的系统更有意义。

2. 通用项目管理软件

随着计算机技术的飞速发展和应用范围的不断扩展，大量各种版本和应用范围各异的项目管理软件也如雨后春笋般地被开发出来。这里有通用型，也有专业型，适合不同的硬件环境。目前市场上通用型的项目软件有：

CA-Super Project for Windows&OS/2 v3.0

CHTPM

CHPM

Microsoft Project for Windows 98 中文版

PERT 3.0（北京市梦龙科技开发公司）

PM-1（中国化学工程总公司）

Primavera Project Planner（P3）

Project Scheduler 6 for Windows-1.5

Sure Trak Project Manager for Windows-1.0

Texim Project for Windows-2.0

THUNET

Time Line for Windows-6.0

第十五章　项目收尾管理

第一节　项 目 收 尾

一、项目收尾概述

收尾阶段是项目生命周期的最后阶段，没有这个阶段，项目就不能正式投入使用。不作必要的收尾工作，项目各有关人员就不能终止他们为完成本项目所承担的义务和责任，也不能及时从项目获取应得的利益。

凡事都要善始善终，不能虎头蛇尾，项目管理亦当如此。当项目的所有活动均已完成，或者虽然未完成，但由于某种原因而必须停止并结束时，项目管理班子应当做好项目收尾（也叫扫尾、结尾）工作。

项目收尾管理（Project Closing Stage Management）是指对项目的收尾、试运行、竣工验收、竣工结算、竣工决算、考核评价、回访保修等进行的计划、组织、协调和控制等活动。

项目收尾阶段应是项目管理全过程的最后阶段，包括竣工收尾、验收、结算、决算、回访保修、考核评价等方面的管理。项目收尾阶段应制定工作计划，提出各项管理要求。

收尾阶段的工作对于项目各参与方来讲都是非常重要的，项目各方面的利益在这一阶段常常存在着较大的冲突，特别是在最终费用结算方面。因此在质量验收、费用的结算、项目交接等过程中，项目管理班子应进行系统的整理，提供翔实、有充分效力的依据，保证自身的利益。

对于项目管理班子来说，项目接近完成时，因大量的施工任务已经完成，往往注意力会转移到新的项目上去，有些成员也要调离，甚至主要力量都会转移到新的工程项目上去。这种流动性在建筑施工企业里是很正常的。而项目收尾工作常常是零碎、繁琐的，且又费时费力，容易被人忽略。因此，项目收尾工作的重要性应当特别强调，否则会给项目及自身带来不利影响。尤其是必须能够组织足够的力量对收尾阶段发生的零星工作及返修项目，及时快捷地处理。

需要指出的是，项目收尾有建设项目的整体收尾和依据合同结构形成的某个具体的建筑施工项目的收尾之分。建筑施工项目的结尾和一个完整的建设项目的结尾在时间关系上并非完全一致。从建筑施工企业来说，往往并不能承包一个建设项目的全部建筑安装工程。如某个高层写字楼项目，其地基基础工程、主体土建工程、楼宇设备系统安装工程、装饰工程等，可能被不同的承包单位分别承包，即业主使用平行承发包方式。这时，就有多个施工合同，每个合同都涉及在本合同规定范围的工作完成以后的结束问题。而且，经常存在这种情况，某项合同规定的任务必须在前一合同规定的任务已经充分完成了的基础上才能进行。如基础工程完成后，主体土建工程才能开始。作为承包主体土建工程的建筑施工企业的项目经理部，不仅要关注自身承建工程的结束问题，还要解决好工程接手问题。即要参加对前一工作的检查和验收，对前一工作结果可能会影响到自身承建工作开展的问题要能够发现并指正。

因此建筑施工项目管理组织要按照业主对项目收尾工作的整体安排，作为建设项目收尾工作的一个组成部分，做好本施工项目的收尾工作，并参加必要的前期其他施工项目的收尾验收工作，为本项目顺利开展扫清障碍。不管本施工项目的实际收尾工作是在何阶段进行的，还是需要参加建设单位主持的整个建设项目的收尾工作。

一般项目收尾工作主要包括范围核实、行政收尾和合同收尾等子项。

二、范围核实

1. 范围核实的含义

范围核实又叫移交和验收，也称为范围确认。项目结束时，项目班子要把已经完成的项目可交付成果交给该项目成果的使用者或其他有权接收的方面，如发起者、项目业主或项目使用者。而在正式移交之前，接收方面要对已经完成的工作成果或项目活动成果重新进行审查，核查项目合同规定范围内的各项工作或活动是否已经完成，可交付成果是否令人满意。

如果项目提前结束，则应查明有哪些工作已经完成，完成到了什么程度，并将核查结果记录在案，形成文件。

2. 范围核实的结果

项目范围核实完成后，参加项目范围核实的项目班子和接收方面人员应在事先准备好的文件上签字，表示接受方面，如业主或发起者已经正式认可并验收项目全部或阶段性成果。一般情况下，这种认可和验收可以附有条件。

在建设项目实际操作中，项目范围核实的工作主要表现为项目的竣工验收和项目交接的工作及项目竣工结算和项目清算工作。对于业主来说，一般还要办理竣工决算。

三、合同收尾

合同收尾就是了结合同并结清账目，包括解决所有尚未了结的事项。

有些项目，合同收尾的具体手续可在合同条款和条件中加以规定。合同提前终止是一种特殊的合同收尾。

在合同收尾之前要整理好合同文件。合同文件至少应包括合同本身及全部有关的合同组成文件。如经过批准的合同变更文件、经过批准的施工组织和施工工艺技术文件、经过签认的中间交工验收文件、收款记录和单据等财务文件，及所有与合同有关的检查结果等。

合同收尾结束时，项目班子应整理出一套完整的合同记录，连同项目记录一起存档。

四、行政收尾

项目达到目的或因故中途终止时，必须做好行政收尾工作。项目管理班子的行政收尾工作主要有两个方面：一是编造、收集和散发有关信息、资料和文件，正式宣布项目的结束；二是项目组织的解体、转移，及物资、设备、机具等的转移、处理。

项目班子首先应检查项目成果并将检查结果形成文件，以便由发包人、业主或用户正式验收项目结果。

在行政收尾时，项目班子应当负责在有关方面的协助下对所有的项目记录进行系统的整理，将完整的项目记录交由有关方面存档。项目管理班子要对各种收尾工作所必需的资料进行系统的检查和分析，并对其进行归纳，写出简单扼要的材料。

在收尾阶段，项目组织或解体分散、或转移安排，需要做好善后工作；项目的剩余物资、财务账目和资金，需要盘整或清点；项目的设备、机具，需要转场和保养。这些工作都应切实认真地做好。

五、总结评价

在做行政收尾时，项目管理班子还应当找出项目和项目管理的成功和失败之处，研究本项目使用过的哪些方法和技术值得推广到其他项目上去，并考虑为了继续研究因受本项目的启迪而提出的各种方法和技术，还需要进行哪些活动。即对项目和项目管理进行总结评价。

第二节　项目竣工验收与项目交接

一、项目竣工验收

项目竣工验收（Completion and Delivery of Construction Project）指承包人按施工合同完成了项目全部任务，经检验合格，由发包人组织验收的过程。

竣工验收阶段属于工程项目管理的结束阶段，这个阶段需要注意的问题有以下几点：

(1) 这个阶段是生产管理和经营管理交叉较多的阶段，而经营管理的任务多于其他各阶段。

(2) 这个阶段涉及的法律、法规比其他阶段多，依法管理的任务较重。

(3) 这个阶段要进行项目收尾和项目移交：有工程收尾、管理收尾、合同收尾；有项目产品移交、工程档案移交、管理工作移交。因此，这个阶段工作的好坏，影响施工项目管理的效果，也关系到项目产品的使用和维修。

(4) 这个阶段项目管理层和企业管理层的项目管理任务都很重。从收尾和移交两方面看，项目管理的重心已经转移到了企业管理层。

(5) 这个阶段的组织协调工作量大，难度也很大。

(6) 这个阶段要进行竣工结算，支持建设单位进行决算，因此涉及双方的经济利益。在目前情况下，回收工程款的难度很大。

施工项目竣工验收的交工主体应是承包人，验收主体应是发包人。

竣工验收的施工项目必须具备规定的交付竣工验收条件。

竣工验收阶段管理应按下列程序依次进行：

(1) 竣工验收准备。

(2) 编制竣工验收计划。

(3) 组织现场验收。

(4) 进行竣工结算。

(5) 移交竣工资料。

(6) 办理交工手续。

项目经理部应全面负责项目竣工收尾工作，组织编制项目竣工计划报上级主管部门批准后按期完成。

竣工验收计划应包括下列内容：

(1) 竣工项目名称。

(2) 竣工项目收尾具体内容。

(3) 竣工项目质量要求。

(4) 竣工项目进度计划安排。

(5) 竣工项目文件档案资料整理要求。

项目经理应及时组织项目竣工收尾工作，并与有关单位取得联系，及时组织验收。

1. 施工项目的收尾工作

项目的竣工验收虽然是由项目业主（即发包方）来组织进行的，但为使项目能够顺利通过发包方的竣工验收，建筑施工企业和项目经理部需要配合发包方的工作，并完成好自己应做的工作，迎接发包方的检查验收。在竣工验收阶段，项目经理部应着重做好以下方面的工作。

(1) 建筑施工项目进入收尾期，项目经理就要开始组织有关人员逐层、逐段、逐部位、逐房间地进行查项，检查施工中有无丢项、漏项，一旦发现，必须立即确定专人定期解决，并在事后按期进行检查。需要注意的是，项目收尾期并不是在项目全部工作都已完成之后才开始。如果等到全部工作都已进行完毕之后才开始项目收尾工作，势必会影响项目的竣工验收的进行。

（2）对已完成的成品进行封闭和保护。已经全部完成的部位或查项后修补完成的部位，要立即组织清理，保护好成品。依可能和需要，可以按房间或层段锁门封闭，严禁无关人员进入（包括组织内部的人员），防止损坏成品或丢失零配件。尤其是高标准、高级装修的建筑工程（如高级宾馆、饭店等），每一个房间的装修和设备安装一旦作业完毕，就要立即严加封闭，乃至派专人加以看管。而且整个作业过程都应如此，不仅仅是全部作业完成后才进行封闭保护。

（3）有计划地拆除施工现场的各种临时设施和暂设工程，拆除各种临时管线，清扫施工现场，组织清运垃圾和杂物。

（4）有步骤地组织材料、机具以及各种物资的回收、退库，向其他施工现场转移和进行处理等项工作。

（5）做好电气线路和各种管线的交工前检查，进行电气工程的全负荷试验。

（6）有生产工艺设备的工程项目，要进行设备的单体试车、无负荷联动试车，并准备有负荷联动试车。

2. 竣工验收准备

项目经理应全面负责工程交付竣工验收前的各项准备工作，建立竣工收尾小组，编制项目竣工收尾计划并限期完成。

项目经理和技术负责人应对竣工收尾计划执行情况进行检查，重要部位要做好检查记录。

项目经理部应在完成施工项目竣工收尾计划后，向企业报告，提交有关部门进行验收。实行分包的项目，分包人应按质量验收标准的规定检验工程质量，并将验收结论及资料交承包人汇总。

工程项目完工后，承包人应自行组织有关人员进行检查评定，合格后向发包人提交工程验收报告，向发包人发出预约竣工验收的通知书，说明拟交工项目的情况，商定有关竣工验收事宜。

3. 竣工资料

承包人应按竣工验收条件的规定，认真整理工程竣工资料。

企业应建立健全竣工资料管理制度，实行科学收集，定向移交，统一归口，便于存取和检索。

竣工资料的内容应包括：工程施工技术资料、工程质量保证资料、工程检验评定资料、竣工图、规定的其他应交资料。

竣工资料的整理应符合下列要求：

(1) 工程施工技术资料的整理应始于工程开工，终于工程竣工，真实记录施工全过程，可按形成规律收集，采用表格方式分类组卷。

(2) 工程质量保证资料的整理应按专业特点，根据工程的内在要求，进行分类组卷。

(3) 工程检验评定资料的整理应按单位工程、分部工程、分项工程划分的顺序，进行分类组卷。

(4) 竣工图的整理应区别情况按竣工验收的要求组卷。竣工图是真实地记录建筑工程情况的重要技术资料，是建筑工程进行交工验收、维护修理、改建扩建的主要依据。是工程使用单位要长期保存的技术档案，也是国家的重要技术档案内容，即要在国家档案部门存档。因此，竣工图必须做到准确、完整、真实，必须符合长期保存的归档要求。

交付竣工验收的施工项目必须有与竣工资料目录相符的分类组卷档案。承包人向发包人移交由分包人提供的竣工资料时，检查验证手续必须完备。

4. 竣工验收管理

单独签订施工合同的单位工程，竣工后可单独进行竣工验收。在一个单位工程中满足规定交工要求的专业工程，可征得发包人同意，分阶段进行竣工验收。

单项工程竣工验收应符合设计文件和施工图样要求，满足生产需要或具备使用条件，并符合其他竣工验收条件要求。

整个建设项目已按设计要求全部建设完成，符合规定的建设项目竣工验收标准，可由发包人组织设计、施工、监理等单位进行建设项目竣工验收，中间竣工并已办理移交手续的单项工程，不再重复进行竣工验收。

竣工验收应依据下列文件：

（1）批准的设计文件、施工图样及说明书。

（2）双方签订的施工合同。

（3）设备技术说明书。

（4）设计变更通知书。

（5）施工验收规范及质量验收标准。

（6）外资工程应依据我国有关规定提交竣工验收文件。

竣工验收应符合下列要求：

（1）设计文件和合同约定的各项施工内容已经施工完毕。

（2）有完整并经核定的工程竣工资料，符合验收规定。

（3）有勘察、设计、施工、监理等单位签署确认的工程质量合格文件。

（4）有工程使用的主要建筑材料、构配件和设备进场的证明及试验报告。

竣工验收的工程必须符合下列规定：

（1）合同约定的工程质量标准。

（2）单位工程质量竣工验收的合格标准。

（3）单项工程达到使用条件或满足生产要求。

（4）建设项目能满足建成投入使用或生产的各项要求。

承包人确认工程竣工、具备竣工验收各项要求，并经监理单位认可签署意见后，向发包人提交“工程验收报告”。发包人收到“工程验收报告”后，应在约定的时间和地点，组织有关单位进行竣工验收。

发包人组织勘察、设计、施工、监理等单位按照竣工验收程序，对工程进行核查后，应做出验收结论，并形成“工程竣工验收报告”，参与竣工验收的各方负责人应在竣工验收报告上签字并盖单位公章。

通过竣工验收程序，办完竣工结算后，承包人应在规定期限内向发包人办理工程移交手续。

二、项目交接

1. 项目交接的概念

项目交接与项目竣工验收是项目收尾工作中两个不同的概念，也是两个不同的工作过程。项目交接是指全部合同收尾以后，项目施工承包方向项目业主（发包方）移交项目所有权的过程。是承包商把所完成的建筑安装施工产品交付给业主，业主予以接收的过程。项目竣工验收是项目交接的前提，没有通过竣工验收或未经竣工验收的项目不能办理项目交接。项目交接是项目收尾的最后工作内容。

2. 项目交接的合同依据

已竣工工程未交付发包人之前，承包人按专用条款约定负责已完工程的保护工作，保护期间发生损坏，承包人自费予以修复；发包人要求承包人采取特殊措施保护的工程部位和相应追加的合同价款，双方在专用条款内约定。

对于交接的时间一般合同中都有规定，如业主不按合同规定的时间接收，需向承包商额外支付竣工项目的看护费用，或自行承担保管责任。

3. 项目交接的结果

项目移交和接收双方在检查了项目交接的全部范围和内容之后，应履行相关的项目交接手续，形成项目交接报告。

第三节 项目竣工结算与项目清算

一、项目竣工结算

1. 竣工结算与竣工决算的区别

竣工结算与竣工决算是两个不同的概念，也是两项不同的工作。

(1) 竣工决算是反映建设项目实际造价和投资效果的文件，建设项目竣工决算包括从筹建到竣工投产全过程的全部实际支出费用，由竣工决算报表、竣工决算报告说明书、竣工工程平面示意图、工程造价比较分析四部分组成。竣工决算是由建设单位负责完成的一项重要工作。

(2) 竣工结算是承包人在所承包的工程按照合同规定的内容全部完工，并通过竣工验收之后，与发包人进行的最终工程价款结算。这是建设工程施工合同双方围绕合同最终总的结算价款的确定所开展的工作。

2. 项目竣工结算的办理

项目竣工结算应由承包人编制，发包人审查，双方最终确定。

编制项目竣工结算可依据下列资料：

（1）合同文件。

（2）竣工图样和工程变更文件。

（3）施工技术核准资料和材料代用核准资料。

（4）工程计价文件、工程量清单、取费标准及有关调价规定。

（5）双方确认的有关签证和工程索赔资料。

（6）工程竣工验收报告。

（7）工程质量保修书。

（8）其他有关资料。

项目竣工验收后，承包人应在约定的期限内向发包人递交项目竣工结算报告及完整的结算资料，经双方确认并按规定进行竣工结算。

项目经理部应做好竣工结算基础工作，指定专人对竣工结算书的内容进行检查。

在编制竣工结算报告和结算资料时，应遵循下列原则：

（1）以单位工程或合同约定的专业项目为基础，应对原报价单的主要内容进行检查和核对。

（2）发现有漏算、多算或计算误差的，应及时进行调整。

（3）多个单位工程构成的施工项目，应将各单位工程竣工结算书汇总，编制单项工程竣工综合结算书。

（4）多个单项工程构成的建设项目，应将各单项工程综合结算书汇总编制建设项目总结算书，并撰写编制说明。

工程竣工结算报告和结算资料，应按规定报企业主管部门审定，加盖专用章，在竣工验收报告认可后，在规定的期限内递交发包人或其委托的咨询单位审查。承发包双方应按约定的工程款及调价内容进行竣工结算。

工程竣工结算报告和结算资料递交后，项目经理应按照“项目管理目标责任书”规定，配合企业主管部门督促发包人及时办理竣工结算手续。企业预算部门应将结算资料送交财务部门，进行工程价款的最终结算和收款。发包人应在规定期限内支付工程竣工结算价款。

工程竣工结算后，承包人应将工程竣工结算报告及完整的结算资料纳入工程竣工资料，及时归档保存。

二、项目清算

1．项目清算的含义

项目清算是项目收尾的另一种结果和方式。项目清算是非正常的项目终止过程。

在我国的实际项目建设实践中，当项目烂尾或失败时，由于缺乏相应的处置依据和原则，许多项目因此而不了了之，给项目业主、项目承建商及金融、环保、政府部门和社会公众都造成直接或间接的利益损害。

作为项目业主在遇到项目因决策和实施中出现重大过错，导致项目继续运作的经济或社会价值基础已经不复存在时，项目业主就应该拿出“壮士断腕”的勇气，果断终止项目，对项目进行清算。项目清算是最大程度减少项目业主损失的唯一方法和途径。

项目清算和企业清算在依据和程序上有所不同。企业清算主要以《合同法》和公司章程为依据；项目清算主要以合同为依据。

对于中途清算的项目，项目业主应该依据合同中的有关条款，成立由各项目参与方联合参加的项目清算工作小组，依合同条件进行责任确认、损失估算、索赔方案拟定等事宜的协商，协商成功后形成项目清算报告，各有关合同双方联合签证生效；协商不成则按相关合同的约定提起仲裁或直接向项目所在地的人民法院提起诉讼。

作为承包人的建筑施工企业，当发现所承包的工程有可能“烂尾”或无法继续进行下去时，或者继续进行会严重损害自身利益的时候，应主动查明情况，果断地与发包人解除合同，及时进行清算，以应对可能更为严重的后果。不能等到不得不解除合同，或合同被事实所终结时，才与发包人解除合同。因为在这种情况下，承包人已经为工程所做的工作及相应的付出很可能得不到应有的回报，如发包人破产、躲债，其他债权人的债务优先受偿，或陷入复杂的司法诉讼关系难以脱身。特别是承包人为所承包的工程有垫款情况时，需要格外注意。

2. 合同解除

对于建筑施工项目，项目清算主要是发生在合同需要中途解除的情况下。《建设工程施工合同示范文本》对合同解除做了如下规定：

(1) 发包人、承包人协商一致，可以解除合同。

(2) 发包人不按合同约定支付工程款（进度款），双方又未达成延期付款协议，导致施工无法进行，承包人停止施工超过 56 天，发包人仍不支付工程款（进度款），承包人有权解除合同。

(3) 承包人将其承包的全部工程转包给他人或者肢解以后以分包的名义分别转包给他人，发包人有权解除合同。

(4) 有下列情形之一的，发包人承包人可以解除合同：

1) 因不可抗力致使合同无法履行。

2) 因一方违约（包括因发包人原因造成工程停建或缓建）致使合同无法履行。

一方依据合同约定要求解除合同的，应以书面形式向对方发出解除合同的通知，并在发出通知前 7 天告知对方，通知到达对方时合同解除。对解除合同有争议的，按合同中有关争议的约定处理。

3. 合同解除后的清算工作

建设工程施工合同的中途解除，不影响合同双方在合同中约定的结算和清理条款的效力。

合同解除后，需要进行清算工作。承包人应妥善做好已完工程和已购材料、设备的保护和移交工作，按发包人要求将自有机械设备和人员撤出施工场地。发包人应为承包人撤出提供必要条件，支付以上所发生的费用，并按合同约定支付已完工程价款。已经订货的材料、设备由订货方负责退货或解除订货合同，不能退还的货款和因退货、解除订货合同发生的费用，由发包人承担，因未及时退货造成的损失由责任方承担。除此之外，有过错的一方应当赔偿因合同解除给对方造成的损失。

第四节　项目回访保修管理

项目回访保修（Return Visit and Guarantee for Repair of Construction Project）指承包人在施工项目竣工验收后对工程使用状况和质量问题向用户访问了解，并按照有关规定及“工程质量保修书”的约定，在保修期内对发生的质量问题进行修理并承担相应经济责任的过程。

根据《建设工程质量管理条例》规定，建设工程实行质量保修制度。

建设工程承包单位在向建设单位提交工程竣工验收报告时，应当向建设单位出具质量保修书。质量保修书中应当明确建设工程的保修范围、保修期限和保修责任等。

在正常使用条件下，建设工程的最低保修期限为：

(1) 基础设施工程、房屋建筑的地基基础工程和主体结构工程，为设计文件规定的合理使用年限。

(2) 屋面防水工程、有防水要求的卫生间、房间和外墙面的防渗漏，保修期为5年。

(3) 供热和供冷系统，保修期为2个采暖期、供冷期。

(4) 电气管线、给排水管道、设备安装和装修工程，保修期为2年。

其他项目的保修期限由发包方与承包方约定。

建设工程的保修期，自竣工验收合格之日起计算。

建设工程在保修范围和保修期限内发生质量问题的，施工单位应当履行保修义务，并对造成的损失承担赔偿责任。

建设工程在超过合理使用年限后需要继续使用的，产权所有人应当委托具有相应资质等级的勘查、设计单位鉴定，并根据鉴定结果采取加固、维修等措施，重新界定使用期。

回访保修的责任应由承包人承担，承包人应建立施工项目交工后的回访与保修制度并纳入质量管理体系，听取用户意见，提高服务质量，改进服务方式。

承包人应建立与发包人及用户的服务联系网络，及时取得信息，并按计划、实施、验证、报告的程序，搞好回访与保修工作。

保修工作必须履行施工合同的约定和“工程质量保修书”中的承诺。

承包人应编制回访保修工作计划，该计划应包括下列内容：

(1) 主管回访与保修的部门。

(2) 执行回访保修工作的单位。

(3) 回访时间及主要内容和方式。

回访保修是施工项目管理的最后一个阶段，也属于工程项目管理的结束阶段。这个阶段要注意的要点如下：

(1) 回访保修在项目产品的使用阶段，应由企业管理层实施。

(2) 回访保修属于用后服务，既为顾客服务，又为企业提高信誉和管理水平服务，是“双赢”的过程。

(3) 保修要按保修协议实施，并实施有关法规。

(4) 保修责任和经济问题的处理是这个阶段管理的重点。

一、工程回访

1. 回访

回访是建筑施工企业在项目投入使用后的一定期限内，对项目建设单位或用户进行访问，以了解项目的使用情况、施工质量及设施设备运行状态和用户对维修方面的要求。回访是落实保修制度和保修方责任的一项重要措施。通过回访，根据用户的意见，并针对回访发现出的问题，可以在保修期内及时得到保修处理。特别是建筑施工单位企业的流动性质，更需要通过有效的回访措施，履行好保修责任。

回访应纳入承包人的工作计划、服务控制程序和质量体系文件。

承包人应编制回访工作计划。工作计划应包括下列内容：

(1) 主管回访保修业务的部门。

(2) 回访保修的执行单位。

(3) 回访的对象（发包人或使用人）及其工程名称。

(4) 回访时间安排和主要内容。

(5) 回访工程的保修期限。

执行单位在每次回访结束后应填写回访记录；在全部回访后，应编写“回访服务报告”。主管部门应依据回访记录对回访服务的实施效果进行验证。

不能把回访当成形式或走过场。该发现的问题没发现，可能意味着保修期的其他时间又需要十万火急组织人力、物力进行紧急修理。

2．回访的主要内容

建筑施工单位对项目业主（或用户）进行回访的主要内容为：

（1）听取用户对项目的使用情况和意见。

（2）查询或调查现场因自己的原因造成的问题。

（3）进行原因分析和确认。

（4）商讨进行返修的事项。

（5）填写回访卡。

3．回访的方式

回访的方式一般有以下三种。

（1）季节性回访　大多数是在雨季回访屋面、墙面的防水情况，在冬季回访锅炉房及采暖系统的情况。这时较容易发现建筑工程的一些质量通病。

（2）技术性回访　主要是了解在工程施工过程中所采用的新材料、新技术、新工艺、新设备等的技术性能和使用后的效果。回访应以特殊工程、施工中采用的新技术、新材料、新设备、新工艺等的应用情况为重点。

（3）保修期结束前的回访　这种回访一般是在保修即将期满之前进行的。既可以解决出现的问题，又标志着保修期即将结束，促使用户注意项目的使用和维护。

回访的形式可采取电话询问、登门座谈、访问等方式。

二、质量保修

承包人应按法律、行政法规或国家关于工程质量保修的有关规定，对交付发包人使用的工程在质量保修期内承担质量保修责任。

质量保修工作的实施，一般包括以下三个步骤。

（1）签订工程质量保修书　承包人应在工程竣工验收之前，与发包人签订工程质量保修书，作为建设工程施工合同的附件（一般为合同附件3）。

质量保修书的主要内容包括：

1）质量保修项目内容及范围。

2）质量保修期。

3）质量保修责任。

4）质量保修金的支付方法。

承包人应按“工程质量保修书”的承诺向发包人或使用人提供服务。保修业务应列入施工生产计划，并按约定的内容承担保修责任。

（2）检查和修理　在保修期内发生的非使用原因的质量问题，使用人应填写“工程质量修理通知书”告知承包人，并注明质量问题及部位、联系维修方式。承包人或该建筑施工单位的有关保修部门必须尽快地派人前往检查，并会同业主（或用户）及监理方（保修项目实行监理时）共同做出鉴定，需要修理时，提出修理方案，并尽快地组织人力、物力进行修理。

建筑施工企业如果为了更好地履行保修责任，应该把保修责任同该项目的项目经理部分开，由专门的部门承担保修工作。把已经转移到新的项目上去了的项目经理部人员调回来应付保修事务，看起来责任分明，但显然会影响新的项目的管理工作运行。

（3）验收　在发生问题的部位或项目修理完毕以后，要在质量保修书的“保修纪录”栏内做好记录，并经业主（或用户）和监理工程师验收签认，以表示修理工作完结。

整个保修期内，每次保修工作都要按照（2）、（3）两个步骤去做，直至保修期满。

三、保修费用的处理

1．保修经济责任的划分

由于建筑工程情况比较复杂，在保修期内出现的一些问题往往是由于多种原因造成的。因此，进行保修时涉及的保修费用必须根据造成问题的原因和责任归属及具体的返修内容，与业主及有关方面共同商定费用的处理办法，不能全部都由建筑施工单位负担保修期内的保修费用。

保修经济责任应按下列方式处理。

（1）由于承包人未按照国家标准、规范和设计要求施工造成的质量缺陷，应由承包人负责修理并承担经济责任。

（2）由于设计人造成的质量缺陷，应由设计人承担经济责任。当由承包人修理时，费用数额应按合同约定，不足部分应由发包人补偿。

(3) 由于发包人供应的材料、构配件或设备不合格造成的质量缺陷，应由发包人自行承担经济责任。

(4) 由发包人指定的分包人造成的质量缺陷，应由发包人自行承担经济责任。

(5) 因使用人未经许可自行改建造成的质量缺陷，应由使用人自行承担经济责任。

(6) 因地震、洪水、台风等不可抗力原因造成损坏或非施工原因造成的事故，承包人不承担经济责任。

(7) 当使用人需要责任以外的修理维护服务时，承包人应提供相应的服务，并在双方协议中明确服务的内容和质量要求，费用由使用人支付。

(8) 修理项目经检查验定属于建筑施工单位和建设单位（或其他责任方）双方（或多方）的责任共同造成的，双方（或多方）应实事求是地共同商定各自应承担的维修费用。

(9) 涉外工程的保修问题，除按照上述办法进行保修费用处理外，还应依照原合同条款的有关规定执行。

2. 工程质量保证金

建设工程质量保证金（保修金）（以下简称保证金）是指发包人与承包人在建设工程承包合同中约定，从应付的工程款中预留，用以保证承包人在缺陷责任期内对建设工程出现的缺陷进行维修的资金。

缺陷是指建设工程质量不符合工程建设强制性标准、设计文件及承包合同的约定。

缺陷责任期一般为6个月、12个月或24个月，具体可由发、承包双方在合同中约定。缺陷责任期与质量保修期并不是一个概念。

发包人应当在招标文件中明确保证金预留、返还等内容，并与承包人在合同条款中对涉及保证金的下列事项进行约定：

(1) 保证金预留、返还方式。

(2) 保证金预留比例、期限。

(3) 保证金是否计付利息，如计付利息，利息的计算方式。

(4) 缺陷责任期的期限及计算方式。

(5) 保证金预留、返还及工程维修质量、费用等争议的处理程序。

(6) 缺陷责任期内出现缺陷的索赔方式。

缺陷责任期从工程通过竣（交）工验收之日起计。由于承包人原因导致工程无法按规定期限进行竣（交）工验收的，缺陷责任期从实际通过竣（交）工验收之日起计。由于发包人原因导致工程无法按规定期限进行竣（交）工验收的，在承包人提交竣（交）工验收报告90天后，工程自动进入缺陷责任期。

建设工程竣工结算后，发包人应按照合同约定及时向承包人支付工程结算价款并预留保证金。

全部或者部分使用政府投资的建设项目，按工程价款结算总额5%左右的比例预留保证金。社会投资项目采用预留保证金方式的，预留保证金的比例可参照执行。

缺陷责任期内，由承包人原因造成的缺陷，承包人应负责维修，并承担鉴定及维修费用。如承包人不维修，也不承担费用，发包人可按合同约定扣除保证金，并由承包人承担违约责任。承包人维修并承担相应费用后，不免除对工程的一般损失赔偿责任。

由他人原因造成的缺陷，发包人负责组织维修，承包人不承担费用，且发包人不得从保证金中扣除费用。

缺陷责任期内，承包人应认真履行合同约定的责任，到期后，承包人向发包人申请返还保证金。

发包人和承包人对保证金预留、返还及工程维修质量、费用有争议，按承包合同约定的争议和纠纷解决程序处理。

建设工程实行工程总承包的，总承包单位与分包单位有关保证金的权利与义务的约定，参照本办法中发包人与承包人相应的权利与义务的约定执行。

第十六章　项目管理的评估与量化

第一节　项目管理的量化

一、项目管理中的量化及意义

1．量化在项目管理中的意义

可能有人会认为在管理领域一些东西是不能计量的，如态度、能力、素质、满意程度等。因此，在管理工作中常常只能跟着感觉走；或者由于某些量化的不准确、不可靠，就全盘否定管理量化的作用。实际上，事物只有经过计量才可以比较、检验和复制，只有在量化的基础上，才会有管理的科学化。

项目的一些特点决定了项目管理活动不可能完全在精确计算之下，一丝不苟地完成。有许多影响因素难于定量分析，而需要靠感性去把握；有许多事件不能够都计算清楚了再去做；有许多未来的变化不是可以完全预知的。项目管理甚至有时表现为项目经理个人的阅历、经验、胆识的展现，是主观决断下的运行。但是，项目管理的发展，特别是比较一下古代历史上的项目管理和现代的项目管理，会清楚地看到，发展的轨迹是朝着以量化为基础的科学化方向发展的。量化在项目管理中的重要性是显而易见的。

现如今也许在项目管理的许多方面，受限于技术和科技的发展水平，还实现不了量化，即项目管理活动完全建立在量化基础上是做不到也不现实的。但不等于说这些方面就不需要量化了。项目管理的量化程度取决于技术和科技的发展与进步，现在不能量化的正是今后需要量化的努力方向。当然，在现有条件下已经能够做到量化的地方，是不能够不进行量化的。

2．项目管理中的量化

项目管理中的许多方面需要量化，包括目标的制定、计划的评估、已实施工作的测定和评价及对未来的预测和可行性评估等。以下列举了需要量化的一些重要方面。

（1）目标量化　项目的特点之一就是具有明确的目标。进行项目管理的目的就是为了实现项目的目标。目标必须量化，能够衡量、比较、检验。如以“尽快地完成这件工作”为例。何为快？怎样做算是尽快了？怎样评价对方是否尽快地完成了这项工作？对于这样含糊的时间目标很难进行比较、检验和复制，也很难管理。倘若加以量化，改为“在4周内完成这件工作”就明确多了。项目管理的整个目标系统都有量化的需要。

（2）实施的跟踪量化　由于项目的一次性，项目实施过程的不可逆性，在实现目标的过程中就要知道实施情况的好坏，需要对实施情况进行跟踪量化。跟踪量化的标尺就是量化了的目标，和实现目标可用的资源及条件。譬如，上面提到的这件工作，过了3周完成了一半。没有量化目标时，某人也许会觉得“完成得不错”，而另一人却可能觉得“完成得很糟”。有了“4周完成”这个目标，则可以让人明确地知道这件工作按工作量完成进度已延误了1个星期。但是仅有目标的量化还是不够的。因为项目管理追求的是最终目标能否得以实现。过了3周才完成了工作的一半，不等于说这件工作4周内完成不了。诸葛亮草船借箭以7天为期，前6天只管逍遥自在，至第7天才领人去曹营搬箭，并没有贻误军令。所谓鲁肃急，诸葛亮不急。如果要求诸葛亮必须每天交付多少只箭，恐诸葛亮亦无生还之能事。可见，目标的实现方式及过程的差异，实现目标要求的资源和条件，经常决定了不能以一种方式来界定目标的实现程度，实现目标的过程往往不是匀速的。因此，衡量目标的实施情况，需要量化基础上的检验和测度，但要根据具体的实施过程来相应确定。

（3）实施的模拟和预测　当目标不是指一件工作，而是一个包括许多工作或活动的项目时，怎么知道过了3周该完成多少工作呢？这就需要借助于诸如使用网络计划这样的技术。从网络计划中能清楚看到，在第3周末这个项目中哪些工作应当已经完成，哪些工作应当正在进行，哪些工作还没有开始。这样就能与当时的实际执行情况进行比较、检验，就能判断其实施的好坏。此外，还可以通过模拟预测这样的情况执行下去，到第4周末可完成到什么程度及全部完成还需要多少时间等。这样就能对完成情况作出准确的判断。

(4) 实施的综合量化　尽管能够量化评估项目中每一个别工作或活动的实施状况，可能有的好，有的不好，那么如何对项目总体完成状况进行综合量化评估呢？这里存在许多困难，如不同工作的计量单位不同，有的是“吨”，有的是“立方米”，有的是“个”；此外，不同的工作在项目中的地位，或者说权重也不尽相同。项目管理理论提供了一些方法，如针对不同工作的计量单位有不同的问题，可以根据它们的一个共有属性，就是都需要耗费一定的资金，因此，可以用货币化单位来综合量化。

(5) 激励量化　不仅对一个项目、一件工作需要目标量化，对组织机构中每个人的工作业绩也应制定出适当的量化指标。当然，某些工作性质、工作岗位的业绩的确不易精确量化。例如，对项目经理本身，对专业工程师和对项目管理人员工作的评价。由于他们的工作性质和内容比较综合、比较复杂，因此，除了对他们的工作加以分解，对其部分工作加以量化外，也不应排除定性的评估。但是，通过多个人、多指标的定性评估（比如好、中、差）及加权计分等办法，对上述这几类人的工作业绩加以综合量化，同样不失为一种可取的手段。

二、项目管理的量化方法

1. 量化数据的类型

量化数据基本上有四类。第一类是计量数据。例如，项目费用、货物价格用货币单位来计量；工作时间、工期长短用时间来计量。在很多情况下，计量数据可以进行数学运算。某些质量要求也可用计量数据，如建筑物的表面不平整度要小于多少毫米，设备部件的安装公差要小于多少微米。第二类是比率数据。例如，某项目工作已完成57%。第三类是序列数据。某些抽象的事物或综合性的评估难以用计量数据来测定，可以用序列数据量化。如产品外形设计方案美观程度的评价，多栋住宅楼竣工验收的质量评定，通常使用优、良、中、差，或A、B、C、D的等级来量化。第四类是标识数据。它主要用于对事物的分类。如某工作或活动在网络计划中处于关键路线上，用

“C”表示，处在非关键路线上用“N”表示。宜根据量化的对象和量化的方法选用不同类型的量化数据。

2. 数据的收集

直接收集数据可以有多种方式。如通过会计账目取得费用数据，通过测量获得开挖、回填和完成的建筑土方工程量，通过现场观察、停表、录像等操作研究手段取得工作时间和效率数据，通过实验手段获得材料或产品的性能、质量数据等。

有的数据与人的判断有关，难以用上述方法直接收集，通常用问卷或面谈的方式获得。问卷和面谈调查又可分为规格式和自由式两种。

项目管理过程本身都要编制和记载下大量的文档资料。对现存的文档资料加以整理和提炼也可以获得想要的项目实施量化数据。

3. 数据的分析处理

管理领域的不少数据包含人的主观判断。因此，人们往往怀疑这类数据的科学性。在20世纪60年代出现了一种Delphi方法。它是一种企图把主观判断转换为客观数据的量化工具。这种方法认为个人判断的主观倾向（或者说偏见）会在该方法的反复处理中互相抵消，使统计结果趋于客观。成员间的直接交流会使主观倾向互相“传染”导致评价结果的“病变”。

Delphi法曾经风靡一时。但是，它有一个明显的弱点，就是它忽视了各种意见的交流和讨论会使问题越辩越明，并可能产生新的见解。另一种与此不同的、较流行的方法是AHP层次分析法。这种方法在很大程度上要求人们面对面地讨论和参与。

4. 数据的鉴别

在管理领域对量化数据存在两种极端的态度。一是不屑一顾，根本不信；二是奉若神明，把它们看作与科技、工程领域的测量数据一样的客观和精确。这两种态度都不符合实际。对管理领域的量化数据要尊重，但不迷信。对数据质量的可靠性、合理性做认真鉴别是必要的。

鉴别数据可靠性的基本方法是重复取样，看其量化结果是否接近。譬如，要计划完成某件工作所需要的时间，向多个内行人士咨询，并查阅以往完成类似工作所需时间的纪录。倘若这些时间均较接近，可以认为它们是可靠的。反之，若这些数据相差甚远，就要提出疑问，加以分析。这与科学技术实验相似，在一组实验数据中剔除异常值，对余下的数据取其均值。

鉴别数据合理性的基本方法是比较相关种类数据的一致性。譬如，年终对员工进行考评，发现某人出勤率很低，而完成工作量很高。倘若此人是一个普通办事员，则一般认为这两类相关数据之间缺乏一致性，很不合理。经查实，也许会发现他把与别人合作的工作量没有分摊，全记在了自己名下。倘若此人是一位专业工程师，这两类数据的相关性不一定很强。经了解此人可能喜欢在家中精心构思设计方案，喜欢把工作带回家去处理，因而看到他在工作的时候，他工作的效率特高。

如上所述，需要不断提醒这样一句关于数据问题的老生常谈，"垃圾进去，垃圾出来"，尤其对原始数据更要特别谨慎。

三、项目管理模拟技术的运用

1. 模拟的概念

模拟是一种模仿行为，是将所研究的对象，用其他手段进行模仿的一种技术。当采用这种方法研究问题时，并不直接研究对象本身，而是先设计一个与研究对象相似的模型，然后通过模拟来间接地研究对象。所谓模型是应用某种方法对一个真实系统的结构和行为进行描述的一种形式，称为该系统的模型。在科技领域中，模拟可以定义为一个系统的信息集合。在物理模型中，信息具体体现为解析或数值方程的形式。而在模拟模型中，信息表现为逻辑流程图的形式。模拟技术主要具有以下优点：

（1）对于复杂的、具有多个随机因素的系统，要用数学模型来做精确的描述往往是十分困难的，或者虽然能建立相应的数学模型，但无法求解。但模拟技术则可以根据系统内部的逻辑关系和数学关系，面向系统的实际过程和系统行为，构造模拟模型，从而能得到复杂随机系统的解。

（2）能模拟运行无法实施的问题。

（3）可以进行大量方案的比较与优选。

（4）可以模拟有危险和风险的现象。

（5）可以模拟无法重复的现象。

（6）可以模拟成本过高的现象。

模拟包括三个要素，即系统、模型和计算机。联系这三个要素的是建立系统模型、建立模拟模型和模拟实验。模拟三要素之间的关系如图 16-1 所示。

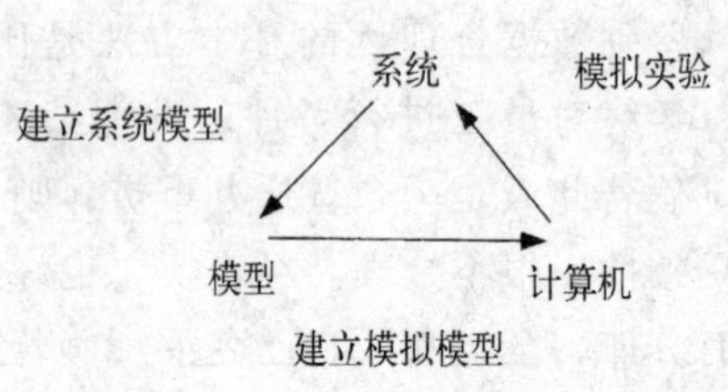

图 16-1　模拟三要素及其关系

2. 系统模拟的基本步骤

系统模拟并不是从模型到计算的简单过程。对一个实际系统的模拟，一般要经过以下步骤：

（1）系统问题的描述。

（2）系统分析。

（3）建立系统模型。

（4）数据收集与统计检验。

（5）构造模拟模型。

（6）模拟程序的编制与验证。

（7）模拟模型的确认。

（8）模拟模型的运行。

（9）模拟结果分析。

以上是系统模拟一般要经历的步骤，它们是互相联系、相互制约的。如图 16-2 所示是其处理顺序与反馈关系的步骤。

模拟技术是解决项目管理当中诸多问题的一种有效手段。对项目系统进行模拟可以在项目的不同层次上进行，即所建立的模拟模型应该不止一个。

四、计算机仿真技术在项目管理中的运用

计算机科学的进步为项目管理借助于计算机手段的更为广泛的运用提供了强大的支持。如基于计算机基础的仿真技术在项目管理当中已经有了不少应用。许多建筑施工企业在参加项目投标时，所制作的施工方案都大量采用了计算机仿真成果。可以预见，在今后的项目管理实践中，对计算机仿真的应用会越来越多。

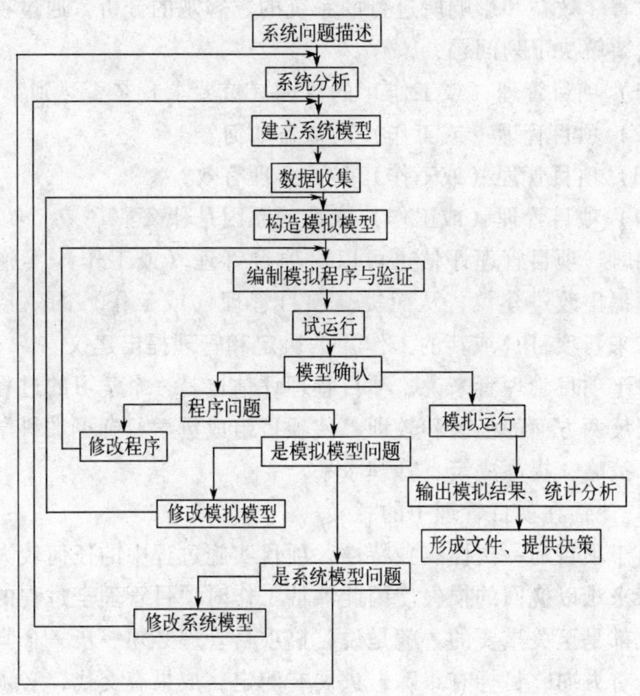

图 16-2　系统模拟的步骤

第二节　项目管理的评估

一、项目管理评估的意义和种类

1. 项目管理评估的含义

当项目经理把做好的项目交给业主，向公司交差的时候，公司负责人肯定会问他的项目实施的情况，该项目给公司带来了哪些收益。这时仅仅一句“成功”或“失败”还不能向公司交差，需要进行系统的项目管理工作评估。或者承担某项具体管理工作的项目管理人员，完成了该项工作向主管交差时，主管也会询问完成情况，也不是一句做完或没做完就能交代的。

项目管理评估是指对已经完成的项目管理（或工作）的目标、实施过程、效益和影响所进行的系统的、客观的分析。通过项目管理评估，要解决下列问题：

（1）项目管理（或工作）的目标（或要求）是否达到？

（2）项目管理（或工作）的效益如何？

（3）项目管理（或工作）是否合理有效？

（4）项目管理（或工作）成败的原因是什么？

同时，项目管理评估也可以对项目管理（或工作）实施中出现的问题提出改进建议，从而提高项目管理（或工作）的效益，还可以向未来新项目（或新的工作）的决定和管理提出建议。

对于项目管理者来说，项目管理评估也是一个学习的过程。通过总结正反两方面的经验和教训，使项目组成员学习到更加科学合理的方法和策略，提高决策、管理水平。

2．评估在项目管理中的意义

由于项目的一次性、独特性，项目实施过程中的任何较大的失误都会带来难以挽回的损失。因此评估工作对项目管理全过程的所有阶段来说都是至关重要的。就是说，搞项目管理必须一步一个脚印，做到起步有方向，目标有跟踪，进展有测定，成果有交代，必须踏踏实实、小心翼翼。评估工作涉及项目管理的方方面面，从项目管理整体规划，到各个子项、各个管理部门、各个作业队组，直至对每个项目员工个人的考评。只有处处严格，层层把关，才能确保项目管理的全局成功。

3．项目管理评估的种类

项目开始实施后，由项目控制和监督部门所做的各种管理评估都属于项目管理评估。

（1）从项目管理评估由谁操作上，可以分为项目管理组织内部评估和企业对项目管理组织的外部评估。

1）内部评估。这是由项目管理组织（如项目经理部）对组织内所完成的各项工作和活动及相关部门和人员进行的评估。由此把握项目实施进展和完成状况，发现项目管理活动中存在的问题，找出改进的方法予以改进，并预测组织目标实现的可靠性。

2）外部评估。这是由企业（项目管理组织从属的长期性组织）对项目管理组织所完成的各项工作和活动及相关部门和人员进行的评估。由此衡量和判断项目实施进展和完成状况，分析对企业目标的贡献和实现的可靠性，发现该项目管理组织存在的问题，提出建议和对策，帮助该项目管理组织予以改进，或为企业提出对该项目管理组织的整改意见。

作为企业来说，对项目经理部授权以后，既不能事事插手，又不能撒手不管。从企业长期发展的需要考虑，有必要对项目经理部的工作进行评估，对项目经理部的人员，包括项目经理进行考核，这也是对所授权力的一种有效的约束手段，是促进项目经理部工作、提高项目管理人员素质和能力的有效办法。

（2）从项目管理评估的形式和做法上，可以分为自我评估、相互评估和他人评估。

1）自我评估。这是由项目管理组织（如项目经理部）和项目管理人员对本项目或对自身担负的工作和职责自己做的评估。

2）相互评估。这是由同类组织和同类人员，相互之间进行的交叉评估。

3）他人评估。这是由专门的评估组织根据评估的对象和内容所进行的评估。这种专门的评估组织可以是项目管理组织内部的，或企业内部的，也可以是社会上的专业机构。项目管理组织内部的或企业内部的评估组织可以是为某项评估的需要临时成立的，也可以是专设的组织。

这些评估的形式和做法面对具体的评估对象和内容会有不同的利弊，在进行项目管理评估时需要综合地加以运用。

（3）根据项目管理评估实施阶段的不同，可以分为跟踪评估、总结评估和影响评估。

1）跟踪评估。跟踪评估就是在项目开始实施以后到项目完成之前任何时候所进行的评估。所以，跟踪评估又被称为“中间评估”或“实施过程评估”。跟踪评估侧重于项目管理实施效果评估，主要是确定项目管理达到理想效果的程度；总结经验教训；反馈信息；指导以后项目管理活动和工作的开展和实施，并针对项目管理中出现的重大困难和问题，做出决策。

2）总结评估。总结评估就是在项目完成以后，项目管理组织解体或转移之前所进行的评估。这种评估一般属于全面系统的项目管理评估。这项评估也是建设项目竣工验收总结的一个组成部分。

3）影响评估。影响评估是指在项目管理总结评估报告完成之后所进行的评估。通过调查项目管理经验和运行状况，分析项目管理发展趋势及其对企业的影响，总结经验教训。影响评估是对项目管理的运营情况和长远影响所做的分析，更具有实际指导意义。

二、项目管理评估的特点及通常会遇到的问题

1. 评估工作中通常遇到的问题

项目管理评估的主要目的是回顾已完成的工作，检查有没有达到其预定管理目标，诸如进度、预算、质量要求、团队建设等，从中找出差距，以便今后改进。然而，评估工作的固有特征又往往使它容易在执行中走样，导致评估结果与其评估宗旨相悖，带来各种问题。

（1）误解评估的目的　对评估一种常见的误解和曲解是将其看成是挑毛病，特别是在进行他人评估时。因此，被评估的对象总对此持有戒心，尽量掩盖缺点，张扬成绩，报喜不报忧，使评估失去真实性。当评估人为了了解真实情况，有时采取突击抽查的手段，或背着被评估人对相关联部门和人员进行调查。但这样做很容易引起被评估者的反感和抵触，影响双方的关系并伤害被评估者的工作积极性。项目经理若习惯使用这种办法对其成员进行考评，必然使项目班子失去凝聚力。而企业以这种办法对项目经理进行考评，必然会使项目经理受到冲击。

同样，由于对评估目的的误解和曲解，及实际操作上的不当形成后果的影响，在进行相互评估时，有的人对待评估会以事不关己的态度，不痛不痒地提些问题和意见，以求一团和气。而更要不得的是有些人借评估作为打击别人，抬高自己，达到个人私利的手段。进行自我评估时，因评估总会影响到个人利益，有些人往往会歪曲事实，虚报浮夸，掩盖严重的问题。

正确的做法应当把评估的时间安排、评估标准和方法，事先通告所有接受考评的人员。最好使他们一开始就明白对其工作的要求，努力去达到这些要求。这才是评估的真正目的。

(2) 评估双方的心理障碍　项目管理评估总要给被评估者挑出点毛病，总会或多或少地影响到被评估者的经济利益、前程，甚至生计和“饭碗”。因此，被评估者会自然地产生紧张和惧怕心理，好像在等待判决，从而采取防御，甚至变相对抗的姿态。即使被评估者没有弄虚作假的动机，这种心理障碍也必然对评估乃至项目工作带来消极影响。被评估者的这种惧怕心理也会传染给评估人，使评估人好像觉得自己确实是判决者。在这种心态下，有一种人为显示自己的能耐和权威，专门吹毛求疵，即使鸡蛋里也要挑点骨头出来，并且不适当地加以夸大；另一种人则“菩萨心肠”，多说好话，不得罪人，对存在的问题熟视无睹，以讨个好人缘。这就使得评估结果在很大程度上取决于评估成员的组成及他们的心情，带有相当的人为因素和主观随意性。所以，项目管理评估的人员组织结构和评估工作方式必须要合理、科学。

(3) 评估对项目管理正常工作的冲击　有一种理论，叫做“旁观者清”。由他人对项目管理进行评估，可以避免评估人的先入为主或利害关系对评估的影响。但是，也会带来一些问题。由旁观者进行评估，被评估人必须花大量时间和精力向评估人介绍情况，包括项目的来龙去脉、目标和计划、人员及组成、成绩与问题、现状与发展等。项目人员有时不得不放下手中的工作，围着评估人员转。这种做法往往会冲击项目管理工作的正常开展，增加额外开支。

很多企业里对项目管理的考评常常是通过领导检查工作的方式来进行的。当企业中对于项目的领导和组织关系界定不够合理，只要是企业的领导和负有组织管理的职能部门负责人，都具有这种检查考核的权限，就会导致这种考评的泛滥。你方离去他登场，项目经理和项目经理部确实难胜其烦，疲于应付，项目管理评估就成了走过场、走形式。

2. 合作、透明评估

如上所述，评估对项目管理是必需的，但又伴随着许多问题。那么如何才能取得积极的效果，避免和减少副作用呢？确实值得认真研究。这里仅提两点建议，一是合作，二是透明。

对项目工作最知根知底、最有发言权的应该是工作的实施者，必须让他们以主人翁的态度积极参与。评估的真实、客观和成功，应该最终对他们的项目管理工作有利。外部评估人的介入也十分必要，可以避免“老王卖瓜自卖自夸”和“坐井观天”、“孤陋寡闻”的片面性。关键在于双方的合作，合作的主导方面是评估的发起人和主持人。有时项目管理组织主动邀请一些专家来评估自己的工作。这种情况，只要主人抱着寻求“真见酌识”的真诚态度，而不是为了让别人给自己“贴金”，那么合作会比较融洽，评估也容易取得较好效果。当评估是由外部机构或上级机构发起和主持的时候，评估人就要注意主动采取措施消除被评估者的心理障碍，以真心诚意地帮助被评估者的工作形态，创造合作气氛。

增加评估透明度是消除评估负面影响的另一重要措施。除了事先通告评估的时间安排外，评估人员组成最好也事先通知被评估者，必要时还可征求他们的意见，尽量消除被评估者的戒心和疑虑。但也不能由被评估者的个人喜好所决定。评估的条件、程序、方法等都应该公开，尤其是评估量化的准则越明确、越具体，越好。最好使他们一开始就明白对其工作的要求，努力去达到这些要求。在评估时要按照事先确定好的计划进行，不可随意行事，想怎么评就怎么评。评估过程要给被评估人足够的介绍、解释和答辩的机会，力求进行开诚布公的讨论。

3. 项目管理评估的特点

了解项目管理评估的特点对于正确地进行项目管理评估具有重要的意义。表 16-1 中简要地表示了项目管理评估的特点。

表 16-1　项目管理评估的特点

特点	特点说明
独立性	独立地进行，特别要避免完全由项目管理的决策者和管理者自己评价自己的情况发生
公正性	正确对待发现的问题，客观公正地分析原因，正确做出结论

（续）

特点	特 点 说 明
可信性	资料信息可靠，方法适当，同时反映出项目管理的成功经验和失败教训
实用性	评估报告针对性强，文字简练明确，应能满足多方面的要求。不应面面俱到，应突出重点。所提的建议应与其他内容分开表述，建议应能提出具体的措施和要求
透明性	项目管理评估要向被评估者公开，接受公众的监督
反馈性	项目管理评估的结果需要反馈到相应的项目管理的决策部门，作为项目管理决策的依据

三、项目管理评估的内容和方法

1. 项目管理评估的主要内容

(1) 目标评估　评估项目管理目标的实现程度，是项目管理评估所需要完成的主要任务之一。所以，项目管理评估要对照原定管理目标设置的主要指标，检查项目的实际完成情况，分析发生改变的原因，以判断项目管理目标的实现程度。

(2) 实施过程评估　对项目管理实际运行的过程进行比较和分析，找出差别，发现问题，分析原因，这就是项目管理的实施过程评价。

(3) 效益评估　项目管理效益评估主要是对项目管理为企业贡献的效益的评估。这种评估建立在项目管理组织完成了合同规定的委托方所要求的全部任务的基础上。项目管理组织必须为本企业的利益目标服务。

2. 项目管理评估的方法

项目管理评估的方法是项目管理评估质量水准的重要保障条件。需要根据具体的评估对象和内容选择科学合理的评估方法。项目管理评估的方法有定性的方法，也有定量的方法，如统计调查法、预测法、有无对比法等。下面主要介绍一种项目管理成功度的评估方法。

(1) 项目成功度评估方法　成功度评估的方法是进行项目管理综合评估的主要方法。成功度评估是根据评估专家的经验，综合项目评估设置的各项指标，对项目管理的成功程度做出定性的结论。成功度评估是以项目的管理目标和管理效益为核心所进行的全面系统的评估。

（2）成功度的等级划分　项目管理评估的成功度可以分为五个等级。

1）完全成功的　项目管理的各项管理目标全部实现或超过；项目管理为企业取得巨大的经济效益。

2）成功的　项目管理的大部分管理目标已经实现；项目管理为企业实现的经济效益达到了预期的要求。

3）部分成功的　项目管理实现了原定的部分管理目标；项目管理只为企业取得了一定的经济效益。

4）不成功的　项目管理实现的管理目标只实现了很少的一部分；项目管理几乎没有给企业带来效益。

5）失败的　项目的管理目标无法实现；不能给企业带来效益，甚至导致企业在该项目上亏损。

（3）成功度评估表　成功度评估表包括评估内容及其主要指标，见表16-2。

表16-2　成功度评估表

项目管理实施评估指标	相关重要性	成　功　度
项目适应性		
管理水平		
组织持续性		
人力资源培养		
预算成本控制		
成本—效果分析		
质量控制		
现场文明施工		
安全度		
技术创新度		
进度控制		
合同管理		
总成功度		

在具体运用时，可以根据具体的评估对象和评估内容设置合适的评估指标。由于所设指标往往不能完全依赖量化数据，所以对每项指标通常采用打分的方法来确定，经重要性加权，汇总得到总成功度的评估结论。

四、项目管理评估的程序

项目管理评估的程序如图 16-3 所示。

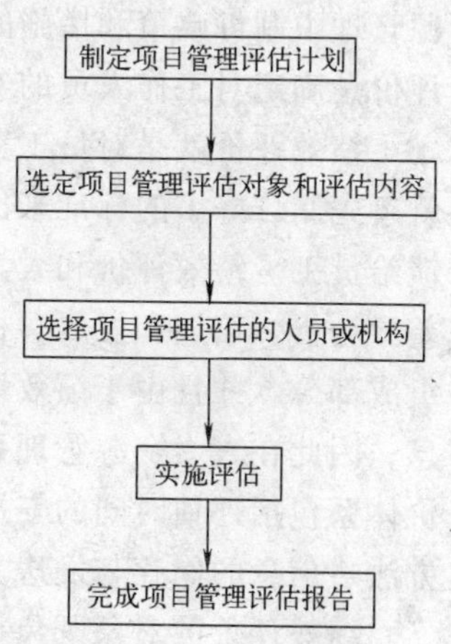

图 16-3 项目管理评估程序

主要步骤如下所述。

（1）制定项目管理评估计划　项目管理评估计划应在项目管理实施之前就确定下来，在项目管理实施过程中，既可指导实践，又可以按照评估的需要，注意收集建立资料档案。

（2）选定项目管理评估对象和评估内容　项目管理评估涉及的范围很广，根据计划进行评估时，必须明确本次评估的对象和内容。

（3）选择项目管理评估的人员或机构　如果是自我评估或相互评估，那么参加评估的人员是比较明确的。如果是他人评估，则需注意评估成员的组成结构和工作关系。

（4）项目管理评估的执行　在进行评估之前，需要把评估的时间、安排、需要协助的事项、要求等通告给被评估者。要按照项目管理评估计划严格公允地进行。

（5）项目管理评估报告　项目管理评估报告是评估结果的汇总。报告文字应准确清晰，内容要全面、可靠。报告的分析要与出现的问题相对应，把经验教训和建议与未来的管理规划和决策联系起来。

第三节　绩效评价与人员激励

一、绩效评价与人员激励的概念

项目管理组织的有效运作需要每一个组织成员都能够有效地发挥

出作用。而让各位员工能够积极努力地工作除了严格的工作规章和工作纪律外，还必须通过对人员的激励，来调动人员的主观能动性，加强自律性。

绩效评价是项目管理评估的一种专门应用类型，用来满足人力资源管理中制订政策和措施的需要，作为人员激励的依据和手段。绩效评价是确定对工作人员的奖惩和报酬的重要依据。

绩效评价就是对员工工作行为的衡量和评价，即用工作进行之前就事先制订好了的标准来比较实际工作绩效的纪录，并将评估结果反馈给员工。绩效评价和人力资源规划、招聘与录用、工作分析与个性差异分析、培训和发展、报酬体系及激励等都是现代人力资源管理的组成部分，并且由于绩效评价给人力资源管理的各个方面提供反馈信息，因此在人力资源管理系统中则显得特别重要。一个完整的绩效评价体系包括评估时间的安排、评估标准的制定、测量的程序、记录的方法、信息的储存与发送及管理人员和员工之间的绩效评价过程。

绩效评价的对象既包括项目管理组织的一般成员，也包括项目管理组织的高层主管人员，同样包括项目经理本人。由于一般的项目管理组织结构，决定了项目经理在项目管理组织中所处的独特的地位和角色，对项目经理的绩效评价和激励一般是由企业来作出，项目管理组织中的其他成员的绩效评价和激励主要以项目经理为主来作出。特别是人员激励的具体政策和办法应由项目经理来决定。这样才能保证项目经理负责制的贯彻实施。

二、绩效评价过程中应该注意的问题

1. 应该成立专门的评估小组

专门评估小组应由最了解被评估者的工作和行为表现及成就的人员组成。如对项目经理进行绩效评价时，只有企业主管该项目的负责人，及相关的经营管理、质量安全监察、财务预算管理、劳动人事管理等部门负责人和相关人员的评价意见汇集在一起，才可能得出项目经理工作成就的全貌。评估小组在进行绩效评价时，要注意组织运作的形式，内部要形成公开评估的气氛，评估成员可以畅所欲言，要有充分的沟通和交流。如组织内部的讨论形式有可能使每个参评人员所产生的偏见在相互讨论中被消除。而且，评估小组内的公开评估气氛能够有效地防止主观性。如某个评估人要对某个被评估者进行偏袒的话，由于其表决权的效力只会是一小部分，对评估结果的客观和公正就不可能产生太大影响。

2. 应进行全方位的绩效评价

对员工进行绩效评价时，大多数企业只重视其上司的意见，这也是造成绩效评价误差的一个重要原因。因为一个员工的工作行为及结果不但会对其所在的组织的目标产生影响，还会对他的同事、他的下属，及相关联的其他人员及工作都会产生影响。因此只有全方位收集意见，进行全方位的绩效评价，才可能得出较准确的结论，而只有上司的评价是不够的。比如，要对项目经理的时间管理情况进行考察时，就必须在项目经理部成员中进行调查：项目经理在下达任务时是否会充分考虑到给每个人留必要的时间余度；还是时紧时松，根本不能保持正常平稳的进度；是否由于任务分解不当经常造成返工等。而对团队建设方面的考察，更需要对项目经理部的成员在角色到位程度、集体凝聚力、情感承诺等方面进行深入访谈，以取得大量定性的资料做评估依据。多方面评估不但能提供全面、深入的信息，而且每一方的评估都有其不可取代的优点。比如，自我评估能增强员工的主人翁意识，使得评估结果具有建设性，提高了绩效改善的可能性；同事评估最为深入、具体、全面、真实，结果也最为可信；上司评估能有机会和员工进行沟通，了解员工的想法，发现员工的潜力；下属评估可以提示上司管理方面的不足，促使上司改进领导方式，使工作更具成效；他人评估会消除“当局者迷”的不良影响，提供“旁观者清”的许多宝贵意见，使员工、项目经理部和整个企业提高在建筑市场中的生存力和竞争力。当然，每一方的评估也都有可能存在一定的缺陷，这是需要在评估过程中加以克服的。而克服的最好办法之一，就是不可偏听偏信，进行全方位的绩效评价。

3. 评估结果保持公开

在评估结果是否公开这个问题上，很多企业和项目经理采取了保守的态度，不属于特殊情况的，评估结果一般被封存在员工的档案中，不与被评估的员工见面。但是这样做会造成一些问题：首先，失去了发现绩效评价本身可能存在的问题的机会，一些不够恰当的结论可能被记录到了该位员工的档案里，并影响今后对其的使用、培养及发展；其次，不利于企业内部良性竞争环境的形成。企业应该创造一个激励员工的企业环境，使得员工在企业总体目标层次、项目目标层次和个人目标层次都形成一致的看法，把绩效的不断提高看成是最重要的。企业需要发展，个人更需要发展，企业和个人的发展不仅要注重横向的比较结果，还要更多地考虑纵向的比较结果。因此，要想充分利用人力资源，就要不但使绩效评价过程合理化、公开化，而且要使评估结论具体化、公开化。绩效评价不是对员工的盖棺定论，而是对员工的激励。

4. 评估结果和人事决策直接相关

绩效评价的效用只有在绩效评价的结论得到应用时才能真正发挥出来。绩效评价的结论应该成为人事决策的直接依据。如对绩效优良的员工可予以加薪或提升；有的员工绩效不理想，主管人员应该耐心细致地向其反馈对其执行工作任务、履行工作职责的看法，加强双方的沟通，使员工对问题能有所认识；企业还可针对具体情况为其制订相应的培训、开发计划。而且，绩效评价的汇总结果，可以为企业和项目经理部制定或调整企业及项目的人力资源规划、工资财务预算、工作进度安排，甚至相关的组织制度和政策等提供重要的帮助。

三、项目管理人员绩效评价指标的确定

根据一般对项目经理管理工作和管理行为的具体要求，可以得出一个项目经理的首要任务是保证项目的管理成效。即使得项目能按时、保质、保量地完成。第二项任务是在项目进行过程中，注重对项目人员的管理，提高项目管理组织承接实施项目的能力。具体说来就是在项目管理过程中，通过进行时间管理、团队管理和工作关系的良好处理等，来不断提高项目管理组织成员的业务素质，培养协作精神，提高工作效率，从而提高项目管理组织的战斗力。虽然这两方面任务的关系非常密切，但在实践中既有可能是一因一果，也有可能互不相关。有时，项目经理有可能包揽了大部分项目管理任务，只将一小块分给项目其他成员。这样，只要他本人加倍工作，哪怕项目管理部其他人员不进行相关项目管理工作，都有可能最后保证项目的成效。所谓单枪匹马、独自为战。但这种做法，不仅不利于对项目管理组织整体竞争实力的培养，而且给企业也留下了潜在的风险。如该项目经理一旦由于某种原因不能为企业所用时，以他为核心的项目管理团队将会处于瘫痪状态。因此，虽然项目的圆满完成是项目经理的主要责任，但是项目过程管理的成效从企业长远来看是提高竞争力的源泉，也最终是项目成功的保证。所以，对项目经理的绩效评价应从这两方面同时进行，任何一方都不可偏废。据此，对项目经理工作成就的评价主要从四个方面来进行：

(1) 项目总体成效　主要指项目总体完成情况。

(2) 团队管理成效　主要指项目管理组织（如项目经理部）在团队管理和建设方面所取得的成绩。

(3) 时间管理成效　指项目经理与所负责的项目管理组织合理安排时间及时间利用效率的高低程度。

(4) 工作关系处理成效　指项目经理与所负责的项目管理组织在工作中处理人际关系及解决各种冲突方面所取得的成效高低。

第四节　项目考核评价

项目考核评价（Examination and Evaluation of Construction Project）指由项目考核评价主体对考核评价客体的项目管理行为、水平及成果进行考核并做出评价的过程。

本节的内容主要反映《建设工程项目管理规范》对项目考核评价工作的相关规定，侧重于项目终结性的考核评价，即在项目竣工验收后进行的考评与管理总结。与前面论述的项目管理的评估从目的和意义上是相一致的。

项目管理组织应在项目结束后对项目的总体和各专业进行考核评价。

项目考核评价的目的应是规范项目管理行为，鉴定项目管理水平，确认项目管理成果，对项目管理进行全面考核和评价。

项目考核评价的主体应是派出项目经理的单位。项目考核评价的对象应是项目经理部，其中应突出对项目经理的管理工作进行考核评价。

考核评价的依据应是施工项目经理与承包人签订的“项目管理目标责任书”，内容应包括完成工程施工合同、经济效益、回收工程款、执行承包人各项管理制度、各种资料归档等情况及“项目管理目标责任书”中其他要求内容的完成情况。

项目考核评价可按年度进行，也可按工程进度计划划分阶段进行，还可综合以上两种方式，在按工程部位划分阶段进行考核中插入按自然时间划分阶段进行考核。工程完工后，必须对项目管理进行全面的终结性考核。

工程竣工验收合格后，应预留一段时间整理资料、疏散人员、退还机械、清理场地、结清账目等，再进行终结性考核。

项目终结性考核的内容应包括确认阶段性考核的结果，确认项目管理的最终结果，确认该项目经理部是否具备“解体”的条件。经考核评价后，兑现“项目管理目标责任书”确定的奖励和处罚。

一、考核评价实务

施工项目完成以后，企业应组织项目考核评价委员会。项目考核评价委员会应由企业主管领导和企业有关业务部门从事项目管理工作的人员组成，必要时也可聘请社团组织或大专院校的专家、学者参加。

项目考核评价可按下列程序进行：

(1) 制订考核评价方案，经企业法定代表人审批后施行。

(2) 听取项目经理部汇报，查看项目经理部的有关资料，对项目管理层和劳务作业层进行调查。

(3) 考察已完工程。

(4) 对项目管理的实际运作水平进行考核评价。

(5) 提出考核评价报告。

(6) 向被考核评价的项目经理部公布评价意见。

项目经理部应向考核评价委员会提供下列资料：

(1) “项目管理实施规划”、各种计划、方案及其完成情况。

(2) 项目所发生的全部来往文件、函件、签证、记录、鉴定、证明。

(3) 各项技术经济指标的完成情况及分析资料。

(4) 项目管理的总结报告，包括技术、质量、成本、安全、分配、物资、设备、合同履约及思想工作等各项管理的总结。

(5) 使用的各种合同，管理制度，工资发放标准。

项目考核评价委员会应向项目经理部提供项目考核评价资料。资料应包括下列内容:

(1) 考核评价方案与程序。

(2) 考核评价指标、计分办法及有关说明。

(3) 考核评价依据。

(4) 考核评价结果。

二、考核评价指标

考核评价的定量指标宜包括下列内容:

(1) 工程质量等级。

(2) 工程成本降低率。

(3) 工期及提前工期率。

(4) 职业健康安全考核指标。

考核评价的定性指标宜包括下列内容:

(1) 执行企业各项制度的情况。

(2) 项目管理资料的收集、整理情况。

(3) 思想工作方法与效果。

(4) 发包人及用户的评价。

(5) 在项目管理中应用的新技术、新材料、新设备、新工艺。

(6) 在项目管理中采用的现代化管理方法和手段。

(7) 环境保护。

项目考核评价的定性指标还可包括经营管理理念、项目管理策划、管理基础及管理方法、社会效益及其社会评价等。

三、项目管理总结

项目管理结束后应编制项目管理总结，从而对项目管理进行全面系统的技术评价和经济分析，以总结经验、吸取教训，不断提高建筑施工企业的技术和管理水平。对项目管理进行总结，是项目管理评估的一种类型，是站在施工项目的角度上，对项目的组织实施结果所做的分析、评估和总结，也被称为竣工总结。一般由项目经理部负责组织这一工作。项目管理总结也是由业主主持的建设项目总结的一个组成部分。

项目管理总结包括技术总结和经济总结两个方面。项目管理总结应包括下列内容：

（1）建设工程项目概况。

（2）组织机构、管理体系、管理控制程序。

（3）各项经济技术指标完成情况及考核评价。

（4）主要经验及问题处理。

（5）附件。

第十七章　工程总承包管理

第一节　工程总承包管理的内容与程序

一、工程总承包

我国从20世纪80年代起就开始推行工程总承包。工程总承包（Engineering Procurement Construction Contracting）是指工程总承包企业受业主委托，按照合同约定对工程建设项目的设计、采购、施工、试运行等实行全过程或若干阶段的承包。

1. 工程总承包的形式

根据建设部建市［2003］30号文，工程总承包可以是全过程的承包，也可以是分阶段的承包。工程总承包的范围、承包方式、责权利等由工程总承包合同约定。工程总承包主要有如下形式：

（1）设计采购施工（EPC）/交钥匙工程总承包，即工程总承包企业按照合同约定，承担工程项目的设计、采购、施工、试运行服务等工作，并对承包工程的质量、安全、工期、造价全面负责。交钥匙工程总承包是设计采购施工总承包业务和责任的延伸，最终向业主提交一个满足使用功能、具备使用条件的工程项目。

（2）设计—施工总承包（D—B），即工程总承包企业按照合同约定，承担工程项目的设计和施工，并对承包工程的质量、安全、工期、造价全面负责。

（3）根据工程项目的不同规模、类型和业主要求，工程总承包还可采用，设计—采购总承包（E—P）、采购—施工总承包（P—C）等方式。

工程总承包企业按照与业主签订的工程总承包合同，对承包工程的质量、安全、工期、造价全面负责。工程总承包企业可依法将所承包工程中的部分工作发包给具有相应资质的分包企业；分包企业按照分包合同的约定对总承包企业负责。

2．工程总承包项目管理的要求

(1) 工程总承包企业应建立覆盖设计、采购、施工、试运行全过程的质量管理体系，职业健康安全管理体系和环境管理体系，保证项目产品和服务的质量、功能和特性，满足合同和相关方的要求。

(2) 工程总承包企业应建立覆盖设计、采购、施工、试运行全过程的项目管理体系，提高项目实施的效率和效益。

(3) 建设项目工程项目总承包应实行项目经理负责制和项目成本核算制。

(4) 建设项目工程总承包应采用先进的项目管理技术和项目管理方法。

(5) 建设项目工程总承包管理，应遵循国家有关法律、法规及强制性标准的规定。

建设项目工程总承包管理应遵守的国家法律主要有《建筑法》、《合同法》和《招标投标法》等。建设项目工程总承包管理应遵守的法规主要有《建设工程质量管理条例》、《建设工程安全生产管理条例》和《建设工程勘察设计管理条例》等。“强制性标准”是指涉及工程质量、安全、职业健康及环境保护等方面的工程建设标准强制性条文。

二、工程总承包管理的内容

工程总承包管理应包括项目部的项目管理活动和工程总承包企业职能部门参与的项目管理活动。项目部与有关职能部门实行矩阵式管理。项目部主要负责组织、协调和控制，保证合同项目目标的实现；职能部门主要负责支持和保证。

工程总承包项目管理的范围应由合同约定。根据合同变更程序提出并经批准的变更范围，也应列入项目管理的范围。

工程总承包项目管理的内容，应包括产品实现过程的管理和项目管理过程的管理两个方面。产品实现过程的管理，包括设计管理、采购管理、施工管理、试运行管理，如果其中部分工程或服务分包给分包人完成，则包括对分包人的管理。项目管理过程的管理，包括项目启动、项目策划（计划）、项目实施、项目控制和项目收尾的管理。

上述两个方面的管理都应纳入项目管理范围，采用项目定义的方法，编制项目工作分解结构。

工程总承包项目管理的主要内容具体包括：任命项目经理，组建项目部，进行项目策划并编制项目计划；实施设计管理、采购管理、施工管理、试运行管理；进行项目范围管理、进度管理、费用管理、设备材料管理、资金管理、质量管理、安全、职业健康和环境管理、人力资源管理、风险管理、沟通与信息管理、合同管理、现场管理、项目收尾等。

当业主聘请项目管理机构或监理机构时，项目经理部应按合同约定接受管理并配合工作。

三、工程总承包管理的程序

项目部应根据合同的约定、项目特点和企业项目管理体系的要求，制定所承担项目的管理程序。

项目部应严格执行项目管理程序，并使每一管理过程都体现计划、实施、检查、处理（PDCA）的持续改进过程。

工程总承包项目管理的基本程序应体现工程总承包项目生命周期发展的规律。其基本程序如下：

(1) 项目启动　在工程总承包合同条件下，任命项目经理，组建项目部。工程总承包合同是项目实施的依据，工程总承包企业应坚持在合同条件下启动项目。

(2) 项目初始阶段　进行项目策划，编制项目计划，召开开工会议；发表项目协调程序，发表设计基础数据；编制设计计划、采购计划、施工计划、试运行计划、质量计划、财务计划和安全管理计划，确定项目控制基准等。工程总承包管理应十分重视项目的策划工作，编制项目计划。项目实施阶段按项目计划组织实施。

(3) 设计阶段　编制初步设计或基础工程设计文件，进行设计审查；编制施工图设计或详细工程设计文件。根据我国基本建设程序，设计阶段一般分为初步设计和施工图设计两个阶段。对于技术复杂而又缺乏设计经验的项目，经主管部门指定按初步设计、技术设计和施工图设计三个阶段进行。为了实现设计程序和方法与国际接轨，有些工程项目已经采用发达国家的设计程序和方法，设计阶段划分为工艺（方案、概念）设计、基础工程设计、详细工程设计三个阶段。其深度和设计成品与国内初步设计和施工图设计有所不同。通常国内工程项目应按初步设计和施工图设计的深度规定进行设计，涉外工程项目当业主有要求时可按国际惯例进行设计。

（4）采购阶段　采买、催交、检验、运输，与施工方办理交接手续。

（5）施工阶段　施工开工前的准备工作，现场施工，竣工试验，移交工程资料，办理管理权移交，进行竣工结算。

（6）试运行阶段　对试运行进行指导与服务。

（7）合同收尾　取得合同目标考核合格证书，办理决算手续，清理各种债权债务；缺陷通知期限满后取得履约证书。

（8）项目管理收尾　办理项目资料归档，进行项目总结，对项目部人员进行考核评价，解散项目部。

项目部应组织设计、采购、施工、试运行各阶段的合理交叉和相互协调。这样做是体现工程总承包项目管理的优越性之一，可以大大缩短建设周期，降低工程造价，为业主和总承包企业创造最佳的经济效益。进行交叉时应注意风险因素，应分析深度交叉带来的机会和威胁的程度，把握机会大于威胁的原则，交叉深度应根据机会大于威胁的程度来确定。工程总承包企业通常应积累和掌握这方面的经验。

第二节　工程总承包管理的组织和项目策划

一、工程总承包管理的组织

1．工程总承包管理的组织要求

工程总承包企业应建立与工程总承包项目相适应的项目组织，行使项目管理职能。

建设项目工程总承包应实行项目经理负责制。工程总承包企业宜采用“项目管理目标责任书”的形式，明确项目目标和项目经理的职责、权限和利益。

项目经理应根据工程总承包企业法定代表人授权的范围、时间和“项目管理目标责任书”中规定的内容，对工程总承包项目，自项目启动至项目收尾，实行全过程、全面管理。

工程总承包企业承担建设项目工程总承包，宜采用矩阵式管理。项目部由项目经理领导，并接受企业职能部门指导、监督、检查和考核。

工程总承包企业在组建项目部时，应依据项目合同确定的内容和要求，对其进行整体能力评价。工程总承包企业对项目部进行整体能力评价，是保证项目成功的重要措施。项目部整体能力评价在项目部成立时进行，必要时，在项目实施过程中也可对项目部进行整体能力评价。

项目部在项目收尾完成后由工程总承包企业批准解散。

2. 项目经理和项目部

（1）任命项目经理和组建项目部　工程总承包企业应在工程总承包合同生效后，立即任命项目经理。项目部的设立应包括下列主要内容：

1）根据工程总承包企业规定程序确定组织形式，组建项目部。

2）根据总承包合同和企业有关管理规定，确定项目部的管理范围和任务。

3）确定项目部的职能和岗位设置。

4）确定项目部的组成人员、职责、权限。

5）企业与项目经理签订“项目管理目标责任书”。

6）组织编制项目部的管理规定和考核、奖惩办法。

项目部的组织形式应根据工程总承包项目的规模、组成、专业特点与复杂程度、人员状况和地域条件等确定。典型的工程总承包项目部组织机构如图 17-1 所示。

项目部的人员配置和管理规定应满足工程总承包项目管理的需要。

项目部制定的管理规定与工程总承包企业现行的规章制度不一致时，应报送企业或其授权的职能部门批准。

（2）项目部的职能　项目部应具有对工程总承包项目进行组织实施和控制的职能。

项目部应对项目质量、安全、费用和进度目标的实现全面负责。

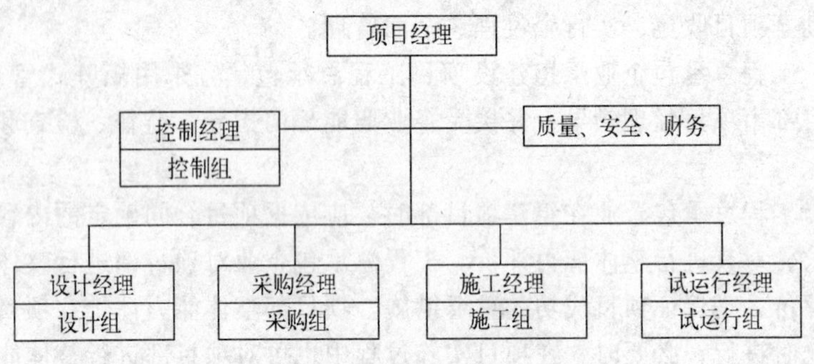

图 17-1　典型的项目部组织机构图

在工程总承包合同范围内，项目部应具有与业主、工程总承包企业各职能部门及其他相关方沟通与协调的职能。

(3) 项目部岗位设置及管理　项目部对其设立的岗位应明确岗位职责。

根据工程总承包合同范围和工程总承包企业的有关规定，项目部可在项目经理以下设置控制经理、设计经理、采购经理、施工经理、试运行经理、财务经理、进度控制工程师、质量控制工程师、合同管理工程师、费用估算师、费用控制工程师、设备材料控制工程师、安全工程师、信息管理工程师等管理岗位。其中安全工程师的职责包括了安全、职业健康管理和环境管理。也可根据项目情况设置健康、安全、环境管理（Health，Safety and Environment，HSE）工程师或分别设置。另外，对于大型复杂项目可设置质量经理、合同管理经理、安全经理等。

项目部主要岗位的职责范围应符合下列要求：

1）项目经理　项目经理是工程总承包项目的负责人，经授权代表工程总承包企业负责执行项目合同，负责项目实施的计划、组织、领导和控制，对项目的质量、安全、费用和进度全面负责。

2）控制经理　协助项目经理，对项目的进度、费用及设备材料进行综合管理和控制，并指导和管理项目控制专业人员的工作，审查他们的输出文件。

3）设计经理　负责组织、指导、协调项目的设计工作，确保设计工作按照合同要求组织实施，对设计进度、质量和费用进行有效的管理与控制。

4）采购经理　负责组织、指导、协调项目的采购（包括采买、催交、检验和运输等）工作。处理项目实施过程中与采购有关的事宜及与供货厂商的关系。全面完成项目合同对采购要求的进度、质量及工程总承包企业对采购费用控制的目标与任务。

5）施工经理　负责项目的施工管理，对施工进度、施工质量、施工费用和施工安全进行全面监控。当具体施工任务由施工分包人进行时，负责对分包人的协调、监督和管理工作。

6）试运行经理　负责项目试运行服务的管理工作。包括：编制试运行管理计划和培训计划，协助业主确定生产组织机构、岗位职责；参加业主组织的试运行方案的讨论，指导业主编制试运行总体方案，组织编制“操作指导手册”；指导试运行的准备工作，协助处理试运行中发生的问题；参加考核、验收等工作。

7）财务经理　负责项目的财务管理和会计核算工作。

8）质量控制工程师　根据工程总承包企业的质量管理体系，负责项目的质量管理工作。

项目经理应对项目部各岗位人员进行管理、评价、考核和奖惩。

（4）项目经理的任职条件　工程总承包企业应明确项目经理的任职条件，确认项目经理任职资格，并对其进行管理。

工程总承包的项目经理应具备以下条件：

1）具有注册工程师、注册造价师、注册建筑师等一项或多项执业资格。

2）具备决策、组织、领导和沟通能力，能正确处理和协调与业主、相关方之间及企业内部各专业、各部门之间的关系。

3）具有工程总承包项目管理的专业技术和相关的经济和法律、法规知识。

4）具有类似项目的管理经验。

5）具有良好的职业道德。

（5）项目经理的职责和权限　项目经理的职责应在工程总承包企业管理制度中明确规定，具体项目中项目经理的职责，应在“项目管理目标责任书”中具体规定。

项目经理一般应履行下列职责：

1）贯彻执行国家有关法律、法规、方针、政策和强制性标准，执行工程总承包企业的管理制度，维护企业的合法权益。

2）代表企业组织实施工程总承包项目管理，对实现合同约定的项目目标负责。

3）完成“项目管理目标责任书”规定的任务。

4）在授权范围内负责与业主、分包人及其他项目有关人员的协调，解决项目实施中出现的问题。

5）对项目实施全过程进行策划、组织、协调和控制。

6）负责组织处理项目的管理收尾和合同收尾工作。

项目经理应具有下列权限：

1）经授权组建项目部，提出项目部的组织机构，选用项目部成员，确定项目部人员的职责。

2）在授权范围内，按上列项目经理应履行的职责规定履行职责，行使相应的管理权。

3）在合同范围内，有权按规定程序使用工程总承包企业的相关资源，并取得有关部门的支持。

4）主持项目部的工作，组织制定项目的各项管理规定。

5）根据企业法定代表人授权，协调和处理与项目有关的内、外部事项。

对项目经理的奖惩宜包括以下内容：

1）经过考核和审计，工程总承包项目绩效显著，按“项目管理目标责任书”的规定进行表彰和奖励。

2）经过考核和审计，由于项目经理失职导致未完成合同目标或给企业造成损失时，按“项目管理目标责任书”的规定给予相应处罚。

3．项目管理目标责任书

项目管理目标责任书是考核项目经理和项目部的主要依据。

项目管理目标责任书应包括以下主要内容：

（1）规定应达到的项目安全目标、质量目标、费用目标和进度目标等。

(2) 明确工程总承包企业各职能部门与项目部之间的关系。

(3) 明确项目经理的责任、权限和利益。

(4) 明确项目所需资源及计算办法，企业为项目提供的资源和条件。

(5) 企业对项目部人员进行奖惩的依据、标准和办法。

(6) 项目经理解职和项目部解散的条件及方式。

(7) 在企业制度规定以外的、由企业法定代表人向项目经理委托的事项。

二、项目策划

工程总承包项目策划属项目初始阶段的工作，项目策划过程就是根据项目目标，从各种备选的行动方案中选择最好方案，以实现项目目标。项目策划的输出文件是项目计划，包括项目管理计划和项目实施计划。

项目管理计划是一份由项目经理提出，经工程总承包企业管理者批准，获得企业支持和指导，用于项目组织工作的内部文件。项目管理计划是工程总承包企业对总承包项目实施管理的重要内部文件，是编制项目实施计划的基础和重要依据。项目实施计划根据合同和经批准的项目管理计划进行编制，用于对项目实施的管理和控制。项目实施计划是对实现项目目标的具体和深化。对项目的资源配置、费用进度、内外接口、风险管理等制定工作要点和进度控制点。通常项目实施计划需经过业主的审查和确认，以便业主了解项目实施的计划安排，使业主有计划、有准备地配合总承包企业实施项目。

项目策划应针对项目的实际情况，依据合同和总承包企业管理的要求，明确项目目标、范围，分析项目的风险及采取的应对措施，确定项目管理的各项原则、要求、措施和进程。

工程总承包项目一般是工程总承包企业的主要业务，所以项目策划内容中应体现企业发展的战略要求，明确本项目在实现企业战略中的地位，应通过对项目各类风险的分析和研究，明确项目部的工作目标、管理原则、管理的基本程序和方法。

根据项目的规模和特点，可将项目管理计划和项目实施计划合并编制为项目计划。

在我国工程建设项目中，各行各业差别较大，工程的类型也是多种多样，管理的模式、方法和习惯也各不相同。因此，在编制项目策划的输出文件时应在满足项目要求的基础上体现行业特点。

1. 策划内容

项目策划应综合考虑技术、质量、安全、费用、进度、职业健康、环境保护等方面的要求，并应满足合同的要求。在项目实施过程中，这些目标和要求是相互关联和相互制约的。在进行项目策划时，应结合项目的实际情况，进行综合考虑、整体协调。

项目策划应包括下列内容：

(1) 明确项目目标，包括技术、质量、安全、费用、进度、职业健康、环境保护等目标。

(2) 确定项目的管理模式、组织机构和职责分工。

(3) 制定技术、质量、安全、费用、进度、职业健康、环境保护等方面的管理程序和控制指标。

(4) 制定资源（人、财、物、技术和信息等）的配置计划。资源的配置计划是确定完成项目活动所需要的资源的种类和需求量。资源配置计划根据项目工作分解结构编制。资源的配置对总承包项目的实施起着关键的作用，工程总承包企业应依据项目的目标，为项目配备合格的人员、足够的设施和财力等资源，以保证项目按合同要求顺利实施。

(5) 制定项目沟通的程序和规定。制定项目沟通的程序和规定，是项目策划工作中的一项重要内容，企业与项目部之间、企业与业主之间、项目部与所有项目有关人员之间及项目部内部的沟通，应在项目策划阶段予以确定，以保证项目实施过程中信息沟通的及时和准确。

(6) 制定风险管理计划。项目的风险管理一般有以下步骤：

1) 风险管理计划的编制。

2) 风险识别。

3) 风险的定性分析。

4) 风险的定量分析。

5）风险应对计划的编制。

6）风险的监控。

工程总承包项目的风险管理是项目管理的重要方面。特别是在项目的策划阶段，企业和项目部都应该给予高度的重视。

（7）制定分包计划。

2．项目管理计划

项目管理计划应由项目经理负责编制，由工程总承包企业主管领导人审批。项目管理计划应体现企业对项目实施的要求和项目经理对项目的总体规划和实施纲领，该计划属企业内部文件，不对外发放。

（1）项目管理计划的编制依据　项目管理计划编制的主要依据应包括：

1）项目合同。

2）对业主和其他项目有关人员的要求与期望。

3）项目情况和实施条件。

4）业主提供的信息和资料。

5）相关市场信息。

6）工程总承包企业管理层的决策意见。

（2）项目管理计划的编制内容　项目管理计划应包括下列内容：

1）项目概况。

2）项目范围。

3）项目管理目标。

4）项目实施条件分析。

5）项目的管理模式、组织机构和职责分工。

6）项目实施的基本原则。

7）项目沟通与协调程序。

8）项目的资源配置计划。

9）项目风险分析与对策。

3．项目实施计划

项目实施计划应由项目经理组织编制。项目实施计划应具有可操作性。

（1）项目实施计划的编制依据　项目实施计划的编制依据应包

括：

1）批准后的项目管理计划。

2）项目管理目标责任书。

3）工程总承包企业管理层的决策意见。

4）项目的基础资料。

（2）项目实施计划的编制程序　编制项目实施计划应遵循下列程序：

1）研究和分析项目合同、项目管理计划和项目实施条件等。

2）拟定编制大纲。

3）确定编写人员并进行分工编写。

4）汇总、协调与修改、完善。

5）按规定审批。

（3）项目实施计划的编制内容　项目实施计划应包括：概述、总体实施方案、项目实施要点、项目初步进度计划等内容。

1）概述　概述应包括下列内容：

① 项目简要介绍。

② 项目范围。

③ 合同类型。

④ 项目特点。

⑤ 特殊要求（当有特殊性时，应包括特殊要求）。

2）总体实施方案　总体实施方案应包括下列内容：

① 项目目标。

② 项目实施的组织形式。

③ 项目阶段的划分。

④ 项目工作分解结构。

⑤ 项目实施要求。

⑥ 项目沟通与协调程序。

⑦ 对项目各阶段的工作及其文件的要求。

⑧ 项目分包计划。

3）项目实施要点　项目实施要点应包括下列内容：

① 设计实施要点。

② 采购实施要点。

③ 施工实施要点。

④ 试运行实施要点。

⑤ 合同管理要点。

⑥ 资源管理要点。

⑦ 质量控制要点。

⑧ 进度控制要点。

⑨ 费用估算及控制要点。

⑩ 安全管理要点。

⑪ 职业健康管理要点。

⑫ 环境管理要点。

⑬ 沟通和协调管理要点。

⑭ 财务管理要点。

⑮ 风险管理要点。

⑯ 文件及信息管理要点。

⑰ 报告制度。

4）进度控制点　项目初步进度计划应确定下列活动的进度控制点：

① 收集相关的原始数据和基础资料。

② 发表项目管理规定。

③ 发表项目计划。

④ 发表项目进度计划。

⑤ 发表项目设计计划。

⑥ 发表项目采购计划。

⑦ 发表项目施工计划。

⑧ 发表项目试运行计划。

⑨ 发表项目费用计划。

⑩ 签订分包合同。

⑪ 发表项目各阶段的设计文件。

⑫ 完成项目费用估算和预算。

⑬ 关键设备材料采购。

⑭ 取得项目施工许可证。

⑮ 开始施工。

⑯ 竣工。

⑰ 开始试运行。

⑱ 开始考核。

⑲ 交付使用。

（4）项目实施计划的管理　项目实施计划的管理应符合下列要求：

1）项目实施计划应由项目经理签署，报工程总承包企业主管领导人审批，必要时应经业主认可。

2）当业主对项目实施计划有异议时，经协商后可由项目经理主持修改。

3）在项目实施过程中，应对项目实施计划的执行情况进行动态监控，必要时可进行调整。

4）项目结束后，项目部应对项目实施计划的编制、执行中的经验和问题进行总结分析，并归档。

第三节　工程总承包项目的管理与控制

工程总承包项目的管理与控制包括总承包项目的全过程和各个主要方面。与建设工程项目管理对比，因为总承包项目上的特点，具有差异性特征。但是并不影响项目管理和项目控制基本思想和方法的运用。相对于前面介绍的建设工程项目管理的内容，这里着重介绍一些在工程总承包项目上比较突出和重要的内容。这些内容在建设工程项目管理上有时也会遇到，或遇到相类似的情况，可以引以为鉴。

一、项目设计管理

工程总承包项目的设计必须由具有相应设计资质和能力的企业承担。

为了保证建设工程设计质量，国家对从事建设工程设计活动的企业实行资质管理制度。建设工程勘察、设计单位应当在其资质等级许可的范围内承揽建设工程勘察、设计业务。

设计应遵循国家有关的法律、法规和强制性标准，并满足合同约定的技术性能、质量标准和工程的可施工性、可操作性及可维修性的要求。

设计管理由设计经理负责，并适时组建项目设计组。在项目实施过程中，设计经理应接受项目经理和企业设计管理部门负责人的双重领导。

工程总承包项目应将采购纳入设计程序。设计组应负责请购文件的编制、报价技术评审和技术谈判、供货厂商图样资料的审查和确认等工作。将采购纳入设计程序是总承包项目设计的重要特点之一。

1. 设计计划

设计计划是项目设计策划的成果，是重要的管理文件。设计计划应在项目初始阶段由设计经理负责组织编制，经工程总承包企业有关职能部门评审后，由项目经理批准实施。

设计计划的编制依据应包括：

(1) 合同文件。

(2) 本项目的有关批准文件。

(3) 项目计划。

(4) 项目的具体特性。

(5) 国家或行业的有关规定和要求。

(6) 企业管理体系的有关要求。

设计计划包含的内容可随项目的具体情况进行调整。设计计划一般宜包括如下内容：

(1) 设计依据。

(2) 设计范围。

(3) 设计的原则和要求。

(4) 组织机构及职责分工。

(5) 标准规范。

(6) 质量保证程序和要求。

(7) 进度计划和主要控制点。

(8) 技术经济要求。

(9) 安全、职业健康和环境保护要求。

(10) 与采购、施工和试运行的接口关系及要求。

设计计划应满足合同约定的质量目标与要求、相关的质量规定和标准，同时应满足企业的质量方针与质量管理体系及相关管理体系的要求。

设计计划应明确项目费用控制指标、设计人工时指标和限额设计指标，并宜建立项目设计执行效果测量基准。

设计进度计划应符合项目总进度计划的要求，充分考虑设计工作的内部逻辑关系及资源分配、外部约束等条件，并应与工程勘察、采购、施工、试运行等的进度协调。

2. 设计实施

设计组应严格执行已批准的设计计划，满足设计计划控制目标的要求。

设计经理应组织对全部设计基础数据和资料进行检查和验证，经业主确认后，由项目经理批准发表。项目设计基础数据和资料是在项目基础资料的基础上整理汇总而成的，是项目设计和建设的重要基础。不同的合同项目需要的设计基础数据和资料也不同。

设计组应建立设计协调程序，并按工程总承包企业有关专业之间互提条件的规定，协调和控制各专业之间的接口关系。设计协调程序是指在合同约定的基础上进一步明确工程总承包企业与业主之间在设计工作方面的关系、联络方式、报告审批制度。设计协调程序一般包含下列内容：

(1) 设计管理联络方式和双方对口负责人。

(2) 业主提供设计所需的项目基础资料和项目设计数据的内容，并明确提供的时间和方式。

(3) 设计中采用非常规做法的内容。

(4) 设计中业主需要审查、认可或批准的内容。

(5) 向业主和施工现场发送设计图样和文件的要求，列出图样和文件发送的内容、时间、份数和发送方式，及图样和文件的包装形式、标识、收件人姓名和地址等。

(6) 推荐备品、备件的内容和数量。

(7) 设备、材料请购单的审查范围和审批程序。

（8）采用的项目设计变更程序，包括变更的类型（用户变更或项目变更）、变更申请（变更的内容、原因、影响范围）及审批规定等。

工程总承包企业应建立设计评审程序，并按计划进行设计评审，保持评审纪录。

设计工作应按设计计划与采购、施工等进行有序的衔接并处理好接口关系。必要时，参与质量检验，进行可施工性分析并满足其要求。

编制初步设计或基础工程设计文件时，应当满足编制施工招标文件、主要设备材料订货和编制施工图设计或详细工程设计文件的需要。编制施工图设计或详细工程设计文件，应当满足设备材料采购、非标准设备制作和施工及试运行的需要。

设计选用的设备材料，应在设计文件中注明其规格、型号、性能、数量等，其质量要求必须符合现行标准的有关规定。

在施工前，设计组应进行设计交底，说明设计意图，解释设计文件，明确设计要求。

根据合同约定，设计组应提供试运行阶段的技术支持和服务。

3．设计控制

设计经理应组织检查设计计划的执行情况，分析进度偏差，制定有效措施。设计进度的主要控制点应包括：

（1）设计各专业间的条件关系及其进度。

（2）初步设计或基础工程设计完成和提交时间。

（3）关键设备和材料请购文件的提交时间。

（4）进度关键线路上的设计文件提交时间。

（5）施工图设计或详细工程设计完成和提交时间。

（6）设计工作结束时间。

设计质量应按工程总承包企业的质量管理体系要求进行控制，制定纠正和预防措施。设计经理及各专业负责人应及时填写规定的质量记录，并向企业职能部门及时反馈项目设计质量信息。设计质量控制点主要包括：

（1）设计人员资格的管理。

(2) 设计输入的控制。

(3) 设计策划的控制（包括组织、技术、条件接口）。

(4) 设计技术方案的评审。

(5) 设计文件的校审与会签。

(6) 设计输出的控制。

(7) 设计变更的控制。

项目部宜建立限额设计控制程序，明确各阶段及整个项目的限额设计目标，通过优化设计方案实现对项目费用的有效控制。

限额设计是控制工程投资的一种重要手段。它是按批准的费用限额控制设计，而且在设计中以控制工程量为主要内容。

项目部应建立设计变更管理程序和规定，严格控制设计变更，并评价其对费用和进度的影响。

设计变更管理程序一般如下：

(1) 根据项目要求或业主指示，提出设计变更的处理方案。

(2) 对业主指令的设计变更在技术上的可行性、安全性及适用性问题进行评估。

(3) 设计变更提出后，对费用和进度的影响进行评估，经设计经理审核后报项目经理批准。

(4) 评估设计变更在技术上的可行性、安全性及适用性。

(5) 说明执行变更对履约产生的有利和（或）不利影响。

(6) 执行经确认的设计变更。

设计组应按设备材料控制程序，准确统计设备材料数量，及时提出请购文件。请购文件应由设计人员提出，经专业负责人和设计经理确认后提交控制人员组织审核，审核通过后提交采购，作为采购的依据。请购文件应包括以下内容：

(1) 请购单。

(2) 设备材料规格书和数据表。

(3) 设计图样。

(4) 采购说明书。

(5) 适用的标准、规范。

(6) 其他有关的资料、文件。

设计经理及各专业负责人应配合控制人员进行设计费用进度综合检测和趋势预测，分析偏差原因，提出纠正措施，进行有效控制。

4. 设计收尾

设计经理及各专业负责人应根据设计计划的要求，除应按时完成并提交全部设计文件外，还应根据合同约定准备或配合完成为关闭合同所需要的相关设计文件。

关闭合同所需要的相关文件一般包括：

(1) 竣工图。

(2) 设计变更文件。

(3) 操作指导手册（必要时）。

(4) 修正后的核定估算。

(5) 其他设计资料、说明文件等。

设计经理及各专业负责人应根据规定，收集、整理设计图样、资料和有关记录，在全部设计文件完成后，组织编制项目设计文件总目录并存档。

设计完成后，应编制设计完工报告。在项目总结中，进行设计工作总结，将项目设计的经验与教训反馈给工程总承包企业有关职能部门，进行持续改进。

二、项目采购管理

工程总承包项目采购管理由采购经理负责，并适时组建项目采购组。在项目实施过程中，采购经理应接受项目经理和企业采购管理部门负责人的双重领导。

采购工作应遵循公平、公开、公正的原则，选定供货厂商。保证项目的质量、数量和时间要求，以合理的价格和可靠的供货来源，获得所需的设备材料及有关服务。

工程总承包企业应对供货厂商进行资格预审，建立企业认可的合格供货厂商名单。

1. 采购工作程序

采购工作应按下列程序实施：

(1) 编制项目采购计划和项目采购进度计划。

(2) 采买过程如下所述：

1）进行供货厂商资格预审，确认合格供货厂商，编制项目询价供货厂商名单。

2）编制询价文件。

3）实施询价，接受报价。

4）组织报价评审。

5）必要时，召开供货厂商协调会。

6）签订采购合同或订单。

(3) 催交：包括在办公室和现场对所订购的设备材料及其图样、资料进行催交。

(4) 检验：包括合同约定的检验及其他特殊检验。

(5) 运输与交付：包括合同约定的包装、运输和交付。

(6) 现场服务管理：包括采购技术服务、供货质量问题的处理、供货厂商专家服务的联络和协调等。

(7) 仓库管理：包括开箱检验、仓库管理、出入库管理等。

(8) 采购结束：包括订单关闭、文件归档、剩余材料处理、供货厂商评定、采购完工报告编制及项目采购工作总结等。

项目采购组可根据采购工作的需要对采购工作程序及其内容进行适当调整，但应符合项目合同要求。

2. 采购计划

项目采购计划是项目采购工作的大纲。采购计划由采购经理组织编制，经项目经理批准后实施。

采购计划编制的依据应包括：

(1) 项目合同。

(2) 项目管理计划和项目实施计划。

(3) 项目进度计划。

(4) 工程总承包企业有关采购管理程序和制度。

采购计划应包括以下内容：

(1) 编制依据。

(2) 项目概况。

(3) 采购原则，包括分包策略及分包管理原则，安全、质量、进度、费用、控制原则，设备材料分交原则等。

(4) 采购工作范围和内容。

(5) 采购的职能岗位设置及其主要职责。

(6) 采购进度的主要控制目标和要求，长周期设备和特殊材料采购的计划安排。

(7) 采购费用控制的主要目标、要求和措施。

(8) 采购质量控制的主要目标、要求和措施。

(9) 采购协调程序。

(10) 特殊采购事项的处理原则。

(11) 现场采购管理要求。

项目采购组应严格按采购计划开展工作。采购经理应对采购计划的实施进行管理和监控。

3. 采买

采买工作应包括接收请购文件、确定合格供货厂商、编制询价文件、询价、报价评审、定标、签订采购合同或订单等内容。

采购组应按照批准的请购文件组织采购。

采购组应在工程总承包企业的合格供货厂商名单中选择确定项目的合格供货厂商。选择合格的供货商是保证项目采购成功的前提，建立完善、公开、严格的供货商选择程序是工程总承包企业质量管理体系中最基本的质量控制要求。项目合格供货厂商应符合如下基本条件：

(1) 有能力满足产品质量要求。

(2) 有完整并已付诸实施的质量管理体系。

(3) 有良好的信誉和财务状况。

(4) 有能力保证按合同要求准时交货，有良好的售后服务。

(5) 具有类似产品成功的供货及使用业绩。

询价文件应由采买工程师负责编制，采购经理批准。

采买工程师应按照工程总承包企业制定的标准化格式，根据项目对设备材料的要求编制询价文件。除技术、质量和商务要求外，询价文件可根据需要增加有关管理要求，使供货商的供货行为能满足项目管理的需要。

询价文件分为询价技术文件和询价商务文件两部分。

询价技术文件根据设计提交的请购文件编制，包括：设备材料规格书或数据表，设计图样，采购说明书，适用的标准、规范，要求供货厂商提交确认的图样、资料清单和提交时间，其他有关的资料和文件。

询价商务文件包括：询价函，报价须知，项目采购基本条件，对检验、包装、运输、交付和服务的要求，报价回函，商务报价表及其他。

采购组宜在项目合格供货厂商中选择3~5家询价供货厂商，发出询价文件。

项目采购应尽量避免“独家供货”。如因业主、技术和市场等原因确需时，采购组要提出充分理由，并按程序获得批准。

报价人应在报价截止日期前，将密封的报价文件送达指定地点。采购组应组织对供货厂商的报价进行评审，包括技术评审、商务评审和综合评审。必要时可与报价人进行商务及技术谈判并根据综合评审意见确定供货厂商。

根据工程总承包企业授权，可由项目经理或采购经理按规定与供货厂商签订采购合同。采购合同文件应完整、准确、严密、合法，包括下列内容：

（1）采购合同。

（2）询价文件及其修订补充文件。

（3）满足询价文件的全部报价文件。

（4）供货厂商协调会会议纪要。

（5）任何涉及询价、报价内容变更所形成的其他书面形式文件。

4．催交与检验

催交是指从订立采购合同（或订单）至货物交付期间为促使供货商切实履行合同义务，按时提交供货商文件、图样资料和最终产品而采取的一系列督促活动。

采购经理应根据设备材料的重要性和一旦延期交付对项目总进度产生影响的程度，划分催交等级，确定催交方式和频度，制定催交计划并监督实施。

催交方式可包括三种：驻厂催交、办公室催交和会议催交。对关键设备材料应进行驻厂催交。

催交等级一般划分为A、B、C三级，每一等级要求相应的催交方式和频度。催交等级为A级的设备材料一般每6周进行一次驻厂催交，并且每2周进行一次办公室催交。催交等级为B级的设备材料一般每10周进行一次驻厂催交，并且每4周进行一次办公室催交。催交等级为C级的设备材料一般可不进行驻厂催交，但应定期进行办公室催交，其催交频度视具体情况决定。会议催交视供货状态定期或不定期进行。

催缴工作应包括以下内容：

(1) 熟悉采购合同及附件。

(2) 确定设备材料的催交等级，制定催交计划，明确主要检查内容和控制点。

(3) 要求供货厂商按时提供制造进度计划。

(4) 检查供货厂商、设备材料制造、供货及提交的图样、资料是否符合采购合同要求。

(5) 督促供货厂商按计划提交有效的图样、资料，供设计审查和确认，并确保经确认的图样、资料按时返回供货厂商。

(6) 检查运输计划和货运文件的准备情况，催交合同约定的最终资料。

(7) 按规定编制催交状态报告。

采购组应根据采购合同的规定制定检验计划，组织具备相应资格的检验人员根据设计文件和标准规范的要求进行设备材料制造过程中的检验及出厂前的检验。检验工作是设备材料质量控制的关键环节。重要、关键设备应驻厂监造。

对于有特殊要求的设备材料，应委托有相应资格和能力的单位进行第三方检验并签订检验合同。采购组检验人员有权依据合同对第三方的检验工作实施监督和控制。当总承包合同有约定时，应安排业主参加相关的检验。

采购组应根据设备材料的具体情况确定其检验方式并在检验合同中规定。检验方式可分为放弃检验（免检）、资料审阅、中间检验、车间检验和最终检验。

检验人员应按规定编制检验报告。检验报告宜包括以下内容：

(1) 合同号、受检设备材料的名称、规格、数量。

(2) 供货厂商的名称、检验场所、起止时间。

(3) 各方参加人员。

(4) 供货厂商使用的检验、测量和实验设备的控制状态并附有关记录。

(5) 检验记录。包括检验会议记录、检验过程和目标记录、文件审查纪录及未能目睹或未能得以证明的主要事项的记录。必要时应附有实况照片和简图。

(6) 检验结论。对不符合质量要求的问题，应明确其影响程度和范围，明确提出结论或挂牌标示，说明可以验收、有条件验收、保留待定事项或拒收等。

5. 运输与交付

采购组应根据采购合同约定的交货条件制定设备材料运输计划并实施。计划内容宜包括运输前准备工作、运输时间、运输方式、运输路线、人员安排和费用计划等。

采购组应督促供货厂商按照采购合同约定进行包装和运输。

对超限和有特殊要求的设备的运输，采购组应制定专项的运输方案，并委托专门的运输机构承担。超限设备是指包装后的总重量、总长度、总宽度或总高度超过国家、行业有关规定的设备。

做好超限设备的运输工作要注意以下几点：

(1) 从供货厂商获取准确的超限设备运输包装图、装载图、运输要求等资料。对所经过的道路（铁路、公路）桥梁和涵洞进行调查研究，制定超限设备专项的运输方案或委托制定运输方案。

(2) 编制完整准确的委托运输询价文件。

(3) 严格执行对承运人的选择和评审程序，必要时进行实地考察。

(4) 对运输报价进行严格的技术评审，包括方案和保证措施，签订运输合同。

(5) 审查承运人提交的“运输实施计划”。

(6) 检查设备的运输包装、加固、防护等情况。

（7）进行监装、监卸和（或）监运（必要时）。

（8）检查沿途的桥涵、道路的加固情况，落实港口起重能力和作业方案（必要时）。

（9）检查货运文件的完整、有效性。

对国际运输，应按采购合同约定和国际惯例进行，做好办理报关、商检及保险等手续。

采购组应落实接货条件，制定卸货方案，做好现场接货工作。

设备材料运至指定地点后，应由接收人员对照送货单进行逐项清点，签收时应注明到货状态及其完整性，及时填写接收报告并归档。

根据设备材料的不同类型，接收工作内容应包括（但不限于）下述工作内容：

（1）核查货运文件。

（2）数量件数验收。

（3）外包装及裸装设备、材料的外观质量和标识检查。

（4）对照清单逐项核查随货图样、资料，并加以记录。

6. 采购变更管理

项目部应建立采购变更管理程序和规定。

采购变更是指在项目实施过程中，由于业主变更和项目变更而引起的须由采购实施的变更。业主变更是指业主要求（或同意）修改项目任务范围或内容等而导致批准的项目总费用和（或）进度发生变化而形成的采购变更。项目变更是指项目内部变更而形成的采购变更。

采购组接到项目经理批准的变更单后，应了解变更的范围和对采购的要求，预测相关费用和时间，制定变更实施计划并按计划实施。

变更单应填写以下主要内容：

（1）变更的内容。

（2）变更的理由及处理措施。

（3）变更的性质和责任承担方。

（4）对项目进度和费用的影响。

7. 仓库管理

项目部应在施工现场设置仓库管理人员，负责仓库作业活动和仓库管理工作。仓库管理可由采购组负责管理，也可由施工组负责管理。必要时，可设立相应的管理机构和岗位。

设备材料正式入库前，应根据采购合同要求组织专门的开箱检验组进行开箱检验。开箱检验应有规定的相关责任方代表在场，填写检验记录，并经有关检验人员签字。进口设备材料的开箱检验必须严格执行国家有关法律、法规及其采购合同的约定。

经开箱检验合格的设备材料，在资料、证明文件、检验记录齐全，具备规定的入库条件时，应提出入库申请，经仓库管理人员验收后，办理入库手续。

仓库管理工作应包括物资保管，技术档案、单据、账目管理和仓库安全管理等。仓库管理应建立“物资动态明细台账”，所有物资应注明货位、档案编号、标识码以便查找。仓库管理员要及时登账，经常核对，保证账物相符。

采购组应制定并执行物资发放制度，根据批准的领料申请单发放设备材料，办理物资出库交接手续，准确、及时地发放合格的物资。

三、项目试运行管理

项目进入试运行阶段，标志已完成竣工验收并将工程的管理权移交给业主方。项目部在该阶段中的责任和义务，是按合同约定向业主提供项目试运行的指导和服务。对交钥匙工程，承包商应按合同约定对试运行负责。

项目试运行管理由试运行经理负责，在试运行服务过程中，接受项目经理和企业试运行管理部门负责人的双重领导。

根据合同约定或业主委托，试运行管理内容可包括试运行管理计划的编制、试运行准备、人员培训、试运行过程指导和服务等。

试运行的准备工作包括：人力、机具、物资、能源、组织系统、许可证、安全、职业健康及环境保护及文件资料等的准备。试运行需要的各类手册包括：操作手册、维修手册、安全手册等；业主委托事项及存在问题说明。

1．试运行管理计划

在项目初始阶段，试运行经理应根据合同和项目计划，组织编制试运行管理计划。试运行管理计划经项目经理批准、业主确认后实施。

试运行管理计划的主要内容应包括：

(1) 总说明　项目概况、编制依据、原则、试运行的目标、进度、试运行步骤，对可能影响试运行计划的问题提出解决方案。

(2) 试运行组织及人员　提出参加试运行的相关单位，明确各单位的职责范围。提出试运行组织指挥系统和人员配备计划，明确各岗位的职责及分工。

(3) 试运行进度计划　试运行进度表。

(4) 试运行费用计划　试运行费用计划的编制和使用原则，应按计划中确定的试运行期限，试运行负荷，试运行产量，原材料、能源和人工消耗等计算试运行费用。

(5) 试运行文件及试运行准备工作要求　试运行需要的原料、燃料、物料和材料的落实计划，试运行及生产中必需的技术规定、安全规程和岗位责任制等规章制度的编制计划。

(6) 培训计划　培训计划应根据合同约定和项目特点进行编制。培训计划宜包括：培训目标、培训的岗位和人员、时间安排、培训与考核方式、培训地点、培训设备、培训费用及培训教材等内容。培训计划应经业主批准后实施。

(7) 业主及相关方的责任分工　通常应由业主领导，组建统一指挥体系，明确各相关方的责任和义务。

试运行管理计划应按项目特点，合理安排试运行程序和周期，并与施工及辅助配套设施试运行相协调。

为确保试运行管理计划正常实施和目标任务的实现，项目部及试运行经理应明确试运行的输入要求（包括对施工安装达到竣工标准和要求，并认真检查其实施绩效）和满足输出要求（为满足稳定生产或满足使用提供合格的生产考核指标记录和现场证据），使试运行成为正式投入生产或投入使用的前提和可靠基础。

2. 试运行实施

(1) 试运行方案　试运行经理应按合同约定，负责组织或协助业主编制试运行方案。试运行方案应包括以下主要内容：

1）工程概况。

2）编制依据和原则。

3）目标与采用标准。

4）试运行应具备的条件。

5）组织指挥系统。

6）试运行进度安排。

7）试运行资源配置。

8）环境保护设施投运安排。

9）安全及职业健康要求。

10）试运行预计的技术难点和采取的应对措施等。

(2）试运行实施管理

1）项目部应检查试运行前的准备工作，确保已按设计文件及相关标准完成生产系统、配套系统和辅助系统的施工安装及调试工作，并达到竣工验收标准。试运行前准备工作的检查包括生产系统、配套系统和辅助系统的全部安装和调试（或试验）工作是否已全部达到规定指标，以此检查试运行的输入条件是否已经具备达到竣工验收标准，获得业主签发的“竣工验收证书”（或“接收证书”），作为准予启动试运行阶段工作的证据。

2）试运行经理应按试运行计划和方案的要求协助业主落实相关的技术、人员和物资。

3）试运行经理应组织检查影响合同目标考核达标存在的问题，并对其解决措施进行落实。

4）试运行经理及试运行人员参加合同目标考核工作，并进行技术指导和服务。

5）合同目标考核的时间和周期应按合同约定或商定执行。在考核期内当全部保证值达标时，合同双方及相关方代表应按规定签署合同目标考核合格证书。

6）培训服务的内容应依据合同约定或业主委托确定，宜包括：编制培训计划，推荐培训方式和场所，对生产管理和操作人员进行模拟培训和实际操作培训，对其培训考核结果进行检查，防止不合格人员上岗给项目带来潜在的风险等。

四、项目安全、职业健康与环境管理

工程总承包企业应按照《职业健康安全管理体系 规范》GB/T 28001—2001 和《环境管理体系要求及使用指南》GB/T 24001—2004 建立有效的职业健康安全管理和环境管理体系。

国家有关项目安全、职业健康与环境管理的法律法规、工程建设强制性标准主要包括:《建筑法》、《安全生产法》、《环境保护法》、《职业病防治法》、《矿山安全法》、《建设工程安全生产管理条例》、《建设项目（工程）职业安全卫生与评价管理办法》、《建设项目环境保护管理办法》、《建筑施工安全检查标准》等。

项目的有关人员应对项目的安全、职业健康与环境管理共同承担责任。项目部应设置专职管理人员，在项目经理领导下，具体负责项目安全、职业健康与环境管理的组织与协调工作。

我国实行建设项目法人负责制。项目的安全、职业健康与环境保护是项目法人负责制的重要内容。业主主要责任包括：全面综合规划、决策项目安全、职业健康与环境保护方针，编制环境影响报告，落实项目的环境保护及安全设施资金，向工程总承包企业提供相关资料。工程总承包企业对总承包合同范围内的安全、职业健康与环境保护负责，并由项目部具体履行企业对项目安全、职业健康与环境管理目标及其绩效改进的承诺。项目部应按企业安全、职业健康与环境管理体系的要求，进行全过程的管理，包括对分包方的指导与监督。

项目安全管理必须坚持“安全第一，预防为主”的方针。通过系统的危险源辨识和风险分析，制定安全管理计划，并进行有效控制。

项目职业健康管理应坚持“以人为本”的方针。通过系统的污染源辨识和评估，制定职业健康管理计划，并进行有效控制。如在项目设计过程中，要考虑采取有利于施工人员、生产操作人员和管理人员的职业健康的设计方案等，通过对影响项目参与人员身心健康的因素控制，减少职业病的发生。

项目环境保护应贯彻执行环境保护设施工程与主体工程同时设计、同时施工、同时投入使用的“三同时”原则。应根据建设项目环境影响报告和总体环保规划，制定环境保护计划，并进行有效

控制。

项目的安全、职业健康与环境管理，应接受政府主管部门、业主及相关监督机构的检查、监督、协调与评估确认。

1. 安全管理

项目经理应依法对项目安全生产全面负责，根据企业职业健康安全管理体系，组织制定项目安全生产规章制度、操作规程和教育培训制度或规定，保证项目安全生产条件所需资源的投入。

(1) 项目安全危险源辨识和风险评估　项目部应在系统辨识危险源并对其进行风险分析的基础上，编制危险源初步辨识清单。危险源及其带来的安全风险是项目安全管理的核心。工程总承包项目的危险源，具体可从如下几个方面辨识：

1）项目的常规活动，如正常的施工活动。

2）项目非常规活动，如加班加点，抢修活动等。

3）所有进入作业场所的人员的活动，包括项目部成员、分包商人员、监理及业主代表和访问者的活动。

4）作业场所内所有的设施，包括项目自有设施、分包商拥有的设施、租赁的设施等。

编制危险源清单有助于辨识危险源，及时采取预防措施，减少事故的发生。该清单应在项目初始阶段进行编制。清单的内容一般包括：危险源名称、性质、风险评价、可能的影响后果，应采取的对策或措施。

危险源辨识、风险评估和实施采取必要措施的程序如图 17-2 所示。

(2) 项目安全管理计划　项目部应根据项目的安全管理目标，制定项目安全管理计划，并按规定程序批准后实施。项目安全管理计划内容包括：

1）项目安全管理目标。

2）项目安全管理组织机构和职责。

3）项目安全危险源的辨识与控制技术及管理措施。

4）对从事危险环境下作业人员的培训教育计划。

5）对危险源及其风险规避的宣传与警示方式。

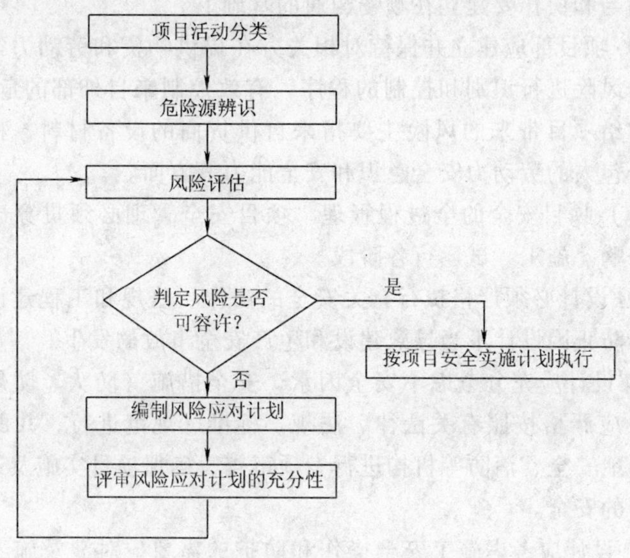

图 17-2　危险源辨识、风险评估与实施程序

6）项目安全管理的主要措施与要求。

(3）项目安全管理计划的实施管理　项目部应对项目安全管理计划的实施进行管理。主要内容包括：

1）项目部应在工程总承包企业的支持下，为实施、控制和改进项目安全管理实施计划提供必要的资源，包括人力、技术、物资、专项技能和财力等资源。项目的安全管理企业管理层的支持甚为重要。

2）项目部应通过项目安全管理组织网络，逐级进行安全管理实施计划的交底或培训，保证项目部人员和分包人等，正确理解安全管理实施计划的内容和要求。对项目部所有成员，特别是对项目的活动、设施和管理过程的安全风险有影响的，从事管理、执行和验证工作的人员，应明确其职责和权限，并形成文件，建立好安全生产责任制。

3）项目部应建立并保持安全管理实施计划执行状况的沟通与监控程序，随时识别潜在的危险因素和紧急情况，采取有效措施，预防和减少因计划考虑不周或执行偏差而可能引发的危险。项目安全管理计划的执行，需要项目部全体人员参与及内部各个环节的成功协作，这种参与和协作要建立在顺畅沟通的基础上。

4）项目部应建立并保持对相关方在提供物资和劳动力等方面所带来的风险进行识别和控制的程序，有效控制来自外部的危险因素。相关方给项目带来的风险主要指来自供货商的设备材料、租赁的设备、分包人的劳动力安全意识和安全能力等方面。

（4）项目安全的全过程管理　项目安全管理必须贯穿于工程设计、采购、施工、试运行各阶段。

1）设计必须严格执行有关安全的法律、法规和工程建设强制性标准，防止因设计不当导致建设和生产安全事故的发生。

① 设计应充分考虑不安全因素，安全措施（防火、防爆、防污染等）应严格按照有关法律、法规、标准、规范进行，并配合业主报请当地安全、消防等机构进行专项审查，确保项目实施及运行使用过程中的安全。

② 设计应考虑施工安全操作和防护的需要，对涉及施工安全的重点部位和环节在设计文件中注明，并对防范安全事故提出指导意见。

③ 采用新结构、新材料、新工艺的建设工程和特殊结构、特种设备的项目，应在设计中提出保障施工作业人员安全和预防安全事故的措施建议。

2）项目采购应对自行采购和分包采购的设备材料和防护用品进行安全控制。采购合同应包括相关的安全要求的条款，并对供货、检验和运输的安全做出明确的规定。

3）施工阶段的安全管理应按《建设工程项目管理规范》GB/T 50326—2006执行，并结合行业及项目的特点，对施工过程中可能影响安全的因素进行管理。

4）项目试运行前，必须按照有关安全法规、规范对各单项工程组织安全验收。制定试运行安全技术措施，确保试运行过程的安全。

项目部应配合业主按规定向工程所在地的县级以上地方人民政府建设行政主管部门申报项目安全施工措施的有关文件。

在分包合同中应明确各自的安全建设和生产方面的责任。分包人应服从项目部安全生产的统一管理，并对其安全保障承担主要责任。

项目部对分包工程的安全承担管理责任。

（5）项目安全检查制度和不符合状况的处理　项目部应制定并执行项目安全日常巡视检查和定期检查的制度，记录并保存检查的结果，对不符合状况进行处理。

如果发生安全事故，项目部应按规定及时报告并处置。项目安全管理的检查内容应包括：

1）项目安全管理计划的执行情况。

2）未按计划要求实施的原因，并提出改进措施。

3）可能造成伤害的危险及其风险状态。

4）物的不安全状态，人的不安全行为和环境的不安全因素。

5）管理上的缺陷。

对不符合状况的处理包括：

1）纠正措施，消除不符合状态。

2）预防措施，防止再发生的措施或完善标准。

3）确认措施的有效性。

2. 职业健康管理

（1）项目职业健康管理计划　项目部应贯彻工程总承包企业的职业健康方针，制定项目职业健康管理计划，按规定程序经批准后实施。项目职业健康管理计划内容包括：

1）项目职业健康管理目标。

2）项目职业健康管理组织机构和职责。

3）项目职业健康管理的主要措施。

其中项目职业健康目标体现项目部对职业健康管理的指导思想和承诺。项目职业健康目标应满足以下要求：

1）阐明项目职业健康管理目标。

2）包含对持续改进和应遵守现行职业健康法规的承诺。

3）应经工程总承包企业最高管理者批准，传达到项目部全体员工，并可为相关方接受。

4）应定期评审、修改、补充和完善该目标。

（2）项目职业健康管理计划的实施管理　项目部应对项目职业健康管理计划的实施进行管理。主要内容包括：

1）项目部应在工程总承包企业的支持下，为实施、控制和改进项目职业健康管理计划提供必要的资源，包括人力、技术、物资、专项技能和财力等资源。

2）项目部应通过项目职业健康管理组织网络，进行职业健康的培训，保证项目部人员和分包人等，能正确理解项目职业健康管理计划的内容和要求。

3）项目部应建立并保持项目职业健康管理计划执行状况的沟通与监控程序，保证随时识别潜在的危害健康因素，采取有效措施，预防和减少可能引发的伤害。项目职业健康管理计划的实施，需要项目全员参与及内部各个环节的成功协作，这种参与和协作要建立在顺畅的信息交流基础上。

4）项目部应建立并保持对相关方在提供物资和劳动力等方面所带来的伤害进行识别和控制的程序，有效控制来自外部的影响健康因素。

（3）项目职业健康管理的检查制度　项目部应制定并执行项目职业健康的检查制度，记录并保存检查的结果。对影响职业健康的因素应采取措施。

项目部的日常检查内容包括：项目职业健康管理目标、法规遵循情况及事故和不符合状况的监控与调查处理等。

检查记录应具有可追溯性，是为了获得有益的经验信息，以便更好地开展职业健康管理工作。同时也是成为项目部职业健康管理过程的见证。记录用表的规范、统一，有利于记录、保存和分析比较。

3．环境管理

（1）项目环境保护计划　项目部应根据批准的建设项目环境影响报告，编制用于指导项目实施过程的项目环境保护计划，其主要内容应包括：

1）项目环境保护的目标及其主要指标。

2）项目环境保护的实施方案。

3）项目环境保护所需的人力、物力、财力和技术等资源的专项计划。

4）项目环境保护所需的技术研发、技术攻关等工作。

5）落实防治环境污染和生态破坏的措施及环境保护设施的投资估算。

其中，项目的环境保护目标应满足以下要求：

1）适合项目部自身及工程项目的特点。

2）承诺持续改进和污染预防，并遵守有关法律和其他要求。

3）环境保护目标应经过批准，形成文件并传达到项目人员。

4）项目部应对项目的环境保护目标定期评审、修改、补充和完善，以适应不断变化的内外部条件和要求。

项目环境保护计划应按规定程序经批准后实施。

（2）项目环境保护计划的实施管理　项目部应对项目环境保护计划的实施进行管理。主要内容包括：

1）明确各岗位的环境保护职责和权限。

2）落实项目环境保护计划必须的各种资源。

3）对项目参与人员应进行环境保护的教育和培训，提高环境保护意识和工作能力。

4）对与环境因素和环境管理体系的有关信息进行管理，保证内部与外部信息沟通的有效性，保证随时识别到潜在的影响环境的因素或紧急情况，并预防或减少可能伴随的环境影响。

5）负责落实环保部门对施工阶段的环保要求及施工过程中的环保措施；对施工现场的环境进行有效控制，防止职业危害，建立良好的作业环境。施工阶段的环境保护应按《建设工程项目管理规范》GB/T 50326—2006 执行。

6）项目配套建设的环境保护设施必须与主体工程同时投入试运行。项目部应对环境保护设施运行情况和建设项目对环境的影响进行检查或监测。

7）建设项目竣工后，应当向审批该建设项目环境影响报告书（表）的环境保护行政主管部门，申请对该建设项目需要配套建设的环境保护设施进行竣工验收。环境保护设施竣工验收应当与主体工程竣工验收同期进行。

（3）项目环境保护计划的执行检查　项目部应制定并执行项目环境巡视检查和定期检查的制度，记录并保存检查的结果。

项目环境保护计划执行的主要检查内容如下：

1）项目环境保护计划的执行情况。

2）项目控制重大环境因素的有关结果和成效。

3）项目环境目标和指标的实现程度。

4）定期评价有关环境保护的法律、法规和标准的遵守情况。

5）监测和测量设备的定期校准和维护。

（4）环境管理不符合状况的处理　项目部应建立并保持对环境管理不符合状况的处理和调查程序，明确有关职责和权限，实施纠正和预防措施，减少产生环境影响并防止问题的再次发生。

发现环境管理不符合状况后，可按如下步骤采取纠正措施：

1）依据不符合状况进行原因分析。

2）针对原因采取相应的纠正措施。

3）实施纠正措施，对不符合事项进行纠正，并跟踪验证其有效性。

4）进一步分析和调查是否有类似的不符合项。

项目应更多采用预防措施，做到预防为主，防治结合。

五、项目分包合同管理

工程总承包企业的合同管理部门应依据《合同法》及相关法规负责项目合同的订立和对履行的监督，并负责合同的补充、修改和（或）更改、终止或结束等有关事宜的协调与处理。

工程总承包项目合同管理应包括总承包合同管理和分包合同管理。

总承包合同和分包合同，必须以书面形式订立。实施过程中的合同变更应按程序规定进行书面签认，并成为合同的组成部分。

项目部应依据企业相关制度制订合同管理规定，明确合同管理的岗位职责，负责组织对总承包合同的履行，并对分包合同实施监督和控制，确保合同约定目标和任务的实现。

1. 项目合同管理的原则

项目部应在合同管理过程中遵守依法履约、诚实守信、全面履行、协调合作、维护权益和动态管理的原则，严格执行合同。

（1）依法履约原则　遵守法律法规，尊重社会公德，不得扰乱社会经济秩序，不得损害社会公共利益。

(2) 诚实守信原则　当事人在履行合同义务时，应诚实、守信、善意、不滥用权力、不规避义务。

(3) 全面履行原则　包括实际履行和适当履行（按照合同约定的品种、数量、质量、价款或报酬等的履行）。

(4) 协调合作原则　要求当事人本着团结协作和互相帮助的精神去完成合同任务，履行各自应尽的责任和义务。

(5) 维护权益原则　合同当事人有权依法维护合同约定的自身所有的权利或风险利益。同时还应注意维护对方的合法权益不受侵害。

(6) 动态管理原则　在合同履行过程中，进行适时监控和跟踪管理。

2. 分包合同管理的要求

分包合同管理应符合下列要求：

(1) 项目部及合同管理人员，应按总承包合同的约定，将需要订立的分包合同纳入整体合同管理范围，并要求分包合同管理与总承包合同管理保持协调一致。

(2) 项目部在工程总承包企业的授权下，可根据总承包合同约定和需要，订立设计、采购、施工、试运行或其他咨询服务分包合同，但不得将整个工程转包。在分包合同管理中，应注意两个问题：一是当业主指定分包商时，承包商应对分包商的资质及能力进行预审（必要时考察落实）和确认，当认为不符合要求时，应尽快报告业主并提出建议，否则，不免除承包商应承担的责任；二是《合同法》规定禁止承包人将工程分包给不具备相应资质条件的单位。

(3) 对分包合同的管理，应包括对分包合同的订立及对分包合同生效后的履行、变更、违约索赔、争议处理、终止或收尾结束的全部活动实施监督和控制。这是分包合同管理的重点。

3. 分包合同管理程序

项目部应建立并执行分包合同管理程序。分包合同管理程序的主要内容包括：

(1) 明确分包合同的管理职责。

(2) 分包招标的准备和实施。

(3) 分包合同订立。

(4) 对分包合同实施监控。

(5) 分包合同变更处理。

(6) 分包合同索赔处理。

(7) 分包合同争议处理。

(8) 分包合同文件管理。

(9) 分包合同收尾。

4. 分包合同管理的职责

项目部应明确各类分包合同管理的职责。各类分包合同管理的主要职责如下:

(1) 设计　应根据总承包合同的规定和要求，明确设计分包的职责范围，订立设计分包合同。协调和监督合同履行，确保设计目标和任务的实现。

(2) 采购　根据总承包合同的规定和要求，明确采购和服务的范围，订立采购分包合同。监督合同的履行，完成项目采购的目标和任务。

(3) 施工　根据总承包合同的规定和要求，在明确施工和服务的职责范围的基础上，订立施工分包合同。协调和监督合同履行，完成施工的目标和任务。

(4) 其他咨询服务　根据总承包合同的要求，明确服务的职责范围，订立分包合同或协议。协调和监督分包合同或协议的履行，完成规定的目标和任务。

项目部对所有分包合同的管理职责，均应与总承包合同管理职责协调一致。同时还应履行分包合同约定的由项目承包人承担的责任和义务，并做好与分包人的配合与协调，提供必要的方便条件。

5. 项目的分包方式

项目部可根据工程总承包项目的范围、内容、要求和资源状况等进行分包，分包方式根据项目实际情况确定。如果采用招标方式，其主要内容和程序应符合下列要求。

(1) 项目部应做好分包工程招标的准备工作，内容包括:

1）按总承包合同约定和项目计划要求，制定分包招标计划，落实需要的资源配置。

2）确定招标方式。

3）组织编制招标文件。

4）组建评标、谈判组织。

5）其他有关招标准备工作。

（2）按计划组织实施招标活动。主要活动包括：

1）按规定的招标方式发布通告或邀请函。

2）对投标人进行资格预审或审查，确定合格投标人，发售招标文件。

3）组织招标文件的澄清。

4）接受合格投标人的投标书，并组织开标。

5）组织评标、决标。

6）发出中标通知书。

6. 分包合同的订立

（1）订立分包合同应遵循的原则　订立分包合同应遵循下列原则：

1）合同当事人的法律地位平等，一方不得将自己的意志强加给另一方。

2）当事人依法享有自愿订立合同的权利，任何单位和个人不得非法干预。

3）当事人确定各方的权利和义务应当遵守公平原则。

4）当事人行使权利、履行义务应当遵循诚实守信原则。

5）当事人应当遵守法律、行政法规和社会公德，不得扰乱社会经济秩序，不得损害社会公共利益。

6）分包人不得将分包的全部工程再行转包。

（2）分包合同谈判　项目部应按下列要求组织分包合同谈判：

1）明确谈判方针和策略，制定谈判工作计划。

2）按计划要求做好谈判准备工作。

3）明确谈判的主要内容，并按计划组织实施。

（3）项目部应组织分包合同的评审，确定最终的合同文本，经授权订立分包合同。

(4) 分包合同文件的组成及其优先次序　分包合同文件组成及其优先次序应符合下列要求：

1) 协议书。

2) 中标通知书（或中标函）。

3) 专用条件。

4) 通用条件。

5) 投标书和构成合同组成部分的其他文件（包括附件）。

7. 分包合同的履行

分包合同履行的管理应满足以下要求：

(1) 项目部及合同管理人员，应根据合同约定和《合同法》的要求，对分包人的合同履行进行监督和管理，并履行自身应尽的责任和义务。

(2) 合同管理人员应对分包合同确定的目标实行跟踪监督和动态管理。在管理过程中进行分析和预测，及早提出和协调解决影响合同履行的问题，避免或减少风险。

(3) 在分包合同履行过程中，分包人就分包工程向项目承包人负责。由于分包人的过失给发包人造成损失，项目承包人承担连带责任。

8. 分包合同变更管理

分包合同变更有下列两种情况：

(1) 项目部根据项目情况和需要，向分包商发出书面指令或通知，要求对分包范围和内容进行变更，经双方评审并确认后则构成分包合同变更，应按变更程序处理。

(2) 项目部接受分包商书面的“合理化建议”，对其在费用、进度、质量、技术性能、操作运行、安全维护等方面的作用及产生的影响进行澄清和评审，确认后，则构成分包合同变更，应按变更程序处理。

分包合同变更管理应满足以下要求：

(1) 项目部及合同管理人员，应严格按合同变更程序对分包合同的变更实施控制。应对变更范围、内容及影响程度进行评审和确认并形成书面文件，变更经批准后实施。

（2）由分包人实施分包合同约定范围内的变化和更改均不构成分包合同变更。

（3）经确认和批准的变更应成为分包合同的组成部分。对于重大变更应按规定向工程总承包企业合同管理部门报告。

9．分包合同争议处理

分包合同争议处理应按以下规定进行：

（1）项目部应按分包合同约定程序和方法处理争议事件。

（2）当事人应努力采用“和解”或“调解”方式解决合同争议。

（3）当事人应按商定或最终裁定的结果执行。

10．分包合同索赔处理

分包合同索赔处理应按以下规定进行：

（1）当事人应执行合同约定的索赔程序和方法，进行真实、合法及合理的索赔。

（2）索赔通知、证据、报告及裁定结果均应形成书面文件，并纳入合同管理范围。

11．分包合同文件管理

分包合同文件管理应满足以下要求：

（1）项目部应明确合同管理人员对分包合同文件的管理职责。

（2）分包合同管理人员，应对分包合同履行过程中所产生的信息、文件和资料，进行分析、整理、传送、反馈、保管和归档。

（3）项目部应对分包人提交的所有文件、图样和资料进行妥善保存和管理。

12．分包合同收尾

分包合同收尾应满足以下要求：

（1）项目部应按分包合同约定程序和要求进行分包合同的收尾。

（2）合同管理人员应对分包合同约定目标进行核查和验证，当确认已完成缺陷修补并达标时，及时进行分包合同的最终结算和结束分包合同的工作。

（3）当分包合同结束后应进行总结评价工作，包括对分包合同订立、履行及其相关效果的评价。

第十八章　建设工程监理

第一节　建设工程监理制度概述

一、建设工程监理制度

我国自1988年开始，在建设领域实行了建设工程监理制度。这是工程建设领域管理体制的重大改革。所谓建设工程监理，是指具有相应资质的监理单位受工程项目建设单位的委托，依据国家有关工程建设的法律、法规，经建设主管部门批准的工程项目建设文件、建设工程委托监理合同及其他建设工程合同，对工程建设实施的专业化监督管理。实行建设工程监理制度，目的在于提高工程建设的投资效益和社会效益。这项制度已经纳入《建筑法》的规定范畴。

《建筑法》的第四章即为建筑工程监理。其主要内容如下：

第三十条　国家推行建筑工程监理制度。

国务院可以规定实行强制监理的建筑工程的范围。

第三十一条　实行监理的建筑工程，由建设单位委托具有相应资质条件的工程监理单位监理。建设单位与其委托的工程监理单位应当签订书面委托监理合同。

第三十二条　建筑工程监理应当依照法律、行政法规及有关的技术标准、设计文件和建筑工程承包合同，对承包单位在施工质量、建设工期和建设资金使用等方面，代表建设单位实施监督。

工程监理人员认为工程施工不符合工程设计要求、施工技术标准和合同约定的，有权要求建筑施工企业改正。

工程监理人员发现工程设计不符合建筑工程质量标准或者合同约定的质量要求，应当报告建设单位要求设计单位改正。

第三十三条　实施建筑工程监理前，建设单位应当将委托的工程监理单位、监理内容及监理权限，书面通知被监理的建筑施工企业。

实施建设工程监理制度是对我国传统的工程项目建设管理体制的改革，建立了新型的工程项目建设管理体制。这种新型的工程项目建设管理体制就是在政府有关部门的监督管理之下，由项目业主（建设单位）、承建商（承包单位）、监理单位直接参加的“三方”管理体制。其组织格局如图 18-1 所示。

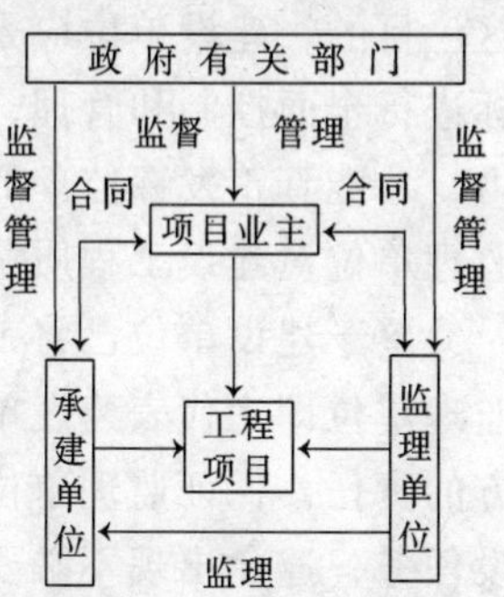

图 18-1　新型工程项目建设管理组织格局

实施建设工程监理制度，按照新型工程项目建设管理体制来进行工程建设，使直接参加工程项目的建设单位、承包单位、监理单位通过承发包关系、委托服务关系和监理与被监理关系有效地联系起来，形成完整的工程项目组织系统。这个项目组织系统在政府有关部门的监督管理之下规范地、一体化地运行，对顺利完成工程项目建设会起巨大作用，既有利于加强工程项目建设的宏观监督管理，又有利于加强微观监督管理。

二、建设工程监理工作的主要内容和依据

1．建设工程监理工作的主要内容

建设工程监理工作的主要内容包括：协助建设单位进行工程项目可行性研究，优选设计方案、设计单位和施工单位，审查设计文件，控制工程质量、造价和工期，监督、管理建设工程合同的履行及协调建设单位与工程建设有关各方的工作关系等。

由于建设工程监理工作具有技术管理、经济管理、合同管理、组织管理和工作协调等多项业务职能，因此对其工作内容、方式、方法、范围和深度均有特殊要求。国家已于 2000 年 12 月 7 日发布了从 2001 年 5 月 1 日起实施的中华人民共和国国家标准《建设工程监理规范》（GB 50319—2000）。

2．建设工程监理工作的依据

监理工作的依据主要是建设工程委托监理合同和建设单位与承包单位签订的承包合同，因此实施建设工程监理前，监理单位必须与建设单位签订书面建设工程委托监理合同，以明确双方的权利和义务。

工程建设的综合效益主要体现在工程质量、造价和工期三个方

面，使之满足承包合同的要求，从而确保工程的投资效益。为了达到这一目的，建设单位应委托监理单位对工程质量、造价、进度三个目标进行全面控制和管理，并授予监理单位在三项目标控制中的相应权力，才能真正发挥监理的作用。因此，在委托监理合同中一般应包括监理单位对建设工程质量、造价、进度进行全面控制和管理的条款。

鉴于建设单位已将工程项目的管理工作全部委托监理单位实施，监理单位即为代表建设单位的现场管理者，为了明确建设工程合同双方的责任，保证监理单位独立公正地做好监理工作，顺利完成工程建设任务，避免出现不必要的合同纠纷，建设单位与承包单位之间的各项联系工作，如果涉及建设工程合同，均应通过监理单位完成。

三、建设工程监理的范围

为了确定必须实行监理的建设工程项目具体范围和规模标准，规范建设工程监理活动，建设部于2001年1月17日发布了《建设工程监理范围和规模标准规定》（建设部第86令）。该规定中规定下列建设工程必须实行监理：

（1）国家重点建设工程。

（2）大中型公用事业工程。

（3）成片开发建设的住宅小区工程。

（4）利用外国政府或者国际组织贷款、援助资金的工程。

（5）国家规定必须实行监理的其他工程。

国家重点建设工程是指依据《国家重点建设项目管理办法》所确定的对国民经济和社会发展有重大影响的骨干项目。

大中型公用事业工程是指项目总投资额在3000万元以上的下列工程项目：

（1）供水、供电、供气、供热等市政工程项目。

（2）科技、教育、文化等项目。

（3）体育、旅游、商业等项目。

（4）文化、社会福利等项目。

（5）其他公用事业项目。

成片开发建设的住宅小区工程，建筑面积在5万m^2以上的住宅建设工程必须实行监理；5万m^2以下的住宅建设工程可以实行监理，具体范围和规模标准由省、自治区、直辖市人民政府建设行政主管部门规定。

为了保证住宅质量，对高层住宅及地基、结构复杂的多层住宅应当实行监理。

利用外国政府或者国际组织贷款、援助资金的工程范围包括：

(1) 使用世界银行、亚洲开发银行等国际组织贷款资金的项目。

(2) 使用国外政府及其机构贷款资金的项目。

(3) 使用国际组织或者国外政府援助资金的项目。

国家规定必须实行监理的其他工程是指：

(1) 项目总投资在3000万元以上关系社会公共利益、公众安全的下列基础设施项目。

1) 煤炭、石油、化工、天然气、电力、新能源等项目。

2) 铁路、公路、管道、水运、民航及其他交通运输业等项目。

3) 邮政、电信枢纽、通信、信息网络等项目。

4) 防洪、灌溉、排涝、发电、引（供）水、滩涂治理、水资源保护、水土保持等水利建设项目。

5) 道路、桥梁、地铁和轻轨交通、污水排放及处理、垃圾处理、地下管道、公共停车场等基础设施项目。

6) 生态环境保护项目。

7) 其他基础设施项目。

(2) 学校、影剧院、体育场馆项目。

以上规定的是必须实行监理的项目。国家做出这样的规定是针对我国目前建设监理制度推行状况。随着人们对实行监理的认识逐步深入和监理行业自身的发展完善，不在国家规定必须实行监理范围内的建设项目也会越来越多地引入监理机制，实行监理制度。

四、建设工程监理的性质

1. 服务性

建设工程监理是一种高智能有偿技术服务活动。工程监理是监理人员利用自己的工程建设知识、技能和经验为建设单位提供的监督管理服务。工程监理既不同于承包单位的直接生产活动，也不同于建设单位的直接投资活动，它不向建设单位承包工程造价，不参与承包单位的利益分成，它获得的是技术服务性的报酬。

建设工程监理的服务对象是建设单位。这种服务性的活动是严格按照委托监理合同来实施的，是受法律约束和保护的。

2. 独立性

从事工程监理活动的监理单位与建设单位、承包单位之间的关系是一种平等主体关系。监理单位是作为独立的专业公司根据委托监理合同履行自己权利和义务的服务方，按照独立自主原则开展监理活动。

3. 公正性

公正性是建设工程监理制度的要求，是正常开展监理业务的条件，是公认的职业道德准则。在任何时候，都应当站在公正的立场上行使自己的处理权，维护建设单位和承包单位双方的合法权益。

4. 科学性

建设工程监理应当遵循科学性准则。按照科学性要求，监理单位应当拥有足够数量的、业务素质合格的监理人员队伍；要有一套科学的管理制度；要掌握先进的监理理论、方法；要积累足够的技术、经济资料和数据；要拥有现代化的监理手段。

五、监理单位

监理单位是指取得监理资质证书，具有法人资格的工程建设监理公司、工程建设监理事务所，及兼承监理业务的工程设计、科学研究和工程咨询单位。

依据《工程监理企业资质管理规定》（中华人民共和国建设部令第102号）：工程监理企业应当按照其拥有的注册资本、专业技术人员和工程监理业绩等资质条件申请资质，经审查合格，取得相应等级的资质证书后，方可在其资质等级许可的范围内从事工程监理活动。

国务院建设行政主管部门负责全国工程监理企业资质的归口管理工作。省、自治区、直辖市人民政府建设行政主管部门负责本行政区内工程监理企业资质的归口管理工作。

工程监理企业的资质等级分为甲级、乙级和丙级。工程监理企业的资质等级标准如下：

（一）甲级

1. 企业负责人和技术负责人应当具有15年以上从事工程建设工作的经历，企业技术负责人应当取得监理工程师注册证书；

2. 取得监理工程师注册证书的人员不少于25人；

3. 注册资本不少于100万元；

4. 近三年内监理过五个以上二等房屋建筑工程项目或者三个以上二等专业工程项目。

（二）乙级

1. 企业负责人和技术负责人应当具有10年以上从事工程建设工作的经历，企业技术负责人应当取得监理工程师注册证书；

2. 取得监理工程师注册证书的人员不少于15人；

3. 注册资本不少于50万元；

4. 近三年内监理过五个以上三等房屋建筑工程项目或者三个以上三等专业工程项目。

（三）丙级

1. 企业负责人和技术负责人应当具有8年以上从事工程建设工作的经历，企业技术负责人应当取得监理工程师注册证书；

2. 取得监理工程师注册证书的人员不少于5人；

3. 注册资本不少于10万元；

4. 承担过两个以上房屋建筑工程项目或者一个以上专业工程项目。

甲级工程监理企业可以监理经核定的工程类别中一、二、三等工程；乙级工程监理企业可以监理经核定的工程类别中二、三等工程；丙级工程监理企业可以监理经核定的工程类别中三等工程。工程监理企业可以根据市场需求，开展家庭居室装修监理业务。

监理单位应公正、独立、自主地开展监理工作，维护建设单位和承包单位的合法权益。

监理单位作为独立于工程建设承包合同双方之外的第三方，其工作职能是受建设单位委托管理承包合同、监督承包合同的履行，其工作依据主要是法律、法规及承包合同，其工作方式是依靠自身的专业技术知识管理工程建设的实施，因而监理工作具有公正、独立、自主的特点。监理单位必须依法执业，既要维护建设单位的利益，也不能损害承包单位的合法利益。

六、建设工程监理与工程质量监督的区别

建设工程监理与政府工程质量监督都属于工程建设领域的监督管理活动。但是，它们之间存在着明显的区别。

(1) 建设工程监理的实施者是社会化、专业化的监理单位，而政府工程质量监督的执行者是政府建设行政主管部门的专业执行机构(工程质量监督机构，如质检站)。

(2) 建设工程监理是在项目组织系统范围内的平等主体之间的横向监督管理，而政府工程质量监督则是项目组织系统外的监督管理主体对项目系统内的建设行为主体进行的一种纵向监督管理。

(3) 建设工程监理具有明显的委托性，而政府工程质量监督则具有明显的强制性。

(4) 建设工程监理的工作范围由委托监理合同决定，其活动可以贯穿于工程建设的全过程、全方位。而政府工程质量监督则一般只限于施工阶段。

(5) 建设工程监理与政府工程质量监督在工程质量方面的工作依据、深度和广度、工作权限、工作方法和手段等也存在着较大的区别。

七、监理单位与承包单位之间的关系

在建设工程领域实行了建设工程监理制度之后，承包单位与建设单位的关系就会发生较大的变化。建设单位与承包单位之间与建设工程合同有关的联系活动应通过监理单位进行。

鉴于建设单位已将工程项目的管理工作全部委托监理单位实施，监理单位即为代表建设单位的现场管理者，为明确建设工程合同双方的责任，保证监理单位独立公正地做好监理工作，顺利完成工程建设任务，避免出现不必要的合同纠纷，建设单位与承包单位之间的各项联系工作，如果涉及建设工程合同，均应通过监理单位完成。

虽然监理单位与承包单位之间没有签订任何经济合同，但是，监理单位与建设单位签订有委托监理合同，承包单位与建设单位签订有建设工程合同。监理单位依据建设单位的授权，就有了监督管理承包单位履行工程建设承包合同的权利和义务。承包单位不再与建设单位直接交往，而转向与监理单位直接联系，并接受监理单位对自己履行工程建设承包合同过程的监督管理。

在《建设工程施工合同》（亦简称为施工合同）示范文本当中，对实行工程监理的，监理单位委派的总监理工程师被称作工程师，也明确规定了工程师的权利和义务。

承包单位在履行工程建设承包合同过程当中，要接受监理单位的监督管理。建设单位之间与建设工程合同有关的联系活动也要通过监理单位进行。因此，承包单位的施工项目管理工作就必须适应项目监理工作的要求，施工项目管理人员就必须了解项目监理机构的组织和运作。

本章以下各节是按照《建设工程监理规范》（GB 50319—2000），对建设工程监理工作的基本程序、内容和范围进行介绍，以满足建筑施工项目管理和人员对此的基本需要。

第二节　项目监理机构及其设施

一、项目监理机构

监理单位履行委托监理合同时，必须建立项目监理机构。

项目监理机构是监理单位派驻工程项目负责履行委托监理合同的组织机构。项目监理机构在完成委托监理合同约定的监理工作后可从项目撤离。

项目监理机构属于监理单位为履行委托监理合同，实施工程项目的监理工作而按合同项目设立的临时组织机构。随着工程项目监理工作的结束而撤销。

项目监理机构的组织形式和规模，应根据委托监理合同规定的服务内容、服务期限、工程类别、规模、技术复杂程度、工程环境等因素确定。项目监理机构的组织形式可采用直线式、职能式、直线—职能式和矩阵式等不同的组织形式。

项目监理机构的组成应符合适应、精简、高效的原则，应考虑有利于监理目标的控制、承包合同的管理，有利于监理的决策和信息的沟通，有利于监理职能的发挥和人员的分工协作。

项目监理机构的监理人员应专业配套、数量满足工程项目监理工作的需要。监理人员数量一般不少于 3 人。

二、总监理工程师负责制

建设工程监理应实行总监理工程师负责制。

总监理工程师是经监理单位法定代表人书面授权，全面负责委托监理合同的履行、主持项目监理机构工作的监理工程师。

由总监理工程师全面负责建设工程监理的实施工作称为总监理工程师负责制。总监理工程师是由监理单位法定代表人任命的项目监理机构的负责人，是监理单位履行委托监理合同的全权代表，是实施监理工作的核心人员。因此，实施建设工程监理制度，在具体的工程项目中必然要实行总监理工程师负责制。

一名总监理工程师只宜担任一项委托监理合同的项目总监理工程师工作。当需要同时担任多项委托监理合同的项目总监理工程师工作时，须经建设单位同意，且最多不得超过三项。

项目监理人员除总监理工程师外，还包括专业监理工程师和监理员，必要时可配备总监理工程师代表。

总监理工程师代表是经监理单位法定代表人同意，由总监理工程师书面委托，代表总监理工程师行使其部分职责和权利的项目监理机构中的监理工程师。

专业监理工程师是根据项目监理岗位职责分工和总监理工程师的指令，负责实施某一专业或某一方面的监理工作，具有相应监理文件签发权的监理工程师。

监理员是经过监理业务培训，具有同类工程相关专业知识，从事具体监理工作的监理人员。

监理工程师是指取得国家监理工程师职业资格证书并经注册的监理人员。

监理工程师是岗位职务而不是技术职称。监理工程师是指经过考试，取得国务院建设行政主管部门与人事主管部门共同颁发的监理工程师职业资格证书，并经监理工程师注册机关注册，从事建设工程监理工作的人员。

监理单位应于委托监理合同签订后十天内将项目监理机构的组织

形式、人员构成及对总监理工程师的任命书面通知建设单位。当总监理工程师需要调整时，监理单位应征得建设单位同意并书面通知建设单位；当专业监理工程师需要调整时，总监理工程师应书面通知建设单位和承包单位。

三、监理设施

建设单位应提供委托监理合同约定的满足监理工作需要的办公、交通、通信、生活设施。项目监理机构应妥善保管和使用建设单位提供的设施，并应在完成监理工作后移交建设单位。

项目监理机构应根据工程项目类别、规模、技术复杂程度、工程项目所在地的环境条件，按委托监理合同的约定，配备满足监理工作需要的常规检测设备和工具。

第三节　监理规划及监理实施细则

一、监理规划

监理规划是在总监理工程师的主持下编制，经监理单位技术负责人批准，用来指导项目监理机构全面开展监理工作的指导性文件。

监理规划的编制应针对项目的实际情况，明确项目监理机构的工作目标，确定具体的工作制度、程序、方法和措施，并应具有可操作性。

监理规划编制的程序与依据应符合下列规定：

（1）监理规划应在签订委托监理合同及收到设计文件后开始编制，完成后必须经监理单位技术负责人审核批准，并应在召开第一次工地会议前报送建设单位。至于监理规划是否要经过建设单位的认可，则由委托监理合同或双方协商来确定。

因监理规划应针对项目的实际情况进行编制，所以应在收到工程项目的设计文件之后开始编制。如果能在收到施工图设计文件之后开始编制监理规划，则更能掌握项目的实际情况。

（2）监理规划应由总监理工程师主持、专业监理工程师参加编制。

（3）编制监理规划应依据：

1）建设工程的相关法律、法规及项目审批文件。

2）与建设工程项目有关的标准、设计文件、技术资料。

3）监理大纲、委托监理合同及与建设工程项目相关的合同文件。

监理大纲又称监理方案，是监理单位在业主委托监理的过程中为承揽监理业务而编写的监理方案性文件。监理大纲的作用主要有两个，一是使业主认可大纲中的监理方案从而承揽到监理业务；二是为今后开展监理工作制定方案。其内容应当根据监理招标文件的要求制定。项目监理大纲是项目监理规划编写的直接依据。

监理规划应包括以下主要内容：

(1) 工程项目概况。

(2) 监理工作范围。

(3) 监理工作内容。

(4) 监理工作目标。

(5) 监理工作依据。

(6) 项目监理机构的组织形式。

(7) 项目监理机构的人员配备计划。

(8) 项目监理机构的人员岗位职责。

(9) 监理工作程序。

(10) 监理工作方法及措施。

(11) 监理工作制度。

(12) 监理设施。

监理规划至少应包括以上的内容，当工程项目较为特殊时也可增加其他必要的内容。

在监理工作实施过程中，工程项目的实施可能会发生较大的变化，如设计方案重大修改，承包方式发生变化，建设单位的出资方式发生变化，工期和质量要求发生重大变化，或者当原监理规划所确定的方法、措施、程序和制度不能有效地发挥控制作用时，总监理工程师应及时召集专业监理工程师进行修订，按原程序报建设单位。

二、监理实施细则

监理实施细则是根据监理规划，由专业监理工程师编写，并经总监理工程师批准，针对工程项目中某一专业或某一方面监理工作的操作性文件。

对中型及以上或专业性较强的工程项目，项目监理机构应编制监理实施细则，以达到规范监理工作行为的目的。对项目规模较小、技术不复杂且管理有成熟经验和措施，并且监理规划可以起到监理实施细则的作用时，监理实施细则可不必另行编写。

监理实施细则应符合监理规划的要求，并应结合工程项目的专业特点，体现项目监理机构对于该工程项目在各专业技术、管理和目标控制方面的具体要求，做到详细具体、具有可操作性。

监理实施细则的编制程序与依据应符合下列规定：

（1）监理实施细则应在相应工程施工开始前编制完成，并必须经过总监理工程师的批准。

（2）监理实施细则也可以按工程进展情况编写，尤其是当施工图未出齐就开工的情况。但是当某分部工程或单位工程或按专业划分构成一个整体的局部工程开工前，该部分的监理实施细则应编制完成，并在开工前经过总监理工程师的审批。

（3）监理实施细则应由专业监理工程师编制。

编制监理实施细则的依据：

1）已批准的监理规划。

2）与专业工程相关的标准、设计文件和技术资料。

3）施工组织设计。

监理实施细则不应与所列编写依据的有关要求相冲突。

监理实施细则应包括下列主要内容：

（1）专业工程的特点。

（2）监理工作的流程。

（3）监理工作的控制要点及目标值。

（4）监理工作的方法及措施。

当发生工程变更、计划变更或原监理实施细则所确定的方法、措施、流程不能有效地发挥管理和控制作用等情况时，总监理工程师应及时根据实际情况安排专业监理工程师对监理实施细则进行补充、修改和完善。

监理大纲、监理规划、监理实施细则是相互关联的，是构成监理规划系列文件的组成部分。

第四节 施工阶段的监理工作

在我国的建设监理制度中，监理的工作范围包括两个方面：一是工程类别，其范围确定为各类土木工程、建筑工程、线路管道工程、设备安装工程和装修工程；二是工程建设阶段，其范围确定为工程建设投资决策阶段、勘察设计招投标与勘察设计阶段、施工招投标与施工阶段（包括设备采购与制造和工程质量保修）。由于目前我国的监理工作在工程建设投资决策阶段、勘察设计招投标与勘察设计阶段尚不成熟，需要进一步探索完善，因而在工程建设阶段方面，主要限于建设工程施工阶段的监理工作。我国公布的《建设工程监理规范》其适用范围也仅限于建设工程施工阶段的监理工作。

一、制订监理工作程序的一般规定

制订监理工作程序有利于项目监理机构的工作规范化、程序化、制度化，有利于建设单位、承包单位及其他相关单位与监理单位之间工作配合协调。

制定监理工作总程序应根据专业工程的特点，并按工作内容分别制定具体的监理工作程序。

制定监理工作程序应结合工程项目的特点，注重监理工作的效果。在制定监理工作程序时，要按照监理工作开展的先后次序，明确每一阶段完成的工作内容、行为主体、工作时限和考核（检查）标准。

监理工作程序应体现事前控制和主动控制的要求。

当涉及建设单位和承包单位的工作时，监理工作程序应符合委托监理合同和施工合同的规定。

在监理工作实施过程中，应根据实际情况对监理工作程序进行调整和完善。

在实际监理过程中，由于工程项目的具体情况，可能会产生监理工作内容的增减或工作程序颠倒的现象，但无论出现何种变化都必须坚持监理工作“先审核后实施、先验收后施工（下道工序）”的基本原则。

二、施工准备阶段的监理工作

1. 设计交底

在设计交底前，总监理工程师应组织监理人员熟悉设计文件，并对图样中存在的问题通过建设单位向设计单位提出书面意见和建议。

项目总监理工程师组织监理人员熟悉施工图是监理预先控制的一项重要工作，其目的是熟悉图样，了解工程特点、工程关键部位的施工方法、质量要求，以督促承包单位按图施工。虽然监理单位对设计问题不承担责任，但如发现图样中存在按图施工困难、影响工程质量及图样错误等问题，应通过建设单位向设计单位提出书面建议和意见。

项目监理人员应参加由建设单位组织的技术交底交流会，总监理工程师应对设计技术交底会议纪要进行签认。

2. 审查施工组织设计

工程项目开工前，总监理工程师应组织专业监理工程师审查承包单位报送的施工组织设计（方案）报审表，提出审查意见，并经总监理工程师审核、签认后报建设单位。

审查施工组织设计的工作程序及其基本要求如下所述。

（1）施工组织设计审查程序

1）承包单位必须完成施工组织设计的编制及自审工作，并填写施工组织设计（方案）报审表，报送项目监理机构。

2）总监理工程师应在约定时间内，组织专业监理工程师审查，提出审查意见后，由总监理工程师审定批准。需要承包单位修改时，退回承包单位修改后再报审，总监理工程师应重新审定。

已审定的施工组织设计由项目监理机构报送建设单位。

3）承包单位应按审定的施工组织文件组织施工。如需对其内容做较大变更，应在实施前将变更内容书面报送项目监机构重新审定。

4）对规模大、结构复杂或属新结构、特种结构的工程，项目监理机构应在审查施工组织设计后，报送监理单位技术负责人审查，其审查意见由总监理工程师签发。必要时与建设单位协商，组织专家会审。

（2）审查施工组织设计的基本要求

1）施工组织设计应有承包单位负责人签字。

2）施工组织设计应符合施工合同要求。

3）施工组织设计应由专业监理工程师审核后，经总监理工程师签认。

4）发现施工组织设计中存在问题应提出修改意见，由承包单位修改后重新报审。

3. 审查承包单位现场项目管理工作的准备情况

工程项目开工前，总监理工程师应审查承包单位现场项目管理机构的质量管理体系、技术管理体系和质量保证体系，确能保证工程项目施工质量时予以确认。对质量管理体系、技术管理体系和质量保证体系应审核以下内容：

（1）质量管理、技术管理和质量保证的组织机构。

（2）质量管理、技术管理制度。

（3）专职管理人员和特种作业人员的资格证和上岗证。

监理工作是在承包单位建立健全质量管理体系、技术管理体系和质量保证体系的基础上完成的，如果承包单位不建立质量管理体系、技术管理体系和质量保证体系，则难以保证施工合同的履行。

4. 分包单位资格审查

如在施工合同中未指明分包单位，项目监理机构应对该分包单位的资质进行审查。

分包工程开工前，专业监理工程师应审查承包单位报送的分包单位资格审查表和分包单位有关资质资料，符合有关规定后，由总监理工程师予以签认。

对分包单位资格应审查以下内容：

（1）分包单位的营业执照、企业资质等级证书、特殊行业施工许可证、国外（境外）企业在国内承包工程许可证。

（2）分包单位的业绩。

（3）拟分包工程的内容和范围。

（4）专职管理人员和特种作业人员的资格证、上岗证。

5．施工测量成果审查

监理工程师应审核测量成果及现场查验桩、线的准确性及桩点、桩位保护措施的有效性，符合规定时，由专业监理工程师签认。

专业监理工程师应按以下要求对承包单位报送的测量放线控制成果及保护措施进行检查：

（1）检查承包单位专职测量人员的岗位证书及测量设备检定证书。

（2）复核控制桩的校核成果、控制桩的保护措施及平面控制网、高程控制网和临时水准点的测量成果。

6．工程开工条件审查

专业监理工程师应审查承包单位报送的工程开工报审表及相关资料，具备以下开工条件时，由总监理工程师签发，并报建设单位：

（1）施工许可证已获政府主管部门批准。

（2）征地拆迁工作能满足工程进度的需要。

（3）施工组织设计已获总监理工程师批准。

（4）承包单位现场管理人员已到位，机具、施工人员已进场，主要工程材料已落实。

（5）进场道路及水、电、通信等已满足开工要求。

7．第一次工地会议

工程项目开工前，监理人员应参加由建设单位主持召开的第一次工地会议。

第一次工地会议应包括以下主要内容：

（1）建设单位、承包单位和监理单位分别介绍各自驻现场的组织机构、人员及其分工。

（2）建设单位根据委托监理合同宣布对总监理工程师的授权。

（3）建设单位介绍工程开工准备情况。

（4）承包单位介绍施工准备情况。

（5）建设单位和总监理工程师对施工准备情况提出意见和要求。

（6）总监理工程师介绍监理规划的主要内容。

（7）研究确定各方在施工过程中参加工地例会的主要人员，召开工地例会周期、地点及主要议题。

第一次工地会议纪要应由项目监理机构负责起草，并经与会各方代表会签。

三、工地例会

工地例会是由项目监理机构主持，在工程实施过程中针对工程质量、造价、进度、合同管理等事宜定期召开的，由有关单位参加的会议。

在施工过程中，总监理工程师应定期主持召开工地例会。会议纪要应由监理机构负责起草，并经与会各方代表会签。

工地例会应包括以下主要内容：

（1）检查上次例会议定事项的落实情况，分析未完事项原因。

（2）检查分析工程项目进度计划完成情况，提出下一阶段进度目标及其落实措施。

（3）检查分析工程项目质量状况，针对存在的质量问题提出改进措施。

（4）检查工程量核定及工程款支付情况。

（5）解决需要协调的有关事项。

（6）其他有关事宜。

总监理工程师或专业监理工程师应根据需要及时组织专题会议，解决施工过程中的各种专项问题。

专题工地会议是为解决施工过程中的专门问题而召开的会议，由总监理工程师或其授权的监理工程师主持。工程项目各主要参建单位均可向项目监理机构书面提出召开专题工地会议的动议。专题工地会议纪要的形成过程与工地例会相同。

四、工程质量控制工作

在施工阶段，项目监理机构为控制工程质量以达到质量要求所采取的作业技术和活动主要有如下内容。

（1）项目监理机构应要求承包单位必须严格按照批准的（或经过修改后重新批准的）施工组织设计（方案）组织施工。

在施工过程中，当承包单位对已批准的施工组织设计进行调整、补充或变动时，应经专业监理工程师审查，并应由总监理工程师签认。

(2) 专业监理工程师应要求承包单位报送重点部位、关键工序的施工工艺和确保工程质量的措施，审核同意后予以签认。

工程项目的重点部位、关键工序应由项目监理机构与承包单位协商后共同确认。

(3) 当承包单位采用新材料、新工艺、新技术、新设备时，专业监理工程师应要求承包单位报送相应的施工工艺措施和证明材料，组织专题论证，经审定后予以签认。

(4) 项目监理机构应对承包单位在施工过程中报送的施工测量放线成果进行复验和确认。

(5) 专业监理工程师应从以下五个方面对承包单位的实验室进行考核：

1) 实验室的资质等级及其试验范围。

2) 法定计量部门对实验设备出具的计量验定证明。

3) 实验室的管理制度。

4) 试验人员的资格证书。

5) 本工程的实验项目及其要求。

(6) 专业监理工程师应对承包单位报送的拟进场工程材料、构配件和设备的工程材料/构配件/设备报审表及其质量证明资料进行审核，并对进场的实物按照委托监理合同约定或有关工程质量管理文件规定的比例采用平行检验或见证取样方式进行抽检。

平行检验是项目监理机构利用一定的检查或检测手段，在承包单位自检的基础上，按照一定的比列独立进行检查或检测的活动。

见证是监理人员现场监督某工序全过程完成情况的活动。见证取样方式是通过监理人员现场监督抽检全过程完成情况的检验方式。

对未经监理人员验收或验收不合格的工程材料、购配件、设备，监理人员应拒绝签认，并应签发监理工程师通知单，书面通知承包单位限期将不合格的工程材料、购配件、设备撤出现场。

(7) 项目监理机构应定期检查承包单位直接影响工程质量的计量设备的技术状况。

计量设备是指施工中使用的衡器、量具、计量装置等设备。

(8) 监理人员应经常地、有目的地对承包单位的施工过程进行巡视检查、检测。巡视是指监理人员对正在施工的部位或工序在现场进行的定期或不定期的监督活动。

主要检查内容如下：

1）是否按照设计文件、施工规范和批准的施工方案施工。

2）是否使用合格的材料、购配件和设备。

3）施工现场管理人员，尤其是质检人员是否到岗到位。

4）施工人员的技术水平、操作条件是否满足工艺操作要求，特种操作人员是否持证上岗。

5）施工环境是否对工程质量产生不利影响。

6）已施工部位是否存在质量缺陷。

对施工过程中出现的较大质量问题或质量隐患，监理工程师宜采用照相、摄像等手段予以记录。

对隐蔽工程的隐蔽过程、下道工序施工完成以后难以检查的重点部位，专业监理工程师应安排监理员进行旁站。旁站是指在关键部位或关键工序施工过程中，由监理人员在现场进行的监督活动。

承包单位完成隐蔽工程作业并自检合格后，应填写隐蔽工程报验申请表，报送项目监理机构。专业监理工程师应根据承包单位报送的隐蔽工程报验申请表和自检结果进行现场检查，经检验合格后，专业监理工程师应签认隐蔽工程报验申请表，承包单位方可进行下一道工序施工。

对未经监理人员验收或验收不合格的工序，监理人员应拒绝签认，并要求承包单位严禁进行下一道工序的施工。

(9) 专业监理工程师应对承包单位报送的分项工程质量验评资料进行审核，符合要求后予以签认；总监理工程师应组织监理人员对承包单位报送的分部工程和单位工程质量验评资料进行审核和现场检查，符合要求后予以签认。

监理人员应按照国家工程施工质量验收标准检查分项、分部及单位工程质量。

对施工过程中出现的质量缺陷，专业监理工程师应及时下达监理工程师通知，要求承包单位整改，并检查整改结果。

(10) 监理人员发现施工存在重大质量隐患，可能造成质量事故或已经造成质量事故时，应通过总监理工程师及时下达工程暂停令，要求承包单位停工整改。整改完毕并经监理人员复查，符合规定要求后，总监理工程师应及时签署工程复工报审表。总监理工程师下达工程暂停令和签署工程复工报审表，宜事先向建设单位报告。

对需要返工处理或加固补强的质量事故，总监理工程师应责令承包单位报送质量事故调查报告和经设计单位等相关单位认可的处理方案，项目监理机构应对质量事故的处理过程和处理结果进行跟踪检查和验收。

总监理工程师应及时向建设单位及本监理单位提交有关质量事故的书面报告，并应将完整的质量事故处理记录整理归档。

五、工程造价控制工作

项目监理机构应按下列程序进行工程计量和工程款支付工作：

（1）承包单位统计经专业监理工程师质量验收合格的工程量，按施工合同的约定填报工程量清单和工程款支付申请表。

（2）专业监理工程师进行现场计量，按施工合同的约定审核工程量清单和工程款支付申请表，并报总监理工程师审定。

（3）总监理工程师签署工程款支付证书，并报建设单位。

项目监理机构应按下列程序进行竣工结算：

（1）承包单位按施工合同规定填报竣工结算报表。

（2）专业监理工程师审核承包单位报送的竣工结算报表。

（3）总监理工程师审定竣工结算报表，与建设单位、承包单位协商一致后，签发竣工结算文件和最终的工程款支付证书，报建设单位。

项目监理机构应根据施工合同有关条款、施工图，对工程项目造价目标进行风险分析，并应制定防范性对策。

专业监理工程师进行风险分析主要是找出工程造价最易突破部分（如施工合同中有关条款不明确而造成突破造价的漏洞，施工图中的问题易造成工程变更、材料和设备价格不确定等）及最易发生费用索赔的原因和部位（如因建设单位资金不到位，施工图样不到位，建设单位供应的材料、设备不到位等），从而制定出防范性对策，书面报告总监理工程师，经其审核后向建设单位提交有关报告。

总监理工程师应从造价、项目的功能要求、质量和工期等方面审查工程变更的方案，并宜在工程变更实施前与建设单位、承包单位协商确定工程变更的价款。

发生工程变更，无论是由设计单位或建设单位或承包单位提出的，均应经过建设单位、设计单位、承包单位和监理单位的代表签认，并通过项目总监理工程师下达变更指令后，承包单位方可进行施工。同时，承包单位应按施工合同的有关规定，编制工程变更概算书，报送项目总监理工程师审核、确认，经建设单位、承包单位认可后，方可进入工程计量和工程款支付程序。

工程计量是根据设计文件及承包合同中关于工程量计算的规定，项目监理机构对承包单位申报的已完成工程的工程量进行的核验。

项目监理机构应按施工合同约定的工程量计算规则和支付条款进行工程量计量和工程款支付。

专业监理工程师对承包单位报送的工程款支付申请表进行审核时，应会同承包单位对现场实际完成情况进行计量，对验收手续齐全、资料符合验收要求并符合施工合同规定的计量范围内的工程量予以核定。

工程款支付申请中包括合同内工作量，工程变更增减费用，经批准的索赔费用，应扣除的预付款、保留金及施工合同约定的其他支付费用。专业监理工程师应逐项审查后，提出审查意见报总监理工程师审核签认。

专业监理工程师应及时建立月完成工程量和工程量统计表，对实际完成量与计划完成量进行比较、分析，制定调整措施，并应在监理月报中向建设单位报告。

专业监理工程师应及时收集、整理有关的施工和监理资料，为处理费用索赔提供证据。

涉及工程索赔的有关施工和监理资料包括施工合同、协议、供货合同、工程变更、施工方案、施工进度计划，承包单位工、料、机动态记录（文字、照相等），建设单位和承包单位的有关文件、会议纪要、监理工程师通知等。

项目监理机构应及时按施工合同的有关规定进行竣工结算，并应对竣工结算的价款总额与建设单位和承包单位进行协商。当无法协商一致时，应按有关规定进行处理。

未经监理人员质量验收合格的工程量，或不符合施工合同规定的工程量，监理人员应拒绝计量和该部分工程款的支付申请。

六、工程进度控制工作

项目监理机构应按下列程序进行工程进度控制：

(1) 总监理工程师审批承包单位报送的施工总进度计划。

(2) 总监理工程师审批承包单位编制的年、季、月度施工进度计划。

(3) 专业监理工程师对进度计划实施情况的检查、分析。

(4) 当实际进度符合计划进度时，应要求承包单位编制下一期进度计划；当实际进度滞后于计划进度时，专业监理工程师应书面通知承包单位采取纠偏措施并监督实施。

编制和实施施工进度计划是承包单位的责任。因此，监理工程师对施工进度计划的审查或批准，并不解除承包单位对施工进度计划的责任和义务。

专业监理工程师应依据施工合同有关条款、施工图及经过批准的施工组织设计制定进度控制方案，对进度目标进行风险分析，制定防范性对策，经总监理工程师审定后报送建设单位。

施工进度控制方案的主要内容包括：

(1) 施工进度控制目标分解图。

(2) 实现施工进度控制目标的风险分析。

(3) 施工进度控制的主要工作内容和深度。

(4) 监理人员对进度控制的职责分工。

(5) 进度控制工作流程。

(6) 进度控制的方法（包括进度检查周期、数据采集方式、进度报表格式、统计分析方法等）。

(7) 进度控制的具体措施（包括组织措施、技术措施、经济措施及合同措施等）。

(8) 尚待解决的有关问题。

在实施进度控制过程中，专业监理工程师的主要工作是：

（1）检查和记录实际进度完成情况。

（2）通过下达监理指令、召开工地例会、各种层次的专题协调会议，督促承包单位按期完成进度计划。

（3）当发现实际进度滞后于计划进度时，应签发监理工程师通知单指令承包单位采取调整措施。

（4）当实际进度严重滞后于进度计划时应及时报总监理工程师，由总监理工程师与建设单位商定后采取进一步措施。

总监理工程师应在监理月报中向建设单位报告工程进度和所采取进度控制措施的执行情况，并提出合理预防由建设单位原因导致的工程延期及相关费用索赔的建议。

七、竣工验收

总监理工程师应组织专业监理工程师，依据有关法律、法规、工程建设强制性标准、设计文件及施工合同，对承包单位报送的竣工资料进行审查，并对工程质量进行竣工预验收。对存在的问题，应及时要求承包单位整改。整改完毕后由总监理工程师签署工程竣工报验单，并应在此基础上提出工程质量评估报告。工程质量评估报告应经总监理工程师和监理单位技术负责人审核签字。

竣工验收的程序：

（1）当单位工程达到竣工验收条件后，承包单位应在自审、自查、自评工作完成后，填写工程竣工报验单，并将全部竣工资料报送项目监理机构，申请竣工验收。

（2）总监理工程师应组织各专业监理工程师对竣工资料及各专业工程的质量情况进行全面检查，对检查出的问题，应督促承包单位及时整改。

（3）对需要进行功能试验的工程项目（包括单机试车和无负荷试车），监理工程师应督促承包单位及时进行试验，并对重要项目进行现场监督、检查，必要时请建设单位和设计单位参加；监理工程师应认真审查试验报告单。

（4）监理工程师应督促承包单位搞好成品保护和现场清理。

（5）经项目监理机构对竣工资料及实物全面检查、验收合格后，由总监理工程师签署工程竣工报验单，并向建设单位提出质量评估报告。

项目监理机构应参加由建设单位组织的竣工验收，并提供相关监理资料。对验收中提出的整改问题，项目监理机构应要求承包单位进行整改。工程质量符合要求，由总监理工程师会同参加验收的各方签署竣工验收报告。

八、工程质量保修期的监理工作

监理单位应依据委托监理合同约定的工程质量保修期监理工作的时间、范围和内容开展工作。

建设工程质量保修期按《建设工程质量管理条例》的规定确定。在质量保修期内的监理工作期限，应由监理单位与建设单位根据工程实际情况，在委托监理合同中约定，一般以一年为宜。

承担质量保修期监理工作时，监理单位应安排监理人员对建设单位提出的工程质量缺陷进行检查和记录，对承包单位进行修复的工程质量进行验收，合格后予以签认。

在承担工程质量保修期的监理工作时，监理单位可不设立项目监理机构，宜在参加施工阶段监理工作的监理人员中保留必要的人员。对承包单位修复的工程质量进行验收和签认，应由专业监理工程师负责。

监理人员应对工程质量缺陷原因进行调查分析并确定责任归属，对非承包单位原因造成的工程质量缺陷，监理人员应核实修复工程的费用和签署工程款支付证书，并报建设单位。

第五节 施工合同管理的其他工作

一、工程暂停及复工

总监理工程师在签发工程暂停令时，应根据暂停工程的影响范围和影响程度，按照施工合同和委托监理合同的约定签发。

在发生下列情况之一时，总监理工程师可签发工程暂停令：

(1) 建设单位要求暂停施工且工程需要暂停施工。

(2) 为了保证工程质量而需要进行停工处理。

(3) 施工出现了安全隐患，总监理工程师认为有必要停工以消除隐患。

(4) 发生了必须暂时停止施工的紧急事件。

(5) 承包单位未经许可擅自施工，或拒绝项目监理机构管理。

总监理工程师在签发工程暂停令时，应根据停工原因的影响范围和影响程度，确定工程项目停工范围。

由于建设单位原因或非承包单位原因导致工程暂停时，一般要根据实际的工程延期和费用损失，并通过协商给予承包单位工期和费用方面的补偿，所以项目监理机构应如实记录所发生的实际情况以备查。

由于承包单位原因导致工程暂停，在具备恢复施工条件时，项目监理机构应审查承包单位报送的复工申请及针对导致停工的原因而进行的整改工作报告等有关资料，同意后由总监理工程师签署工程复工报审表，指令承包单位继续施工。

总监理工程师在签发工程暂停令到签发复工报审表之间的时间内，宜会同有关各方按照施工合同的约定，处理因工程暂停引起的与工期、费用等有关的问题。

二、工程变更的管理

项目监理机构应按下列程序处理工程变更：

(1) 设计单位对原设计存在的缺陷提出的工程变更，应编制设计变更文件；建设单位或承包单位提出的工程变更，应提交总监理工程师，由总监理工程师组织专业监理工程师审查。审查批准后，应由建设单位转交原设计单位编制设计变更文件。当工程变更涉及安全、环保等内容时，应按规定经有关部门审定。

(2) 项目监理机构应了解实际情况和收集与工程变更有关的资料。

(3) 总监理工程师必须根据实际情况、设计变更文件和其他有关资料，按照施工合同的有关条款，在指定专业监理工程师完成下列工作后，对工程变更的费用和工期做出评估。

(4) 确定工程变更项目与原工程项目之间的类似程度和难易程度。

(5) 确定工程变更项目的工程量。

(6) 确定工程变更的单价或总价。

(7) 总监理工程师应就工程变更费用及工期的评估情况与承包单位和建设单位进行协调。

(8) 总监理工程师签发工程变更单。

(9) 项目监理机构应根据工程变更单监督承包单位实施。

项目监理机构应按照委托监理合同的约定进行工程变更的处理，不应超越所授权限，并应协助建设单位与承包单位签订工程变更的补充协议。

项目监理机构处理工程变更应符合下列要求：

(1) 项目监理机构在工程变更的质量、费用和工期方面取得建设单位授权后，应按施工合同规定与承包单位进行协商，经协商达成一致后，总监理工程师应将协商结果向建设单位通报，并由建设单位与承包单位在变更文件上签字。

(2) 在项目监理机构未能就工程变更的质量、费用和工期方面取得建设单位授权时，总监理工程师应协助建设单位和承包单位进行协商，并达成一致。

(3) 在建设单位和承包单位未能就工程变更的费用等方面达成协议时，项目监理机构应提出一个暂定的价格，作为临时支付工程进度款的依据。该项工程最终结算时，应以建设单位和承包单位达成的协议为依据。

在总监理工程师签发工程变更单之前，承包单位不得实施工程变更。

未经总监理工程师审查同意而实施的工程变更，项目监理机构不得予以计量。

三、费用索赔的处理

项目监理机构处理费用索赔应依据下列内容：

(1) 国家有关的法律、法规和工程项目所在地的地方法规。

(2) 本工程的施工合同文件。

(3) 国家、部门和地方有关的标准、规范和定额。

(4) 施工合同履行过程中与索赔事件有关的凭证。

当承包单位提出费用索赔的理由同时满足以下条件时，项目监理机构应予以受理：

（1）索赔事件造成了承包单位直接经济损失。

（2）索赔事件是由于非承包单位的责任发生的。

（3）承包单位已按照施工合同规定的期限和程序提出费用索赔申请表，并附有索赔凭证材料。

承包单位向建设单位提出费用索赔，项目监理机构应按下列程序处理：

（1）承包单位在施工合同规定的期限内向项目监理机构提交对建设单位的费用索赔意向通知书。

（2）总监理工程师指定专业监理工程师收集与索赔有关的资料。

（3）承包单位在承包合同规定的期限内向项目监理机构提交对建设单位的费用索赔申请表。

（4）总监理工程师初步审查费用索赔申请表，符合规定的条件时予以受理。

（5）总监理工程师进行费用索赔审查，并在初步确定一个额度后，与承包单位和建设单位进行协商。

（6）总监理工程师应在施工合同规定的期限内签署费用索赔审批表，或在施工合同规定的期限内发出要求承包单位提交有关索赔报告的进一步详细资料的通知，待收到承包单位提交的详细资料后，再按前述程序进行。

当承包单位的费用索赔要求与工程延期要求相关联时，总监理工程师在做出费用索赔的批准决定时，应与工程延期的批准联系起来，综合做出费用索赔和工程延期的决定。

由于承包单位的原因造成建设单位的额外损失，建设单位向承包单位提出费用索赔时，总监理工程师在审查索赔报告后，应公正地与建设单位和承包单位进行协商，并及时做出答复。

四、工程延期及工程延误的处理

工程索赔经过批准的部分为工程延期，余为工程延误。

当承包单位提出工程延期要求符合施工合同文件的规定条件时，项目监理机构应予以受理。

当影响工期事件具有持续性时，项目监理机构可在收到承包单位提交的阶段性工程延期中请表并经审查后，先由总监理工程师签署工程临时延期审批表，并报建设单位。当承包单位提交最终的工程延期申请表后，项目监理机构应复查工程延期及临时延期情况，并由总监理工程师签署最终延期申请表。

总监理工程师在做出临时延期批准时，要按正常的工程延期审查的同样程序和同样要求进行审查。

在最终进行工程延期审查与批准时，总监理工程师应复查与工程延期有关的全部情况。因此，总监理工程师在做出临时延期批准时，不应认为其具有临时性而放松控制。

项目监理机构在做出临时工程延期批准或最终的工程延期批准之前，均应与建设单位和承包单位进行协商。

项目监理机构审查和批准临时延期或最终工程延期的程序与费用索赔的处理程序相同。

项目监理机构在审查工程延期时，应依下列情况确定批准工程延期的时间：

(1) 施工合同中有关工程延期的约定。

(2) 工期拖延和影响工期事件的事实和程度。

(3) 影响工期事件对工期影响的量化程度。

在确定各影响工期事件对工期或区段工期的综合影响程度时，可按下列步骤进行：

(1) 以事先批准的详细的施工进度计划为依据，确定假设工程不受影响工期事件影响时应该完成的工作或应该达到的进度。

(2) 详细核实受该影响工期事件影响后，实际完成的工作或实际达到的进度。

(3) 查明因受该影响工期事件的影响而受到延误的作业工种。

(4) 查明实际的进度滞后是否还有其他影响因素，并确定其影响程度。

(5) 最后确定影响工期事件对工程竣工时间或区段竣工时间的影响值。

工程延期造成承包单位提出费用索赔时，项目监理机构应按费用索赔的处理程序来处理。

当承包单位未能按施工合同要求的工期竣工交付造成工期延误

时，项目监理机构应按施工合同规定从承包单位应得款项中扣除误期损害赔偿。

第六节 施工阶段监理资料的管理

一、监理资料

施工阶段的监理资料应包括下列内容：

（1）施工合同及委托监理合同。

（2）勘察设计文件。

（3）监理规划。

（4）监理实施细则。

（5）分包单位资格报审表。

（6）设计交底与图样会审会议纪要。

（7）施工组织设计（方案）报审表。

（8）工程开工/复工报审表及工程暂停令。

（9）测量核验资料。

（10）工程进度计划。

（11）工程材料、购配件、设备的质量证明文件。

（12）检查试验资料。

（13）工程变更资料。

（14）隐蔽工程验收资料。

（15）工程计量单和工程款支付证书。

（16）监理工程师通知单。

（17）监理工作联系单。

（18）报验申请表。

（19）会议纪要。

（20）来往函件。

（21）监理日记。

（22）监理月报。

（23）质量缺陷与事故的处理文件。

（24）分部工程、单位工程等验收资料。

(25) 索赔文件资料。

(26) 竣工结算审核意见书。

(27) 工程项目施工阶段质量评估报告等专题报告。

(28) 监理工作总结。

施工合同、勘察设计文件均是施工阶段监理工作依据，应由建设单位无偿提供（数量在委托监理合同中约定）。项目监理机构应作为监理资料予以保管。

二、监理月报

施工阶段的监理月报应包括以下内容：

(1) 本月工程概况。

(2) 本月工程形象进度。

(3) 工程进度。

1) 本月实际完成情况与计划进度比较。

2) 对进度完成情况及采取措施效果的分析。

(4) 工程质量：

1) 本月工程质量情况分析。

2) 本月采取的工程质量措施及效果。

(5) 工程计量与工程款支付：

1) 工程量审核情况。

2) 工程款审批情况及月支付情况。

3) 工程款支付情况分析。

4) 本月采取的措施及效果。

(6) 合同其他事项的处理情况：

1) 工程变更。

2) 工程延期。

3) 费用索赔。

(7) 本月监理工作小结：

1) 对本月进度、质量、工程款支付等方面情况的综合评价。

2) 本月监理工作情况。

3) 有关本工程的意见和建议。

4) 下月监理工作的重点。

监理月报应由总监理工程师组织编制，签认后报建设单位和本监理单位。

监理月报报送时间由监理单位和建设单位协商确定。

三、监理工作总结

监理工作总结应包括以下内容：

(1) 工程概况。

(2) 监理组织机构、监理人员和投入的监理设施。

(3) 监理合同履行情况。

(4) 监理工作成效。

(5) 施工过程中出现的问题及其处理情况和建议。

(6) 工程照片（有必要时）。

监理合同履行情况应包括目标控制情况、委托监理合同纠纷的处理情况。监理工作成效部分应包括目标完成情况、合理化建议产生的实际效果情况。

施工阶段监理工作结束时，监理单位应向建设单位提交监理工作总结。

四、监理资料的管理

监理资料必须及时整理、真实完整、分类有序。

监理资料的管理应由总监理工程师负责，并指定专人具体实施。

监理资料应在各阶段监理工作结束后及时整理归档。

监理档案的编制及保存应按有关规定执行。

监理资料的组卷及归档，各地区各部门有不同的要求。因此，项目开工前，项目监理机构应主动与当地档案部门进行联系，明确具体要求。竣工资料要求，应与建设单位取得共识，以使资料管理符合有关规定和要求。

第七节　设备采购监理与设备监造

一、设备采购监理

监理单位在设备采购阶段是作为建设单位的咨询服务单位开展工作，协助建设单位选择合适的设备供应单位和签订完整有效的设备订货合同是本阶段委托监理合同的重要工作内容。

项目监理机构成立后，应依据委托监理合同制定监理工作的程序、内容、方法和措施。

总监理工程师应组织监理人员熟悉和掌握设计文件对拟采购的设备的各项要求、技术说明和有关的标准。

项目监理机构应编制设备采购方案，明确设备采购的原则、范围、内容、程序、方式和方法，并报建设单位批准。

设备采购的原则包括：拟采购的设备应完全符合实际要求和有关的标准；设备的质量可靠，价格合理，交货期有保证等。

采购的范围和内容应包括采购设备的种类、数量、技术性能及验收标准，交货时间、地点和方式等。

采购的程序应包括确定采购招标方式、制定采购计划、确定合格供应单位、编制询价文件、报价评审、谈判和签订合同等。

项目监理机构应根据批准的设备采购方案编制设备采购计划，并报建设单位批准。采购计划的主要内容应包括采购设备的明细表、采购的进度安排、估价表、采购的资金使用计划等。

项目监理机构应根据建设单位批准的设备采购计划组织或参加市场调查，并应协助建设单位选择设备供应单位。

当采用招标方式进行设备采购时，项目监理机构应协助建设单位按照有关规定组织设备采购招标。

当采用非招标方式进行设备采购时，项目监理机构应协助建设单位进行设备采购的技术及商务谈判。

项目监理机构应在确定设备供应单位后参与设备采购订货合同的谈判，协助建设单位起草及签订设备采购订货合同。

在设备采购工作结束后，总监理工程师应组织编写监理工作总结。

监理工作总结一般应包括采购设备的基本情况及主要技术性能要求、监理组织机构、监理人员组成、监理合同履行情况、监理工作成效、出现的问题及处理情况和建议。

二、设备监造

监理单位应依据与建设单位签订的设备监造阶段的委托监理合同，成立由总监理工程师和专业监理工程师组成的项目监理机构。项目监理机构应进驻设备制造现场。

总监理工程师应组织专业监理工程师熟悉设备制造图样及有关技术说明和标准，掌握设计意图和各项设备制造的工艺规程及设备采购订货合同中的各项规定，并应组织或参加建设单位组织的设备制造图样的设计交底。

总监理工程师应组织专业监理工程师编制设备监造规划，经监理单位技术负责人审核批准后，在设备制造开始前十天内报送建设单位。

设备监造规划一般应包括监造的概况要求，监造工作的范围和内容，监理工作的目标，监理工作的依据，项目监理机构的组织形式、人员配备及岗位职责，监理工作的程序、方法及措施，监理工作控制的重点，监理工作制度和监理设施等。

总监理工程师应审查设备制造单位报送的设备制造生产计划和工艺方案，提出审查意见。符合要求后予以批准，并报建设单位。

设备制造生产计划和工艺方案必须经总监理工程师批准后方可实施。

总监理工程师应审核设备制造分包单位的资质情况、实际生产能力和质量保证体系，符合要求后予以确认。

专业监理工程师应审查设备制造的检验计划和检验要求，确认各阶段的检验时间、内容、方法、标准及检测手段、检测设备和仪器。

专业监理工程师必须对设备制造过程中拟采用的新技术、新材料、新工艺的鉴定书和试验报告进行审核，并签署意见。

专业监理工程师应审查主要及关键零件的生产工艺设备、操作规程和相关生产人员的上岗资格，并对设备制造和装配场所的环境进行检查。

专业监理工程师应审查设备制造的原材料、外购配套件、元器件、标准件及坯料的质量证明文件及检验报告，检查设备制造单位的质量验收工作，并审查设备制造单位提交的报验资料，符合规定要求时予以签认。

专业监理工程师应对设备制造过程进行监督和检查，对主要及关键零部件应进行抽检或检验。

专业监理工程师应检查和监督设备的装配过程，符合要求后予以签认。

总监理工程师应组织专业监理工程师参加设备制造过程中的调试、整机性能检测和验证，符合要求后予以签认。

在设备运往现场前，专业监理工程师应检查设备制造单位对待运输设备采取的防护和包装措施，并应检查是否符合运输、装卸、储存、安装的要求，及相关的随机文件、装箱单和附件是否齐全。

设备全部运到现场后，总监理工程师应组织专业监理工程师参加由设备制造单位按合同规定与安装单位的交接工作，开箱清点、检查、验收、移交。

专业监理工程师应按设备制造合同的规定审核设备制造单位提交的进度付款单，提出审核意见，由总监理工程师签发支付证书。

结算工作应依据合同规定进行。

在设备监造工作结束后，总监理工程师应组织编写设备监造工作总结。

监理工作完成后，由总监理工程师按要求负责整理汇总设备采购或设备监造的监理资料，并提交本监理单位归档。

参 考 文 献

[1] 丁士昭. 建筑工程项目管理 [M]. 北京：中国建筑工业出版社，1991.

[2] 邱苑华，等. 项目管理学 [M]. 北京：科学出版社，2001.

[3] 丛培经. 施工项目管理概论 [M]. 北京：中国建筑工业出版社，1999.

[4] 吴之明，卢有杰. 项目管理引论 [M]. 北京：清华大学出版社，2000.

[5] 中国项目管理研究会. 中国项目管理知识体系与国际项目管理专业资质认证标准 [M]. 北京：机械工业出版社，2001.

[6] 成虎. 工程项目管理 [M]. 北京：中国建筑工业出版社，2001.

[7] 赵天银，刘安胜，詹汉生. 建筑工程项目管理 [M]. 北京：中国建筑工业出版社，1991.

[8] 余志峰，胡文法，陈建国. 项目组织 [M]. 北京：清华大学出版社，2000.

[9] 丁士昭. 建设监理与工程项目管理 [M]. 上海：上海快必达软件出版发行公司，1990.

[10] 王超. 项目决策与管理 [M]. 北京：中国对外经济贸易出版社，1999.

[11] 张竹君，方荷生，伍斌. 外国投资项目管理 [M]. 北京：中国财政经济出版社，1988.

[12] 监理工程师考试辅导材料编写组. 监理工程师职业资格考试应试要览 [M]. 北京：企业管理出版社，1998.

[13] 杜训主编. 施工项目成本管理 [M]. 北京：中国建筑工业出版社，1999.

[14] 朱燕主编. 计算机辅助施工项目管理 [M]. 北京：中国建筑工业出版社，1999.

[15] 范运林，何伯森，王瑞芝主编. 工程招投标与合同管理[M]. 北京：中国建筑工业出版社，1999.

[16] 孙彤. 组织行为学 [M]. 北京：中国物资出版社，1986.

[17] 张极井. 项目融资 [M]. 北京：中信出版社，1997.

[18] 王雪青主编. 建设工程投资控制 [M]. 北京：知识产权出版社，2001.

[19] 钱明辉，凤陶. 项目管理 [M]. 北京：中华工商联出版社，2001.

[20] 华星，翟丽. 项目管理 [M]. 上海：复旦大学出版社，2000.